FRANZIS RATGEBER

FRANZIS RATGEBER

Dieter Nührmann

Elektronische Bauelemente-Praxis

Grundlagen und Applikationen

Mit 375 Abbildungen
2., neu bearbeitete und erweiterte Auflage

FRANZIS

CIP-Titelaufnahme der Deutschen Bibliothek

Nührmann, Dieter:
Elektronische Bauelemente-Praxis: Grundlagen und
Applikationen / Dieter Nührmann. – 2., neu bearb. u. erw.
Aufl. – München: Franzis, 1989
  (Franzis Ratgeber)
    1. Aufl. u. d. T.: Nührmann, Dieter: Elektronische Bauelemente –
    kurzgefaßt
    ISBN 3-7723-7232-5

2., neu bearbeitete und erweiterte Auflage von
„Dieter Nührmann, Elektronische Bauelemente – kurzgefaßt"

Umschlaggestaltung: Kaselow Design, München

© 1989 Franzis-Verlag GmbH, München

Satz: SatzStudio Pfeifer, Germering
Druck: Wiener Verlag, A-2325 Himberg
Printed in Austria · Imprimé en Autriche

ISB N 3-7723-7232-5

Vorwort

Am wichtigsten in der Elektronik sind Kenntnisse über einfache Bauteile. Auf den folgenden Seiten in diesem Buch sind die häufigsten Daten und allgemeines Wissen aus der analogen Elektronik aufzufinden.

Der Stoff ist so gewählt, daß auch der junge Elektroniker, der Schüler und Student sich schnell zurechtfindet. Kurze Berechnungen aus der Praxis geben klare Richtlinien, wie das jeweilige Bauelement in die Schaltung einzufügen ist. Durch die reichhaltige Zahl von Fotos und Diagrammen wird ,,steckbriefartig'' jedes einzelne Bauteil vorgestellt. Dasselbe gilt für die anschließende Applikationsschaltung ... als Beispiel für den praktischen Einsatz.

Als Lehrbuch gedacht und gleichzeitig für den Praktiker geschrieben, bin ich sicher, daß Ihnen der Einstieg hiermit erleichtert wird.

Dieter Nührmann

Wichtiger Hinweis

Die in diesem Buch wiedergegebenen Schaltungen und Verfahren werden ohne Rücksicht auf die Patentlage mitgeteilt. Sie sind ausschließlich für Amateur-und Lehrzwecke bestimmt und dürfen nicht gewerblich genutzt werden*).

Alle Schaltungen und technischen Angaben in diesem Buch wurden vom Autor mit größter Sorgfalt erarbeitet bzw. zusammengestellt und unter Einschaltung wirksamer Kontrollmaßnahmen reproduziert. Trotzdem sind Fehler nicht ganz auszuschließen. Der Verlag und der Autor sehen sich deshalb gezwungen, darauf hinzuweisen, daß sie weder eine Garantie noch die juristische Verantwortung oder irgendeine Haftung für Folgen, die auf fehlerhafte Angaben zurückgehen, übernehmen können. Für die Mitteilung eventueller Fehler sind Autor und Verlag jederzeit dankbar.

---

*) Bei gewerblicher Nutzung ist vorher die Genehmigung des möglichen Lizenzinhabers einzuholen.

Inhalt

1 Eine kleine Einleitung

Wenn wir ein wenig rundum blicken, dann fällt uns auf, daß es kaum noch technische Fachgebiete gibt, in die die Elektronik noch keinen Einzug gehalten hat. Das war Anlaß genug, den Dingen wieder einmal auf den Grund zu gehen. Dabei soll einmal so tief geschürft werden, daß auch der „Beginner" nicht völlig frustriert die Seiten überblättert.

Das Buch stellt die Bauelemente der Elektronik in den Vordergrund. Dabei werden zwei Ziele verfolgt. Das erste Ziel ist es, das Bauelement in seinen Eigenschaften kennenzulernen. Als zweites werden so nebenbei die Grundlagen für die Anwendungsschaltungen gezeigt.

Einige „Binsenweisheiten" sind im Anhang aufgelistet — zum Nachschlagen, wenn etwas nicht mehr ganz parat ist. Ohne zu rechnen geht es nun mal nicht in der Elektronik. In diesem Buch konzentrieren wir uns jedoch auf die Praxis und bringen nur so viel Theorie, wie zum Verständnis der Materie erforderlich ist. Und deshalb steigen wir auch gleich ins Thema ein.

2 Bauelemente der Elektronik

Wichtigste Bestandteile einer elektronischen Schaltung sind
ihre Bauelemente. Ohne exaktes Wissen über ihr Verhalten
hätte mit Sicherheit nie der Mikroprozessor erdacht werden
können. In den folgenden Kapiteln befassen wir uns nun etwas
näher mit den Bausteinen und durchleuchten dabei gleich
ihre wichtigsten Einsatzgebiete.

2.1 Der ohmsche Widerstand

Hierzu gehören folgende Typen von Widerständen:

2.1.1 Die Festwiderstände
2.1.2 Regelbare oder variable Widerstände
2.1.3 Die nichtlinearen Widerstände (NTC – PTC – VDR)

Nach dieser kurzen Übersicht werden die drei Gruppen jetzt
einzeln behandelt.

2.1.1 Die Festwiderstände

Festwiderstände kommen in elektronischen Schaltungen
sehr häufig vor. Sie bestimmen (begrenzen) Strom- und Spannungswerte, sie dienen dazu, den Arbeitspunkt eines Transistors oder einer ganzen Schaltung einzustellen, oder sie werden
als Arbeits- oder Lastwiderstände verwendet, an denen in
einer Schaltung die gewünschte (verstärkte) Signalspannung
abfällt.

    Beschäftigen wir uns zunächst einmal mit den Bauformen.
Der Widerstand kann – für den praktischen Gebrauch zum
Einlöten in eine Schaltung – nach *Abb. 2.1.1-1* eine Größe
von 4 mm x 1,5 mm haben, nach *Abb. 2.1.1-2* aber auch
80 mm lang sein. Hierbei handelt es sich um die Spezialaus-

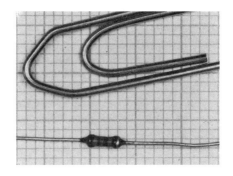

Abb. 2.1.1-1
Ein Miniaturwiderstand im Vergleich
zu einer Büroklammer

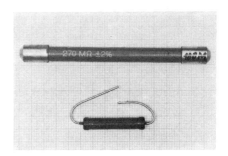

Abb. 2.1.1-2
Spezielle Anforderungen an Widerständen führen zu
unterschiedlichen
Bauformen und
Größen

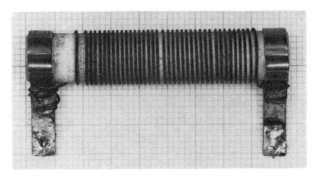

Abb. 2.1.1-3 Ein aus Draht gewickelter Widerstand mit
niedrigem Ohmwert

13

führung eines Hochspannungswiderstandes im Hochohmbe-
reich (270 MΩ, wie die Aufschrift zeigt), wie er z.B. in Hoch-
spannungstastköpfen von elektronischen Voltmetern zur
Meßbereichserweiterung benutzt wird. Der darunter liegende
dunkle Widerstand hat einen Wert von 2,7 GΩ (das sind
$2,7 \cdot 10^9 \, \Omega$). Gleich ein Tip: Wer mit diesen Widerständen zu
tun hat, sollte die Oberfläche nach Einbau „polieren".
Schmutz, Fett oder Schweiß machen aus dem 2,7 GΩ irgend
etwas anderes, aber bestimmt nicht 2,7 GΩ!

Die Widerstände höherer Leistung sind im unteren Ohm-
bereich – bis ca. 10 kΩ – oft aus Widerstandsdraht *(Abb. 2.1.1-3)*
gewickelt. Der hier abgebildete Widerstand hat einen
Wert von 8 Ω. Da die Widerstandswicklung zu erkennen ist,
läßt sich der Widerstandswert auch errechnen, wenn die
Materialkonstante des Widerstandsdrahtes bekannt ist:

$$R = \frac{1 \cdot \rho}{A}$$

R = Widerstandswert, l = Länge des Leiters in m, A = Quer-
schnitt des Leiters in mm², ρ = spezifischer Widerstand in

$$\left[\frac{\Omega \cdot mm^2}{m} \right]$$

Die Materialkonstante – spezifischer Widerstand ρ bei
20°C – ist für einige Materialien aus folgender Tabelle zu
entnehmen:

Material	$\rho \left[\dfrac{\Omega \cdot mm^2}{m} \right]$
Silber	0,016
Kupfer	0,0178
Messing	0,07
Aluminium	0,028
Eisen	0,1...0,2
Konstantan	0,5
Isolierstoffe	$> 10^{10}$

14

Abb. 2.1.1-4
Schichtwiderstände
mit gleichem Wider-
standswert für Ver-
lustleistungen von
0,1 W (unten) bis
4 W (oben)

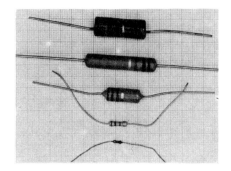

Nun sind jedoch nur die wenigsten Widerstände aus Widerstandsdraht (Konstantan) gewickelt. Schichtwiderstände
nach *Abb. 2.1.1-4* können je nach Anwendungsfall vielmehr
aus folgenden Materialien bestehen, wobei das Widerstandsmaterial oft um den Keramikkörper gewendelt ist:

- Kohlemasse (selten)
- Kohleschicht (häufig)
- Metallschicht ⎫ für hochwertige Anwendungen –
- Metalloxid   ⎭ Meßtechnik

Bleiben wir noch einmal bei Abb. 2.1.1-4. Die dort gezeigten Widerstände haben alle den gleichen Ohmwert. Sie
unterscheiden sich durch ihre Baugröße lediglich in der
Leistung, so z.B. von 0,1 Watt...4 Watt. So ist dann z.B. in
Abb. 2.1.1-5 ein 10 kΩ-Hochlastwiderstand zu sehen, der
immerhin eine Baulänge von 40 mm bei einem Durchmesser
von 10 mm x 10 mm aufweist. Der gleiche 1kΩ-Widerstand
kann für Kleinstleistung nach Abb. 2.1.1-1 nur 4 mm Baulänge
benötigen.
   Nun sind wir gerade bei den Werten. Hochlastwiderstände –
solche, die Temperaturen bis 100 °C erreichen – tragen ihre
Bezeichnung „feuerfest" aufgeätzt. Kleinwiderstände hatten
früher einen Zahlen-Aufdruck und tragen heute meist

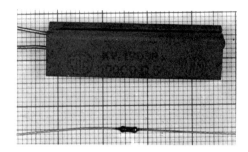

Abb. 2.1.1-5
Ein 10 kΩ-Hoch-
leistungswider-
stand ≈ 8 Watt
erreicht Tempe-
raturen bis 100°C,
daneben ein 10 kΩ-
Widerstand für
kleinste Leistungen
≈ 1/20 Watt

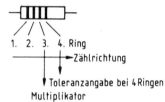

1. 2. 3. 4. Ring
←——————→Zählrichtung

↓ Toleranzangabe bei 4 Ringen
Multiplikator

Abb. 2.1.1-6 Farbringe dienen zur
Codierung von Widerstandswert und
Toleranz

Farbringe mit folgendem Code, dessen Anfang immer an
dem seitennächsten Ring nach *Abb. 2.1.1-6* beginnt:

Farbring	1. Ring	2. Ring	3. Ring (Multipli- kator)	4. Ring (Toleranz)
–	–	–	–	$\pm 20\%$
silber	–	–	10^{-2}	$\pm 10\%$
gold	–	–	10^{-1}	$\pm 5\%$
schwarz	–	0	10^{0}	–
braun	1	1	10^{1}	$\pm 1\%$
rot	2	2	10^{2}	$\pm 2\%$
orange	3	3	10^{3}	–
gelb	4	4	10^{4}	–
grün	5	5	10^{5}	$\pm 0,5\%$
blau	6	6	10^{6}	$\pm 0,25\%$
violett	7	7	10^{7}	$\pm 0,1\%$
grau	8	8	10^{8}	–
weiß	9	9	10^{9}	–

Widerstandswerte sind nach den E-Reihen standardisiert.
Es gibt Reihen mit folgenden Abstufungen in der Toleranz:

E3   ± 40 %   E24 ± 5 %   E192 ± 0,5 %
E6   ± 20 %   E48 ± 2 %
E12 ± 10 %   E96 ± 1 %

Der Zahlenwert hinter der E gibt an, wieviel Widerstandswerte in einer Dekade (1...10, 10...100 usw.) enthalten sind. Je
enger die Toleranz ist, umso enger liegen die Werte beiein-
ander. Die folgende Tabelle gibt eine Übersicht über die gebräuchlichsten Reihen.

E 24	E 12	E 6
Toleranz ± 5 %	Toleranz ± 10 %	Toleranz ± 20 %
1,0	1,0	1,0
1,1		
1,2	1,2	
1,3		
1,5	1,5	1,5
1,6		
1,8	1,8	
2,0		
2,2	2,2	2,2
2,4		
2,7	2,7	
3,0		
3,3	3,3	3,3
3,6		
3,9	3,9	
4,3		
4,7	4,7	4,7
5,1		
5,6	5,6	
6,2		
6,8	6,8	6,8
7,5		
8,2	8,2	
9,1		

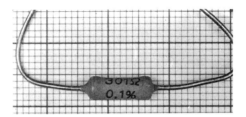

Abb. 2.1.1-7 Manche Bauformen erlauben einen Aufdruck in Klartext, hier die Angabe von 0,1 % Toleranz

Diese Werte lassen sich durch Multiplikation mit 10 in allen Dekaden finden. Beispiel: Reihe E12 − 150 Ω, 1,5 kΩ, 15 kΩ usw. Meßwiderstände mit mehreren Farbringen werden fortlaufend gezählt, wenn nicht nach *Abb. 2.1.1-7* bereits der Aufdruck − hier z.B. 0,1 % − vorgegeben ist.

Nun zu einigen Besonderheiten. Im Anhang sind einige wichtige Rechenregeln über die Serien- und Parallelschaltung von Widerständen enthalten. Das Gebiet wollen wir noch etwas erweitern.

Temperaturkoeffizient

Jeder Widerstand ändert seinen Wert bei Temperaturschwankungen. Diese Änderung wird mit dem Temperaturkoeffizienten (Tk) erfaßt, der je nach Widerstandsmaterial verschiedene Werte und Vorzeichen haben kann. Wir verstehen darunter die (rückkehrbare) Widerstandsänderung je Grad Temperaturänderung. Praktische Werte sind:

Kohleschicht − $300 \cdot 10^{-6}$/K
Metallschicht ± $50 \cdot 10^{-6}$/K

Dabei gilt:
± $50 \cdot 10^{-6}$/K $\stackrel{\triangle}{=}$ 50 ppm/K (parts per million).

Ein kurzes Beispiel soll es veranschaulichen. Ein Kohleschichtwiderstand mit Tk = − 300 ppm/K wird von $10°$ auf

$25°$ erwärmt. Damit ist $\Delta t = 15$ K. Man rechnet also:

$15 \text{ K} \cdot (-300 \text{ ppm/K}) \mathrel{\hat{=}} -4500 \text{ ppm} \mathrel{\hat{=}} -4500 \cdot 10^{-6} \approx -20\ \%$ Widerstandsänderung.

Rauschen

Besonders für hochwertige Hi-Fi-Anlagen ist die Wahl des richtigen Widerstandsmaterials in Eingangsstufen von Bedeutung. So haben z.B. Metallschichtwiderstände einen um den Faktor 10 geringeren Rauschpegel gegenüber den Kohleschichtwiderständen zur Folge. Das Rauschspektrum ist abhängig von der Bauelementetemperatur; bei Zimmertemperatur beträgt die Bandbreite etwa 20^{10} Hz. Wegen der gleichmäßigen Verteilung auf den Frequenzbereich spricht man von weißem Rauschen.

Hochfrequenzverhalten

Für Hochfrequenz und Einsatz in der Impulstechnik ist ein Widerstand noch lange kein rein ohmsches Bauteil. Vielmehr hat der Widerstand je nach Aufbau recht unterschiedliche Einzelkomponenten *(Abb. 2.1.1-8)*. Darin bedeuten: R = Gleichstromwiderstand, L = Summe aller Leitungsinduktivitäten, C_1 = Parallelkapazität zur ohmschen Komponente, C_2 = Summe aller Parallelkapazitäten. Diese – nicht sichtbaren – Einzelkomponenten machen sich in der Hf- und Impulstechnik recht unangenehm bemerkbar. Das gilt ganz besonders bei der Anwendung von drahtgewickelten Widerständen. Der Fehler zeigt sich, wenn die Schaltung in *Abb. 2.1.1-9a* mit dem Oszilloskop überprüft wird *(Abb. 2.1.1-9b)*, wobei der rechte Teil des Oszillogramms mit 20 ns Ablenkzeit/Teil gedehnt dargestellt wurde. Es ist zu erkennen, daß an der

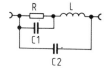

Abb. 2.1.1-8 Ersatzschaltbild für das Bauteil „Widerstand"

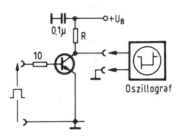

Abb. 2.1.1-9a Mit dieser Meßanordnung läßt sich feststellen, daß ohmsche Widerstände auch kapazitive und induktive Komponenten enthalten

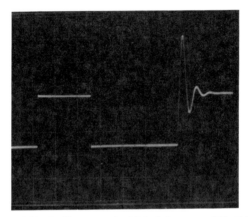

Abb. 2.1.1-9b Oszillogramm der Meßschaltung aus Abb. 2.1.1-9a. Die rechte Hälfte ist mit 20 ns/Teil dargestellt, damit das Überschwingen sichtbar wird

Impulsanstiegsflanke ein Überschwingen auftritt. Je nach Größe der L-C-R-Komponenten und somit Güte der Anordnung nach Abb. 2.1.1-8 „klingelt" das Signal nach einer e-Funktion aus. Also induktionsarme Widerstände für den Einsatz im Hf- und Impulsgebiet vorsehen!

20

Innenwiderstand von Bauteilen

In der *Abb. 2.1.1-10* ist eine Hochfrequenzspule — genauer zwei Spulen auf einen Spulenkörper gewickelt — zu erkennen. Derartige Spulen, es handelt sich um Kupferlackdrähte (CuL), haben einen ohmschen Widerstand, der mit Gleichstrom ermittelt wird. Das ist recht einfach mit einem Multimeter im niedrigen Ohmmeßbereich möglich. Die größere der beiden Spulen in Abb. 2.1.1-10 hat z.b. einen ohmschen Widerstand von 82 Ω bei einer Induktivität von 15 mH. Beide Werte sind in der Elektronik als Spulendaten wichtig. So haben auch andere Bauteile wie Spulen, Fotowiderstände, Lautsprecher, Relais, Dioden, Schaltkontakte und viele mehr rein ohmsche Widerstände, die das Verhalten des betreffenden Bauteiles in einer Schaltung mitbestimmen. Daher ist auch das ohmsche Innenleben eines Drehspulmeßwerkes mit seinen Daten für den Elektroniker sehr wichtig. Derartige Meßgeräte sind in *Abb. 2.1.1-11* gezeigt. Folgende Daten sind für sie kennzeichnend:

Innenwiderstand Ri [Ω], Endausschlag U_E [V] und Endausschlag I_E [A].

Alle drei Größen sind durch das Ohmsche Gesetz mit der Gleichung

$$R_i = \frac{U_E}{I_E}$$ miteinander verknüpft.

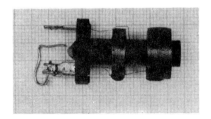

Abb. 2.1.1-10
Auch diese Hochfrequenzspule hat einen ohmschen Widerstand

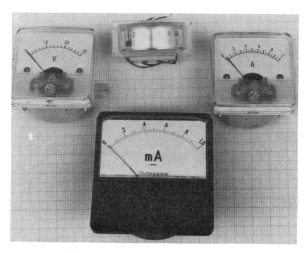

Abb. 2.1.1-11 Der Innenwiderstand der Meßwerke geht in jede Messung ein

Die jeweiligen Größen müssen je nach Verwendungszweck richtig gewählt werden. In der Anordnung nach *Abb. 2.1.1-12a* soll der Strom gemessen werden. Die Lampe trägt die Angaben: 12 V/1 A. Die Lampe hat also einen Widerstand von 12 Ω. Das Instrument hat jedoch einen Innenwiderstand von 3 Ω, so daß bei einem Gesamtwiderstand von 15 Ω der Strom auf 0,8 A zurückgeht. Die Lampenspannung beträgt dann nur noch 0,8 A · 12 Ω = 9,6 V. Also hier die Forderung: Niedriger Innenwiderstand bei Strommessungen.

Anders in *Abb. 2.1.1-12b*. Hier soll an einem Spannungsteiler eine Spannung gemessen werden. Diese beträgt klar ersichtlich 6 V im unbelasteten Fall. Ein Innenwiderstand des Meßwerks von 1 kΩ läßt eine „falsche" Spannung von ca. 1,2 V entstehen. Also hier die Forderung: Hochohmiger Innenwiderstand bei der Spannungsmessung.

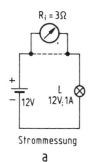

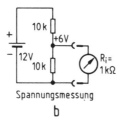

Abb. 2.1.1-12 Wichtig: bei Strommessung kleiner R_i, bei Spannungsmessung größer R_i des Meßgerätes wählen

Strommessung
a

Spannungsmessung
b

Abb. 2.1.1-13 Meßwerk
eines Drehspulgerätes:
1. Drehspule
2. Zeiger

Was steckt denn nun hinter diesem Innenwiderstand bei einem Meßwerk? Nach *Abb. 2.1.1-13* besteht ein Meßwerk aus sehr viel Feinmechanik und einer Drehspule (Pfeil 1), an welcher der Zeiger (Pfeil 2) befestigt ist. Der ohmsche Widerstand der Kupferwicklung bestimmt nun den Innenwiderstand des Meßwerkes. Jedoch nicht ganz allein, denn häufig sind noch nach *Abb. 2.1.1-14* eine Spule und Meßwiderstände mit im Spiel. Die Spule ist oft mit im Meßgerätegehäuse angeordnet und dient zur Temperaturkompensation der Drehspule.

23

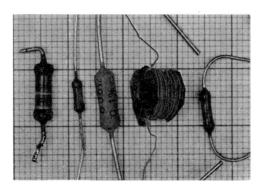

Abb. 2.1.1-14 Spulen und Widerstände aus einem Meßwerk

So etwas sollte nicht entfernt werden. Dabei hat sich der Konstrukteur etwas gedacht.

Benennung von Widerständen

Die *Abb. 2.1.1-15* zeigt zwei Transistorschaltungen. Der Profi unterscheidet hier genau in der Bezeichnung von Widerständen. Er nennt sie mit Namen:

R_1/R_2	Basisteilerwiderstände,
R_3	Basisschutz oder Hf-Entkopplungswiderstand,
R_4	Arbeits- oder Kollektorwiderstand,
R_5	Emitterwiderstand.

Eine Schaltung hat einen ohmschen Eingangswiderstand und einen ohmschen Ausgangswiderstand. In Abb. 2.1.1-15a und c wird R_e als Eingangswiderstand durch die Summe aller parallel oder in Serie liegenden Widerstände gebildet. Das gilt auch für den Außenwiderstand R_a. Deutlicher wird es in der

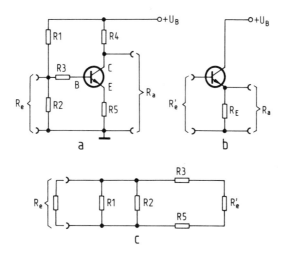

Abb. 2.1.1-15 Benennung der Widerstände aufgrund ihrer Funktion

Abb. 2.1.1-15b. Obwohl am Eingang kein Widerstand R_e zu erkennen ist, wird dieser – sogenannte elektronische Eingangswiderstand der Basis-Emitter-Strecke – dennoch für einen steuernden Generator bemerkbar und z.B. als R_e' bezeichnet. Noch undurchsichtiger wird die Sache mit R_a – dem Ausgangswiderstand – der Schaltung b. Dieser ist nicht gleich R_E; sondern hier schaltet sich, wie wir später sehen werden, noch ein elektronischer Ausgangswiderstand parallel zu R_E. Also ist hier $R_a < R_E$.

Wenden wir das für Abb. 2.1.1-15a mit dem Wissen von R_e' aus Abb. 2.1.1-15b an, so besteht der Widerstand R_e (als Ersatzschaltbild in Abb. 2.1.1-15c gezeigt) – also der zu messende, jedoch körperlich nicht vorhandene Eingangswiderstand – aus der Parallelschaltung von $R_1 \parallel R_2 \parallel (R_2 + R_e' + R_5)$. (Siehe dazu auch die Grundlagen aus dem Anhang, Parallel- und Reihenschaltung von Widerständen.)

25

2.1.2 Regelbare oder variable Widerstände (Potentiometer)

Hier handelt es sich nach *Abb. 2.1.2-1a* entweder um eine ständig von Hand zu betätigende Möglichkeit einer Widerstandsveränderung in Spannungsteilerschaltungen oder nach *Abb. 2.1.2-1b* um eine „einmalige" Einstellung bei Inbetriebnahme oder für Service. Bei diesen Bauteilen sprechen wir in beiden Fällen von Potentiometern, wobei die Darstellung nach Abb. 2.1.2-1b oft als Trimmpoti (Trimmer) bezeichnet wird. Die Buchstabenbezeichnung bedeutet: A = Anfang des Stellwiderstandes, S = Schleifer, E = Ende des Stellwiderstandes. Bei derartigen Potentiometerschaltungen mit drei Anschlüssen entsteht ein Spannungsteiler aus den Teilwiderständen R_1 und R_2. Als solcher wird dieses Potentiometer auch genutzt. Bekanntester Anwendungsfall: Der Lautstärkeeinsteller. Wird von der Schaltung in Abb. 2.1.2-1c Gebrauch gemacht, so ist dieses ein veränderbarer Widerstand geworden.

Die *Abb. 2.1.2-2a* zeigt verschiedene Bauformen von Regelpotentiometern. Da ist einmal ein Hochlastpoti bei 1 oben zu sehen. Darunter ein Doppelpotentiometer mit getrennter Achse von 4 mm und 6 mm-Durchmesser. Über der 2 ist ein Potentiometer mit einfachem Ein/Aus-Schalter abgebildet. Darunter ein einfaches Potentiometer mit 4 mm Achse. Bei 3 ist ein Stereopotentiometer mit gemeinsamer 6 mm-

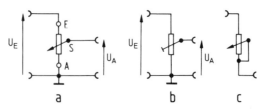

Abb. 2.1.2-1 Anwendungsbeispiele für einstellbare Widerstände: a) von Hand zu betätigender Spannungsteiler, b) Trimmer als Spannungsteiler, c) Poti als variabler Widerstand

Abb. 2.1.2-2a Verschiedene Bauformen von Regelpotentiometern

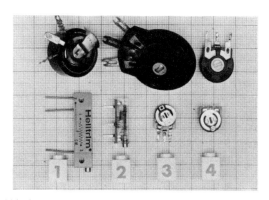

Abb. 2.1.2-2b Eine Auswahl von Trimmerpotentiometern

Achse zu sehen. In der *Abb. 2.1.2-2b* sind die verschiedensten Bauformen von Trimmpotentiometern vorgestellt. Bei 1 oben ist ein Hochlastdrahttrimmer zu sehen. Dort ist die Drahtwicklung deutlich zu erkennen. Darunter sind zwei verschiedene Wendeltrimmpotentiometer abgebildet. Bei dem rechten Trimmer (2) läßt sich die Spindel in dem Klarsichtgehäuse sehr gut erkennen. Diese Wendeltrimmer werden mit dem Schraubenzieher betätigt. Unten rechts (3, 4) sind verschiede-

27

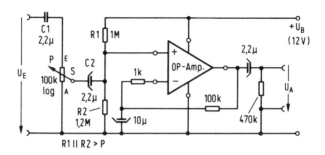

Abb. 2.1.2-2c Das Potentiometer in der Anwendung

ne einfache Trimmpotis in Miniaturausführung für die Platinenmontage zu sehen. Einmal in liegender Ausführung (3) und einmal in stehender (4) Ausführung. Oben rechts liegt ein Trimmer in gekapselter Ausführung. Oben in der Mitte ist noch einmal ein Hochlasttrimmpotentiometer diesmal in Kohleschichtausführung zu erkennen.

Die Schaltung in der *Abb. 2.1.2-2c* zeigt den typischen Anwendungsfall für ein Potentiometer als Lautstärkeregler in einem NF-Verstärker. Die Kondensatoren C_1 und C_2 entkoppeln die Stufen gleichspannungsmäßig, damit ausschließlich die Wechselspannung von dem Potentiometer P geregelt wird. Außerdem muß die Beziehung $R_1 \parallel R_2 > P$ gelten, damit die Regeleigenschaft des Potentiometers nicht verlorengeht.

Mit den Widerständen R_1 und R_2 wird die vom Operationsverstärker am Plus-Eingang benötigte Vorspannung $\frac{U_B}{2}$ hergestellt. Dabei sollte R_2 parallel zum Innenwiderstand des Operationsverstärkers gleich R_1 sein. Deshalb ist in der Schaltung R_2 auch größer als R_1.

Für den Potentiometer gibt es sogenannte Widerstandskurven. Darunter ist die Widerstandsänderung ΔR pro Drehwinkeländerung $\Delta \varphi$ zu verstehen. Die wichtigsten Kurven sind in der *Abb. 2.1.2-3* gezeigt.

28

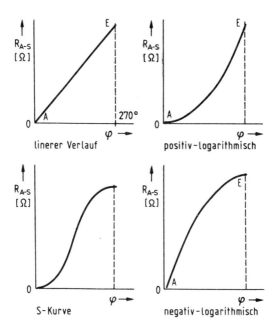

Abb. 2.1.2-3 Kennlinienverlauf der gebräuchlichsten Potentiometer als Funktion des Drehwinkels φ

2.1.3 Die nichtlinearen Widerstände (NTC – PTC – VDR)

Zunächst einmal sehen wir uns die Teile in *Abb. 2.1.3-1* an. Ohne über die Funktion der Bauelemente jetzt schon etwas zu wissen, ist zu erkennen, daß die Bauformen von der bekannten Widerstandsform (Stab) bis zu einer Scheibenform reichen. Die Größe hängt auch hier wieder von der zulässigen Verlustleistung ab. NTC- oder PTC-Widerstände werden oft auf Metallkörper montiert. Damit soll erreicht werden, daß die Temperatur bestimmter Baugruppen – so z.B. die Kühlschiene von Leistungstransistoren – ohne großen Wärmewiderstand direkt auf den eigentlichen Widerstandskörper übertragen

29

wird. Dadurch wird es in der Elektronik möglich, kritische Temperaturbereiche zu erfassen und gegebenenfalls gefährdete Baugruppen auszuschalten.

Die folgende Tabelle soll einen Überblick über wichtige Einsatzgebiete der nichtlinearen Widerstände geben, bevor wir sie im einzelnen behandeln. (Näheres: Großes Werkbuch Elektronik-Nührmann, Franzis-Verlag)

Gebiet	Heiß-leiter NTC	Kalt-leiter PTC	VDR
Temperaturmessung	x		
Temperaturregelung z.B. Kühltruhen, Elektroherde, Klimaanlagen	x		
Flüssigkeitsstandanzeige	x	x	
Kompensation von positiven Temperaturkoeffizienten	x		
Vakuum und Feuchtigkeitsmessung	x		
Wärmemessungen in der Physik	x		
Spannungsstabilisierung	x		x
Verzögerungsschaltungen, z.B. Relais	x	(x)	
Effektivwertmessungen	x		
spannungsabhängige Stromregelung		x	
temperaturabhängige Stromregelung	x	x	
widerstandsabhängige Stromregelung		x	
Funkenlöschung			x
Überspannungsschutz			x
Impulsgleichrichter			x
Körper- und Hauttemperatur	x		
Strömungsgeschwindigkeiten	x		
Kühlwasser und Öltemperatur	x		
Abgastemperaturen	x		
Leistungsmessungen	x		
Temperaturschalter	x	x	
Motoranlaßschutz		x	
Temperaturfühler		x	
Thermostat (selbsttätig regelnd) Beheizungen		x	
Überstromsicherung, Temperatursicherung		x	
Einschaltstrombegrenzung	x		

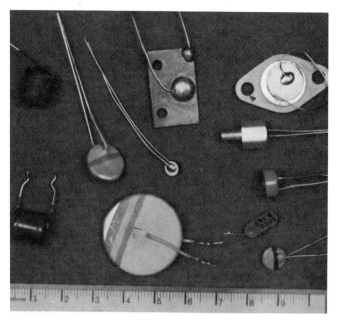

Abb. 2.1.3-1 Eine Sammlung nichtlinearer Widerstände

Abb. 2.1.3-2a Eine Anwender-
schaltung für den NTC

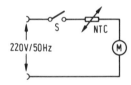

Der NTC-Widerstand (Heißleiter)

Die *Abb. 2.1.3-2a* zeigt die typische Anwendungsschaltung für
den NTC. Hier soll ein Kleinleistungsmotor langsam eingeschaltet werden. Der Stromfluß erwärmt den Widerstand langsam, wobei gleichzeitig der Widerstandswert verkleinert wird.
Inwieweit sich der Widerstandswert verändert, hängt von der
Kennlinie des Heißleiters ab.

Er erhält seinen Namen von Negative Temperature Coef-
ficient. Der typische Verlauf seiner Kennlinie ist in
Abb. 2.1.3-2b gezeigt. Dabei soll gleich bemerkt werden, daß
die Größe seines Kennwiderstandes bei $25°$ C angegeben wird.

31

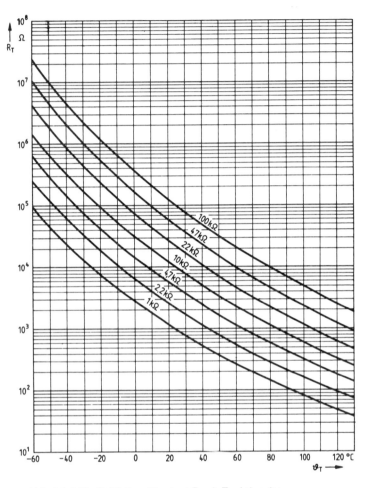

Abb. 2.1.3-2b Heißleiterwiderstand R_T als Funktion der
Temperatur δ_T

32

Haben wir es also mit einem 50-kΩ-NTC-Widerstand zu tun, so ist der Wert 50 kΩ nur bei ca. 25°C vorhanden. Bei kleineren Temperaturen steigt er nach Abb. 2.1.3-2b, bei höheren Temperaturen sinkt er entsprechend.

Wichtige Anwendungsgebiete: Temperaturmessungen, Einschaltstrombegrenzung, Spannungsstabilisierung.

Abb. 2.1.3-3a Eine Anwendungsmöglichkeit für einen PTC

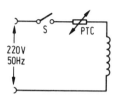

Der PTC-Widerstand (Kaltleiter)

Die Schaltung der *Abb. 2.1.3-3a* zeigt einen PTC-Widerstand mit einer Entmagnetisierungsdrossel. Die Schaltung führt zur automatischen Entmagnetisierung der Lochmaske beim Farbfernseher. Auch hier verändert der Stromfluß den Widerstandswert des PTC, weil der Stromfluß eine Erwärmung hervorruft. Im Einschaltaugenblick (kalter Zustand) hat der Widerstand seinen kleinsten Wert.

Der PTC-Widerstand hat einen positiven Temperaturkoeffizienten, also Positive Temperature Coeffizient. Seine typischen Kennlinien zeigt die Kurve in *Abb. 2.1.3-3b*. Dabei ist besonders hervorzuheben, daß diese im Bereich bis ca. 100°C den Wert des Kaltwiderstandes darstellt, der je nach Typ bei einigen 10 Ω bis einigen kΩ liegen kann. Danach, also > 100°C, erfolgt ein sehr steiler Anstieg des Widerstandswertes.

Wichtige Anwendungsgebiete: Stromregelung, Temperaturschalter, Überstromsicherung.

Der VDR-Widerstand (Varistor)

Er erhält seinen Namen aufgrund der ausgeprägten Spannungsabhängigkeit, englisch: Voltage Dependent Resistor. Der

33

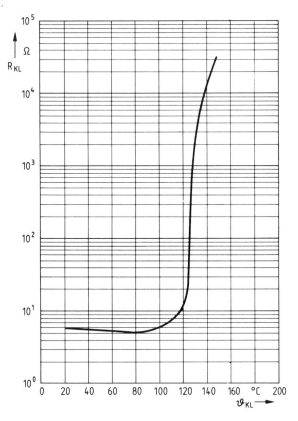

Abb. 2.1.3-3b Kaltleiterwiderstand R_{KL} als Funktion der Temperatur δ_{KL}

typische Kennlinienverlauf ist in der *Abb. 2.1.3-4a* gezeigt. Im Bereich des Nullpunktes verhält sich der VDR bei kleinem ΔU fast wie ein linearer Widerstand. Wichtige Anwendungsgebiete: Überspannungsschutz, Spannungsstabilisierung.

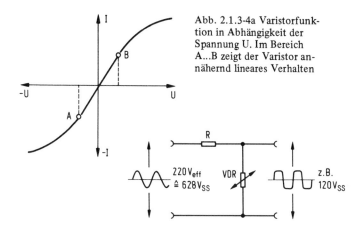

Abb. 2.1.3-4a Varistorfunktion in Abhängigkeit der Spannung U. Im Bereich A...B zeigt der Varistor annähernd lineares Verhalten

Abb. 2.1.3-4b Der VDR in der Schaltung

Der Varistor in der Schaltung der *Abb. 2.1.3-4b* soll eine hohe Eingangswechselspannung U_e auf eine einigermaßen stabilisierte Ausgangswechselspannung bringen. Hier wird das Prinzip des spannungsabhängigen Spannungsteilers ausgenutzt. Als Ausgangsspannung entsteht eine abgeflachte Sinusspannung.

2.2 Kondensatoren und ihre Bauformen

Der Kondensator besteht im einfachsten Fall aus zwei gegenüberliegenden Platten, die voneinander isoliert aufgebaut sind. Das wird auch im Schaltzeichen *(Abb. 2.2-1)* symbolisiert. Das Isoliermaterial, z.B. auch die Luft, wird dabei als Dielektrikum des Kondensators bezeichnet. Bei zwei parallelen Platten mit Luft als Dielektrikum $\epsilon = 1$ ergibt sich eine Kapazität von

$$C = \frac{0{,}0885 \cdot A}{a} \qquad [pF].$$

35

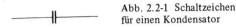

Abb. 2.2-1 Schaltzeichen
für einen Kondensator

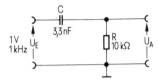

Abb. 2.2-2 Beispiel für einen
Wechselspannungsteiler, bestehend aus einer ohmschen
und einer kapazitiven Komponente

Dabei ist A die Fläche in cm² und a der Plattenabstand in
cm. Werden für das Dielektrikum Isolierstoffe benutzt, so ist
bei den gebräuchlichsten Materialien Epoxid- und Phenolharzen
für ϵ ein Wert zwischen 3...6 in den Zähler der vorherigen
Gleichung einzusetzen. Kondensatoren sperren nach erfolg-
ter Aufladung (siehe auch Seite 354 Zeitkonstante) den Gleichstrom. Andererseits sind jedoch für Wechselstrom – entsprechend des kapazitiven Wechselstromwiderstandes – durch-
lässig. Diesen Widerstand errechnet man aus der Gleichung

$$R_C = \frac{1}{\omega \cdot C} = \frac{1}{2 \cdot \pi \cdot f \cdot C}$$

Dafür ein Beispiel nach *Abb. 2.2-2*, dessen praktische Bedeutung in der Elektronik oft zu finden ist, so z.B. in *Abb. 2.2-3*
als Koppelkondensator einer RC-gekoppelten Transistorstufe. Mit den in Abb. 2.2.-2 angegebenen Werten erhält der
Kondensator C einen Wechselstromwiderstand von

$$R_C = \frac{1}{2 \cdot \pi \cdot f \cdot C} = \frac{1}{2 \cdot \pi \cdot 10^3 \text{ Hz} \cdot 3,3 \cdot 10^{-9} \text{ F}} = 48,2 \text{ k}\Omega.$$

Nun ist bereits aus den Größen von R_C (48,2 kΩ) und
R = (10 kΩ) zu ersehen, daß sich hier eine Spannungsteilung

Abb. 2.2-3 Anwendung des Kondensators zur Ankopplung eines Wechselspannungssignals an einen Transistorverstärker

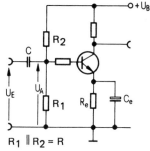

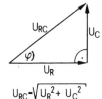

$U_{RC} = \sqrt{U_R^2 + U_C^2}$

$R_1 \parallel R_2 = R$

Abb. 2.2-4 Der Kondensator ruft eine Phasenverschiebung φ zwischen Ein- und Ausgangssignal hervor

ergibt. Also, U_E von 1 V wird nur zu einem Teil als Ausgangsspannung U_A erscheinen. Derartig gemischte Spannungsteiler, die aus ohmschen Widerständen und sogenannten Blindwiderständen – gebildet aus Kondensatoren oder Spulen – bestehen, können nicht mehr nach den linearen Gesetzen der rein ohmschen Teiler ermittelt werden. Aufgrund der einsetzenden Phasenverschiebung zwischen Strom und Spannung *(Abb. 2.2-4)* ist hier vielmehr der Ansatz nach folgender Gleichung zu finden (wieder beziehen wir uns dabei auf die Abb. 2.2-2):

Aus $U_{RC} = U_E$ und $U_R = U_A$ wird

$$U_E^2 = U_C^2 + U_A^2 \text{ oder}$$

$$U_A = \sqrt{U_E^2 - U_C^2}.$$

Dabei sind die Widerstandsgrößen proportional den Spannungswerten. Nun rechnet der Profi jedoch nur in Ausnahmefällen so genau.

Für den Koppelkondensator – das gilt auch für den überbrückenden Emitterkondensator in *Abb. 2.2-3* – wählt er die

37

Größe von C oder C_e in Abb. 2.2-2 so, daß sein kapazitiver Widerstand rund zehnmal kleiner ist als die Summe aller Widerstände, die als Teiler auftreten oder, wie in Abb. 2.2-3 angedeutet, als Wert des Emitterwiderstandes parallel zu C_e liegen. Dabei wird die tiefste noch interessierende untere Grenzfrequenz f_u eingesetzt.

Beispiel: Ist bei einem Hi-Fi-Verstärker f_u = 20 Hz und der Wert R_e in Abb. 2.2-3 gleich 1 kΩ, so wird

$$C_e = \frac{10}{2 \cdot \pi \cdot 20\ \text{Hz} \cdot 1 \cdot 10^3\ \Omega} = 79{,}6\ \mu\text{F}$$

$\approx 100\ \mu\text{F}$ (gebräuchlicher Wert).

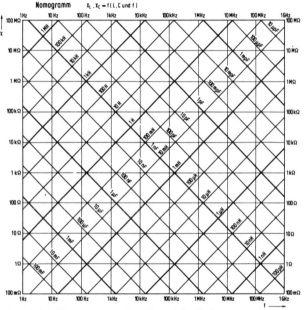

Abb. 2.2-5 Nomogramm: X_L, X_C = f (L, C, f)

38

Die Berechnungen des kapazitiven und später auch des induktiven Widerstandes lassen sich anhand des Nomogramms in *Abb. 2.2-5* erleichtern. Ermitteln Sie selbst einmal aus der ersten Rechnung den Wert

$$R_C = 48,2 \text{ k}\Omega \text{ für } C = 3,3 \text{ nF und } f = 1000 \text{ Hz.}$$

Kondensatoren haben je nach Einsatzgebiet auch verschiedene Bauformen. Damit werden wir uns jetzt beschäftigen. Vorerst eine Übersicht *(Abb. 2.2-6)*, um die Wertebereiche der Kondensatortypen schon einmal kennenzulernen.

2.2.1 Folien- und Styroflex-Kondensatoren

Folienkondensatoren werden mit axialen oder mit Anschlüssen für stehende Montage geliefert, häufig in den Rastermaßen 7,5; 10; 15; 22,5 mm. Die *Abb. 2.2.1-1* zeigt verschiedene Bau-

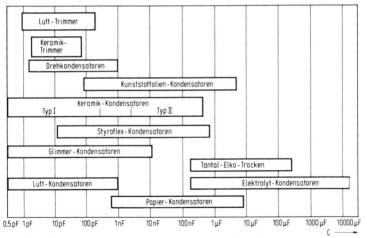

Abb. 2.2-6 Bauformen von Kondensatoren und ihre Wertebereiche

39

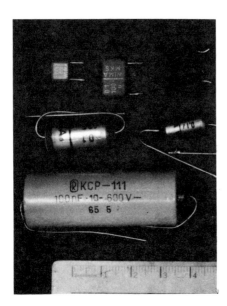

Abb. 2.2.1-1
Verschiedene For-
men von Folien-
kondensatoren

formen eines 0,1-μF-Kondensators. Die Abmessungen sind im
wesentlichen durch die Höhe der Betriebsspannung gegeben.
Es spielt aber auch der Verwendungszweck — somit das benutzte Dielektrikum — eine maßgebende Rolle. Der Wertebe-
reich bei Folienkondensatoren reicht im Normalfall von
10 pF...1 μF. Styroflexkondensatoren sind ebenfalls Folienkondensatoren mit dem Vorteil höherer Temperaturkonstanz
und kleinerem Verlustfaktor.

Die folgende Tabelle erlaubt uns eine Übersicht über die
gebräuchlichsten Kondensatortypen und ihre charakteristischen Daten.

Dabei wird der angegebene Verlustfaktor durch den parallel
liegenden Isolationswiderstand des jeweiligen Dielektrikums
gebildet. Die Größe dieses Wertes ist später maßgebend für die
Güte von Schwingkreisen, L-, C- oder RC-Filtern. Die Größenordnung des Isolationswiderstandes liegt zwischen 10^{10} und
10^{12} Ω.

Typ	Technologie	[V] Betriebsspannung	[nF] Kapazitätsbereich
FKP (KP)	Polypropylen/Aluminiumfolie	630/1000/1500	1 . . . 68
MKP	Polypropylen/Aluminium metallisiert	160/250/400/630/1000	10 . . . 4700
MKC	Polycarbonat/Aluminium metallisiert	63/100/160/400/630/1000	10 . . . 22000
MKS	Polyester/Aluminium metallisiert	63/100/250/400/630/1000	10 . . . 33000
FKC	Polycarbonat/Metallfolie	100/160/400/630/1000	0,1 . . . 47
FKS	Polyester/Metallfolie	100/160/400	1 . . . 100
TFM	Polyterephthalsäureester/Aluminium metallisiert	63/100/160	10 . . . 10000
MKT	Polyester/metallisiert	100/250/400	10 . . . 5600
KT	Polyesterfolie/Metall	160/400	1 . . . 330
KS	Polystyrolfolie/Metall (Styroflex)	63/125/250/500	0,05 . . . 160
PKP	Papier und Polypropylenfolie/Metall	750/1500	1,5 . . . 27
PKT	Papier und Polyesterfolie/Metall	250 V 50 Hz	4,7 . . . 220

Typ	Technologie	[V] Betriebsspannung	[%] Toleranz	tg δ (1 KHz)	[MΩ] Ri
FKP (KP)	Polypropylen/Aluminiumfolie	630/1000/1500	$\pm$ 2,5/$\pm$ 5/$\pm$ 10/$\pm$ 20	1 . . . 3 $\cdot$ 10^{-4}	1 $\cdot$ 10^6
MKP	Polypropylen/Aluminium metallisiert	160/250/400/630/1000	$\pm$ 10/$\pm$ 20	1 . . . 3 $\cdot$ 10^{-4}	6 $\cdot$ 10^4
MKC	Polycarbonat/Aluminium metallisiert	63/100/160/400/630/1000	$\pm$ 10/$\pm$ 20	1 . . . 3 $\cdot$ 10^{-3}	3 $\cdot$ 10^4
MKS	Polyester/Aluminium metallisiert	63/100/250/400/630/1000	$\pm$ 10/$\pm$ 20	6,5 $\cdot$ 10^{-3}	2,5 $\cdot$ 10^4
FKC	Polycarbonat/Metallfolie	100/160/400/630/1000	$\pm$ 5/$\pm$ 10/$\pm$ 20	1,5 $\cdot$ 10^{-3}	1 $\cdot$ 10^6
FKS	Polyester/Metallfolie	100/160/400	$\pm$ 20	5,5 $\cdot$ 10^{-3}	1 $\cdot$ 10^6
TFM	Polyterephthalsäureester/Aluminium metallisiert	63/100/160	$\pm$ 20	5 . . . 10 $\cdot$ 10^{-3}	2 $\cdot$ 10^4
MKT	Polyester/metallisiert	100/250/400	$\pm$ 10/$\pm$ 20	5 $\cdot$ 10^{-3}	5 $\cdot$ 10^4
KT	Polyesterfolie/Metall	160/400	$\pm$ 5/$\pm$ 10	4 $\cdot$ 10^{-3}	2 $\cdot$ 10^5
KS	Polystyrolfolie/Metall (Styroflex)	63/125/250/500	$\pm$ 1 % . . . $\pm$ 5 %	0,2 . . . 0,3 $\cdot$ 10^{-3}	1 $\cdot$ 10^6
PKP	Papier und Polypropylenfolie/Metall	750/1500	$\pm$ 5	1 $\cdot$ 10^{-3}	7,5 $\cdot$ 10^4
PKT	Papier und Polyesterfolie/Metall	250 V 50 Hz	$\pm$ 10/$\pm$ 20	4,5 $\cdot$ 10^{-3}	6 $\cdot$ 10^3

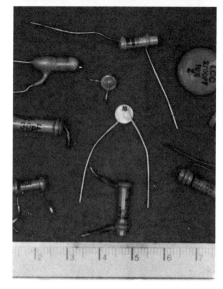

Abb. 2.2.2-1a
Bauformen von
Keramikkonden-
satoren

2.2.2 Keramikkondensatoren

Verschiedene Bauformen von Keramikkondensatoren sind
in der *Abb. 2.2.2-1a* gezeigt. Das Dielektrikum ist hier ein
Keramikträger, auf welchen die Kondensatorbeläge mit aufgedampft sind. Keramikkondensatoren werden bevorzugt in der
Hf- und Impulstechnik wegen ihrer geringen Eigeninduktivität
verwendet. Die Ersatzschaltung eines Kondensators ist nicht
ganz unkompliziert. Wir sehen das in *Abb. 2.2.2-2*. Hierin
bedeuten:

L_1 = Induktivität der Zuleitungen
L_2 = Induktivität des Kondensatoraufbaues
C_1 = eigentlicher Kondensator
C_2 = Übergangskapazität der Anschlüsse
R_1 = Isolationswiderstand
R_2 = Zuleitungswiderstand

Die *Abb. 2.2.2-1b* zeigt noch weitere verschiedene Bauformen von Keramikkondensatoren. Oben in der Abb. 2.2.2-1b
sind drei Hochspannungskeramikkondensatoren verschiedener
Kapazitätswerte für die Schraubmontage zu sehen. Darunter
zwei weitere Hochspannungskondensatoren in Flachbauform.

42

Abb. 2.2.2-1b
Verschiedene Bauformen von Hochspannungskondensatoren

TOa 30/20
500pFM
18KV-◇

Abb. 2.2.2-1c
Ein Hochspannungskondensator für die Schraubmontage

Abb. 2.2.2-2
Ersatzschaltbild eines Kondensators

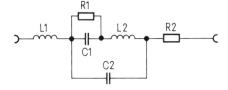

In der *Abb. 2.2.2-1c* ist ein einzelner Hochspannungskondensator für bis zu 18 kV zur Schraubmontage abgebildet.

In kritischen Anwendungsfällen — von denen es genug gibt — können die einzelnen Komponenten dem Profi arg zu schaffen machen. So ist es nicht selten, daß mehrere Kondensatoren in einer Parallelschaltung, z.B. als Abblockkondensatoren in Elektronikschaltungen, anzutreffen sind.

43

Wie die Abb. 2.2.2-1 zeigt, werden Keramikkondensatoren sowohl als Rohr- als auch als Scheibenkondensatoren geliefert. Die Kennzeichnung des Wertes erfolgt nach Aufdruck oder wieder entsprechend dem bereits bekannten Farbcode. Folgende Sonderkennzeichen — als Aufdruck — zeigt zusätzlich die Tabelle in der *Abb. 2.2.2-3*.

Für den Einsatz im Hf- und Impulsgebiet ist daran zu denken, daß je 1 mm Baulänge und Zuleitung eine Induktivität von ca. 1 nH entstehen läßt. Das erfordert oft extrem kurze Drahtenden für das Einlöten. Somit werden Kondensatoren, besonders im UHF-Gebiet, oftmals als metallisierte Keramikscheiben direkt in die Schaltung unter Umgehung jeder weiteren Zuleitung eingelötet.

Für derartige Anwendungsfälle in Hf-Schaltungen gibt es die sogenannten Durchführungskondensatoren. Die *Abb. 2.2.2-4* zeigt einige Bauformen. In der Schaltung der *Abb. 2.2.2-5*, ein Hf-Transistorverstärker, sind zwei solcher Durchführungskondensatoren eingebaut. Sie ermöglichen eine kurze Leitungsverbindung an das Chassis, damit möglichst keine Induktivitäten auftreten.

In der Abb. 2.2.2-4 ist links im Bild bei 1 ein Durchführungskondensator für die Schraubmontage zu erkennen. Daneben liegen bei 2 drei verschiedene Typen für die Lötmontage. Bei 3 sind zwei Durchführungskondensatoren für die Lötmontage speziell für die Mikrowellentechnik abgebildet.

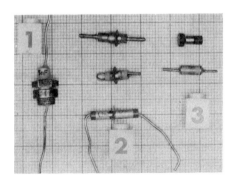

Abb. 2.2.2-4
So sehen Durchführungskondensatoren aus

44

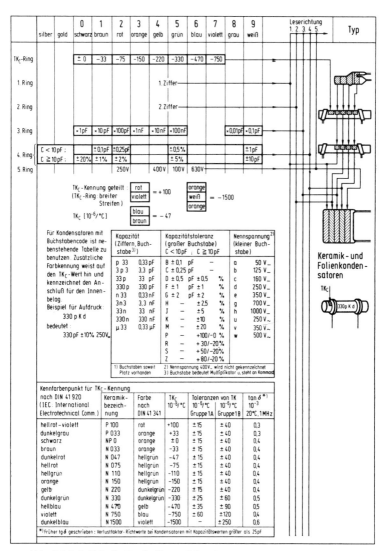

		silber	gold	0 schwarz	1 braun	2 rot	3 orange	4 gelb	5 grün	6 blau	7 violett	8 grau	9 weiß	Leserichtung 1.2.3.4.5	Typ
TK_C-Ring				±0	-33	-75	-150	-220	-330	-470	-750				
1.Ring							1.Ziffer								
2.Ring							2.Ziffer								
3.Ring					×1pF	×10pF	×100pF	×1nF	×10nF	×100nF		×0,01pF	×0,1pF		
4.Ring	C<10pF:					±0,1pF	±0,25pF		±0,5%				±1pF		
	C≥10pF:	±20%	±1%			±2%			±5%				±10pF		
5.Ring						250V		400V		100V	630V				

TK_C-Kennung geteilt: (rot/violett) = +100 ; (orange/weiß) = -1500
(TK_C-Ring: breiter Streifen)

TK_C [10^-6/°C] : (blau/braun) = -47 ; (orange)

Für Kondensatoren mit Buchstabencode ist nebenstehende Tabelle zu benutzen. Zusätzliche Farbkennung weist auf den TK_C-Wert hin und kennzeichnet den Anschluß für den Innenbelag.
Beispiel für Aufdruck:
330 p K d
bedeutet:
330 pF ±10% 250V_

Kapazität (Ziffern, Buchstabe[3])		Kapazitätstoleranz (großer Buchstabe) C<10pF ; C≥10pF			Nennspannung[2] (kleiner Buchstabe)	
p 33	0,33 pF	B ±0,1	pF	—	a	50 V_
3 p 3	3,3 pF	C ±0,25	pF	—	b	125 V_
33 p	33 pF	D ±0,5	pF ±0,5	%	c	160 V_
330 p	330 pF	F ±1	pF ±1	%	d	250 V_
n 33	0,33 nF	G ±2	pF ±2	%	e	350 V_
3n3	3,3 nF	H —	±2,5	%	g	700 V_
33n	33 nF	J —	±5	%	h	1000 V_
330n	330 nF	K —	±10	%	u	250 V~
µ33	0,33 µF	M —	±20	%	v	350 V~
		P —	+100/-0	%	w	500 V~
		R —	+30/-20	%		
		S —	+50/-20	%		
		Z —	+80/-20	%		

1) Buchstaben soweit Platz vorhanden   2) Nennspannung 400V_ wird nicht gekennzeichnet   3) Buchstabe bedeutet Multiplikator u. steht im Kommast

Kennfarbenpunkt für TK_C-Kennung nach DIN 41920 (IEC. International Electrotechnical Comm.)

	Keramik-bezeichnung	Farbe nach DIN 41341	TK_C 10^-6/°C	Toleranzen von TK 10^-6/°C Gruppe 1A	10^-6/°C Gruppe 1B	tan δ[*] 10^-3 20°C,1MHz
hellrot-violett	P 100	rot	+100	±15	±40	0,3
dunkelgrau	P 033	orange	+33	±15	±40	0,3
schwarz	NP 0	orange	±0	±15	±40	0,4
braun	N 033	orange	-33	±15	±40	0,4
dunkelrot	N 047	hellgrün	-47	±15	±40	0,4
hellrot	N 075	hellgrün	-75	±15	±40	0,4
hellgrün	N 110	hellgrün	-110	±15	±40	0,4
orange	N 150	hellgrün	-150	±15	±40	0,4
gelb	N 220	dunkelgrün	-220	±15	±40	0,4
dunkelgrün	N 330	dunkelgrün	-330	±25	±60	0,5
hellblau	N 470	gelb	-470	±35	±90	0,5
violett	N 750	blau	-750	±60	±120	0,4
dunkelblau	N 1500	violett	-1500	—	±250	0,6

*) Früher tg δ geschrieben: Verlustfaktor-Richtwerte bei Kondensatoren mit Kapazitätswerten größer als 25pF

Keramik- und Folienkondensatoren
TK_C
330p K d

Abb. 2.2.2-3 Tabelle für die Keramikkondensatoren

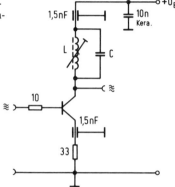

Abb. 2.2.2-5 Eine Anwendungsschaltung mit Durchführungskondensatoren

2.2.3 Elektrolytkondensatoren

Nach *Abb. 2.2.3-1* ist die Baugröße bei den rollenförmig
aufgebauten Elektrolytkondensatoren vom Kapazitätswert
und von der Betriebsspannung abhängig. Elektrolytkondensatoren müssen richtig gepolt in Schaltungen angeschlossen
werden, d.h. der positive Anschluß muß gegenüber dem
negativen Anschluß ein positives Potential aufweisen. Elektrolytkondensatoren werden nur im Niederfrequenzbereich
bis ca. 10 kHz angewandt. Bei höheren Frequenzen werden
den Elektrolytkondensatoren Folien- oder Keramikkondensatoren parallelgeschaltet.

Elektrolytkondensatoren haben einen nicht zu vernachlässigenden Reststrom I_R. Diesen ermittelt man mit guter
Annäherung aus der Gleichung

$$I_R \leqslant 0{,}02 \cdot C \cdot U_N + 1 \qquad\qquad [\mu F;\, V;\, \mu A].$$

Dabei ist dann C die Kapazität in μF und U_N die Nennbe-
triebsspannung. Eine derartige Messung wird nach ca. 5 Minuten Betriebszeit vorgenommen (Formierungsvorgang). Folgende Nennbetriebsspannungen stehen zur Verfügung: 3 V; 6,3 V;
10 V; 16 V; 25 V; 35 V; 50 V; 63 V; 100 V; 160 V; 250 V;
350 V; 450 V; 630 V; 1000 V.

46

Abb. 2.2.3-1
Bauformen von
Elektrolytkon-
densatoren

Wie alle Kondensatoren vertragen besonders auch Elektrolytkondensatoren keine zu hohen Umgebungstemperaturen.
Sie müssen weit genug von wärmeabstrahlenden Teilen montiert werden. Ebenfalls ist mechanische Belastung — wie
Druck — von Kondensatoren fernzuhalten.

2.2.4 Tantalelkos

Während die im Kap. 2.2.3 beschriebenen Elektrolytkondensatoren eine Dielektrizitätskonstante um 7...8 aufweisen,
beträgt der Wert ϵ etwa 30 bei Tantalelkos. Das bedeutet bei
gleicher Kapazität ein weitaus kleineres Bauvolumen, so, wie
es in der *Abb. 2.2.4-1* zu sehen ist. Tantalelkos werden in der
Spannungsreihe üblich bis 35 V geliefert, bei Kapazitätswerten
bis zu 100 μF. Sie weisen einen kleinen Innenwiderstand
auf und werden bevorzugt zu Siebzwecken einzelner Schalt-
stufen untereinander benutzt. Ebenso wie die bereits beschriebenen Elektrolytkondensatoren sind auch die Tantalelkos polarisiert. Sie müssen also ihrer Polung entsprechend

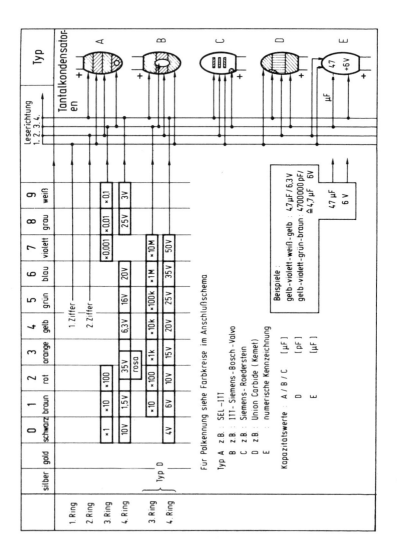

Typ — Tantalkondensatoren

Leserichtung 1.2.3.4.	silber	gold	0 schwarz	1 braun	2 rot	3 orange	4 gelb	5 grün	6 blau	7 violett	8 grau	9 weiß
1. Ring						1 Ziffer →						
2. Ring						2 Ziffer →						
3. Ring			×1	×10	×100					×0,001	×0,01	×0,1
4. Ring			10V	1,5 V	35V	rosa	6,3V	16V	20V		25V	3V
3. Ring (Typ D)				×10	×100	×1k	×10k	×100k	×1M	×10M		
4. Ring (Typ D)			4V	6V	10V	15V	20V	25V	35V	50V		

Typ E: 4,7 µF / 6 V

Für Polkennung siehe Farbkreise im Anschlußschema

Typ A z.B.: SEL-ITT
B z.B.: ITT-Siemens-Bosch-Valvo
C z.B.: Siemens-Roederstein
D z.B.: Union Carbide (Kemet)
E : numerische Kennzeichnung

Kapazitätswerte : A / B / C [µF]
D [pF]
E [µF]

Beispiele :
gelb-violett-weiß-gelb : 4,7µF / 6,3V
gelb-violett-grün-braun : 4700000 pF / ≙ 4,7µF 6V

48

Abb. 2.2.4-1
Bauformen von
Tantalelkos

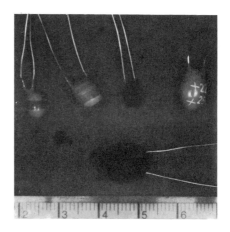

richtig angeschlossen werden. Tantalelkos weisen oftmals
einen Farbcode auf, der nach vorhergehender Tabelle zu ent-
schlüsseln ist.

2.2.5 Drehkondensatoren

Das Prinzip des Drehkondensators zeigt die *Abb. 2.2.5-1*.
Zwei voneinander isolierte Platten (oder mehrere) werden
mehr oder weniger ineinandergeschoben, wodurch sich die
wirksame Plattenfläche vergrößert oder verkleinert. Varianten
des gezeigten Drehkondensators sind Tandem- oder Zweifach-
drehkondensatoren, die bevorzugt für die Oszillator- und Ein-
gangskreisabstimmung von Rundfunkempfängern benutzt
werden. Für den AM-Bereich, also Langwellen bis zur Kurz-
welle, sind Kapazitätswerte bis zu 400 pF üblich. Für den
UKW-Bereich werden kleinere Doppeldrehkos mit Kapazitätswerten bis zu 50 pF benutzt; In kleinen Bauformen werden
die Drehkondensatoren auch mit Quetschfolien als Dielektrikum benutzt. Das ergibt bei gleichen Kapazitätswerten kleinere Bauformen, birgt aber das Problem der Instabilität (Feuchte)
in sich. Auch ein derartiger Drehkondensator ist im Aufbau
in der Abb. 2.2.5-2 zu erkennen. Details dazu sind der folgenden Abb. 2.2.6-1 zu entnehmen.

Abb. 2.2.5-1
Aufbau eines
Drehkondensators

Abb. 2.2.5-2

2.2.6 Trimmerkondensatoren

Das im Fachjargon als Trimmerkondensator bezeichnete
Bauelement ist dem Drehkondensator (Kap. 2.2.5) − mit
zwei Einschränkungen − sehr ähnlich. Einmal sind seine
Kapazitätswerte weitaus geringer als die eines Drehkondensators, der bis zu 500 pF haben kann. Weiter hat der Trimmerkondensator keine Drehachse zur Befestigung eines Bedien-
knopfes, sondern wird mit einem Werkzeug, wie z.B. einem
Schraubendreher, betätigt. Das ist bei den Ausführungsformen

50

Abb. 2.2.6-1
Bauformen von
Trimmkondensatoren

in *Abb. 2.2.6-1* auch gut zu erkennen. Unten links im Bild
ist ein am Schluß des Kapitels 2.2.5 angekündigter Folien-
kondensator zu erkennen, hier in der Ausführung als Trimmerkondensator.

Grundsätzlich sind zwei Ausführungsformen zu unterscheiden. Einmal die Trimmer mit Platten, die Luft oder zusätzlich Folie als Dielektrikum nutzen, und zum anderen die
Keramiktrimmer. Bei der ersten Ausführungsform werden
Platten — oder Flächen anderer Bauformen — zueinander
geändert, woraus sich eine Kapazitätsvariation ergibt (siehe
dazu auch die Gleichung in Kap. 2.2). Bei einem Trimmerkondensator mit Keramik als Dielektrikum sind anstelle der
Metallplatten metallisch leitende Flächen (Silber) auf den
Keramikkörper aufgedampft, wodurch sich eine analoge
Funktion zu der erstgenannten Ausführungsform ergibt. Eine
weitere Variante (Abb. 2.2.6-1, unten Mitte) sind die Spindel-
oder Rohrtrimmer. Hier bildet eine Spindel mit Schrauben-
dreherschlitz und Gewinde einen Anschluß des Trimmerkondensators *(Abb. 2.2.6-2a)*. Diese Spindel wird in einem
Keramikrohr gedreht, wobei ihre jeweils wirksame Fläche
zu dem feststehenden Gegenanschluß eine mehr oder weniger
große Kapazitätsänderung ergibt. Die praktische Ausführung
zeigt die *Abb. 2.2.6-2b*, wo ein Spindeltrimmer zerlegt wurde.

Wozu werden nun Drehkondensatoren benötigt? Vorzugsweise in der Hf- und Impulstechnik. Nach *Abb. 2.2.6-3* wird
parallel zu einem Schwingkreis mit Drehkondensator ein
Trimmerkondensator C_{Tr} geschaltet. Hiermit wird die Anfangskapazität der gesamten Anordnung auf einen vom Entwickler

51

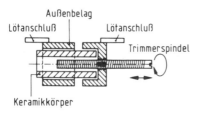

Abb. 2.2.6-2a
Schnitt durch einen
Spindeltrimmer

Außenbelag
Lötanschluß   Lötanschluß
                              Trimmerspindel

Keramikkörper

Abb. 2.2.6-2b
Praktische Ausführung
des Spindeltrimmers

Abb. 2.2.6-3
Mit einem Trimmkon-
densator läßt sich die
Anfangskapazität der
Schaltungsanordnung
festlegen

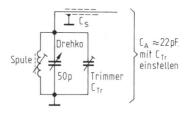

der Schaltung festgelegten Wert gebracht. Variable Kapazitäten
werden durch den Aufbau (siehe auch folgende Kapitel) in
der Schaltung nach Abb. 2.2.6-3 z.B. durch folgende Maßnahmen festgesetzt:

Verdrahtungskapazität der Spule ca. 3,5 pF, Anfangskapazität des Drehkos (herausgedreht) ca. 4,5 pF, Schaltkapazität (Aufbau und weitere Bauteile) ca. 7 pF. Das ergibt

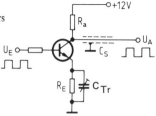

Abb. 2.2.6-4 Anwendung eines Trimmerkondensators bei einem Breitbandverstärker

als Summe ca. 15 pF. Dieser Wert kann nun je nach Aufbau vielleicht zwischen 12 pF und 18 pF schwanken. Der Entwickler der Schaltung sorgt nun für eine reproduzierbare Anfangskapazität für jedes Stück der Serienfertigung, indem er die Schaltung für ein C_A (Anfangskapazität) = 22 pF auslegt. Das erreicht er mit einem Trimmer, der sich beispielsweise von 3 pF...15 pF einstellen läßt. Der Wert 22 pF kann dann mit dem Trimmer immer realisiert werden.

In *Abb. 2.2.6-4* ist ein Trimmer parallel zum Emitterwiderstand R_E geschaltet. Dadurch wird in einer Breitbandverstärkerstufe erreicht, daß die Wiedergabe von Rechteck- oder Impulssignalen am Ausgang der Spannungsform U_E des Einganges entspricht. Im Kapitel 2.2 hatten wir den Begriff Zeitkonstante τ erwähnt. Diese ergibt sich nach der Definition aus dem Produkt $\tau = R \cdot C$. Im vorliegenden Falle ist − mit guter Annäherung − ein richtiger Wert C_{Tr} des Trimmers C_{Tr} erreicht, wenn

$$R_E \cdot C_{Tr} = R_a \cdot C_S \text{ bzw. } C_{Tr} = \frac{R_a \cdot C_S}{R_E}$$

gewählt wird. Dabei wird C_S aus der schädlichen Schaltungskapazität − durch Aufbau bedingt − gebildet. Der Abgleichvorgang läßt sich anhand dreier Oszillogramme schnell verständlich machen. In *Abb. 2.2.6-5a* ist der Abgleich richtig gewählt, wenn wir voraussetzen, daß die Spannung U_E ein sauberes Rechtecksignal ist und das Signal Abb. 2.2.6-5a

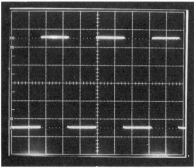

a

Abb. 2.2.6-5
Einfluß des Trimmers
auf das Frequenzver-
halten der Schaltung

a) richtige Einstellung
b) unterkompensiert
c) überkompensiert

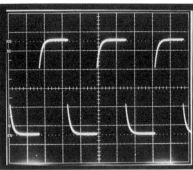

b

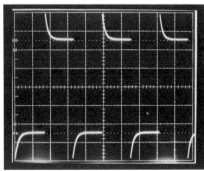

c

54

der Ausgangsspannung U_A entspricht. Wird jetzt der Trimmer C_{Tr} auf einen zu kleinen Wert eingestellt, so werden die hohen Frequenzanteile gegenüber ihren Amplitudensollwerten zu schwach übertragen. Das macht sich durch ein integriertes Rechtecksignal — so sagt der Profi dazu — bemerkbar, wie es *Abb. 2.2.6-5b* zeigt. Wird andererseits der Kondensator C_{Tr} zu groß eingestellt, so erscheint ein differenziertes Ausgangssignal nach *Abb. 2.2.6-5c.* Das kommt dadurch zustande, daß die Oberwellen gegenüber ihren Amplitudensollwerten verstärkt übertragen werden. Beide Fehler machen sich in der unterschiedlichen Flankensteilheit des Signales bemerkbar, da gerade die Amplitudenwerte und die Zahl der Oberwellen die Flankensteilheit eines Impulses bestimmen. Wieso der Trimmer C_{Tr} ausgerechnet parallel zu einem Emitterwiderstand geschaltet die Verstärkung der hohen Frequenzanteile bestimmt, soll uns hier noch nicht weiter interessieren. Das bleibt einer späteren Darstellung vorbehalten.

Eine weitere Anwendung des Kondensatortrimmers ist nach *Abb. 2.2.6-6* interessant. Für einen Oszillografen werden sogenannte Spannungsteilertastköpfe 10:1 benutzt. Diese haben zwar den Nachteil, daß das Meßsignal dem Gerät um den Faktor 10 abgeschwächt zugeführt wird. Jedoch ergeben sich zwei Vorteile. Der Eingangswiderstand wird erhöht, und zwar von ehemals R_E = 1 MΩ (Geräteeingangswiderstand) auf 10 MΩ, und die hohe Eingangskapazität von ehemals C_E = 40 pF wird auf ca. 8 pF herabgesetzt. Das wird in der

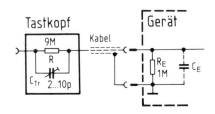

Abb. 2.2.6-6
Beispiel für einen
frequenzkompensier-
ten Spannungsteiler

Schaltung durch einen sogenannten wechselspannungskompensierten Spannungsteiler erreicht. Dabei müssen die beiden Zeitkonstanten $\tau_1 = R_E \cdot C_E$ und $\tau_2 = R \cdot C_{Tr}$ gleich sein. Also $R_E \cdot C_E = R \cdot C_{Tr}$. Daraus errechnet sich dann der einstellbare Wert

$$C_{Tr} = \frac{R_E \cdot C_E}{R}$$

Bei dieser einfachen Überlegung rechnet man dann ein C_{Tr} von 4,4 pF aus der Gleichung $\dfrac{1\ M\Omega \cdot 40\ pF}{9\ M\Omega}$.

Tatsächlich ist der mit C_{Tr} eingestellte Wert in der Praxis fast doppelt so hoch, da sich parallel zu C_E bei Tastkopfanschluß noch die Kabel- und Aufbaukapazität des Tastkopfes addiert. Im übrigen können wir für den Tastkopfabgleich die Abb. 2.2.6-5a...c mit den gleichen Erklärungen wieder heranziehen. So spricht man dann in der Abb. 2.2.6-5c von einem überkompensierten Abgleich und in der Abb. 2.2.6-5b von einem unterkompensierten Abgleich. Richtig ist es in der Abb. 2.2.6-5a gemacht. Dieses Rechteckprüfsignal wird bei vielen Oszillografen bereits an einer Buchse oder einem Meßkontakt für eben diesen Abgleich zur Verfügung gestellt. Der Trimmer im Tastkopf wird mit einem kleinen Schraubendreher eingestellt.

2.2.7 Die Kapazitätsdiode

Wir haben es hier mit einem für Hochfrequenzanwendungen recht interessanten Halbleiterbauelement zu tun. Mögliche Bauformen zeigt zunächst einmal *Abb. 2.2.7-1*. Wie funktioniert das Ganze? Nach *Abb. 2.2.7-2* haben Kapazitätsdioden einen ähnlichen Aufbau wie Siliziumdioden. Sie werden jedoch in Sperrichtung betrieben. Am PN-Übergang stehen sich einerseits ortsfeste ionisierte Akzeptoratome (P-Schicht) und andererseits ortsfeste ionisierte Donatoratome (N-Schicht) gegenüber. Die P-Schicht weist weiterhin bewegliche Defekt-

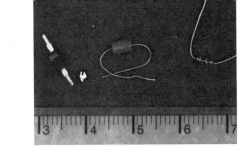

Abb. 2.2.7-1
Bauformen von
Kapazitätsdioden

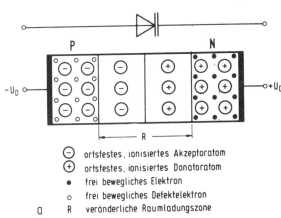

	ortsfestes, ionisiertes Akzeptoratom
$\ominus$	ortsfestes, ionisiertes Akzeptoratom
$\oplus$	ortsfestes, ionisiertes Donatoratom
•	frei bewegliches Elektron
o	frei bewegliches Defektelektron
R	veränderliche Raumladungszone

Abb. 2.2.7-2 Schematischer Aufbau einer Kapazitätsdiode

elektronen und die N-Schicht bewegliche freie Elektronen
auf. Am PN-Übergang bildet sich eine Raumladungszone,
deren Breite durch das Vorhandensein von Defekt- und freien
Elektronen bestimmt wird. Da die Sperrschicht sehr wenige
freie Ladungsträger besitzt, wirkt sie als Isolator. Somit
bildet sich am PN-Übergang ein Kondensator, dessen Kapazität
von dem ortsveränderlichen Zustand der Defektelektronen
und der freien Elektronen beeinflußt wird. Dieser Vorgang
wird von einer extern angelegten Spannung bestimmt.

Die innen gebildete Raumladungszone kann sich vergrößern, wenn die Sperrspannung der Diode erhöht wird. Dadurch
verkleinert sich die Kapazität der in Sperrichtung betriebenen
Diode. Das ist in *Abb. 2.2.7-3* gezeigt, wo der typische Kennlinienverlauf einer Kapazitätsdiode zu sehen ist.

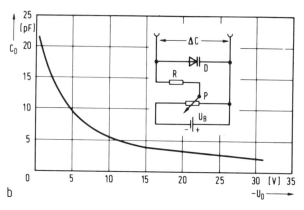

Abb. 2.2.7-3 Typischer Kennlinienverlauf einer Kapazitätsdiode, die im annähernd linearen Bereich zwischen −30 V...−3 V betrieben wird

Nun ist bei dem Einsatz einer Kapazitätsdiode darauf zu achten, daß die positive Wechselspannungsamplitude weder in den Durchlaßbereich noch zu nahe an den Sperrspannungsbereich von 0...−3 V kommt. Im ersten Fall wird bei Amplituden $U_D > + 0,6$ V eine Spannungsbegrenzung eintreten, im zweiten Fall ist mit einem starken unlinearen Spannungs-/Kapazitäts-Verhältnis zu rechnen. Daher sollten bei Kapazitätsdioden Spannungen < -3 V nicht unterschritten werden. Normalerweise arbeiten Kapazitätsdioden im Sperrbereich von −3 V...−30 V. Die folgende *Tabelle* gibt darüber Aufschluß.

In *Abb. 2.2.7-4a und b* ist für die Typen BB 103 (Bild a) und den Typ BB 113 (Bild b) gezeigt, daß Abstimmdioden in einem Gehäuse bereits als Zweifach- oder Dreifach-Dioden gebaut werden. Der Typ BB 103 wird in der UKW-Technik für die Oszillator- und Vorkreisabstimmung benutzt. Der Typ BB 113 findet Verwendung im LW-MW-KW-Bereich bei zwei Vorkreisen und einem Oszillatorkreis. Derartige Diodenkonfigurationen weisen gute Gleichlaufeigenschaften auf.

Typ	C bei −1 V	C bei −3 V	C bei −25 V	Nutz-bares Kapa-zitäts-ver-hältnis	Serien-wider-stand	Sperr-strom
BB 141 (ITT)	19 pF	13 pF	2,4 pF	5,4	<0,6 Ω	100 nA (28 V)
BB 139 (ITT)	45 pF	29 pF	5 pF	5,8	0,5 Ω	100 nA (28 V)
BB 209 (TFK)	31 pF	21 pF	2,8 pF	7,5	0,85 Ω	
BB 105 (VALVO)	17,5 pF	11,5 pF	2 pF	5,75	0,7 Ω	100 nA (28 V)
MV 3501 (Motorola)	10 pF	7 pF	3 pF	2,3	0,4 Ω	
BB 103 (Siemens)	44 pF	28 pF	12 pF	2,3	<0,4 Ω	<50 nA (30 V)
BB 113 (Siemens)	250 pF	180 pF	15 pF	12	<4 Ω	<50 nA (32 V)

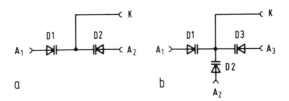

Abb. 2.2.7-4 a) Zweifach-Abstimmdiode BB 103;
b) Dreifach-Abstimmdiode BB 113

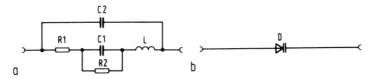

Abb. 2.2.7-5 a Ersatzschaltung für eine Kapazitätsdiode
b Schaltzeichen der Kapazitätsdiode

59

In der *Abb. 2.2.7-5a* ist das Ersatzschaltbild einer Kapazitätsdiode gezeigt. Darin bedeuten:

C_1: veränderliche Kapazität
C_2: Gehäusekapazität beider Anschlußleitungen
R_1: Serienwiderstand − Zuleitungen − Anschlußkontaktierung
R_2: Parallelwiderstand zur Kapazität −
Sperrwiderstand der Diode
L: Zuleitungsinduktivität

In der Praxis vorkommende Werte sind:

C_1: 2...10 pF, 5...40 pF, 15...250 pF
je nach Diodentyp
C_2: ≈ 0,1...0,4 pF
R_1: ≈ 0,3...1 Ω (bis 3,5 Ω bei
Kapazitätsdioden mit großer Endkapazität)
R_2: > 10 MΩ
L: ≈ 2...5 nH bei 1,5...7 mm langen Zuleitungen
für Dioden mit kleiner Endkapazität.

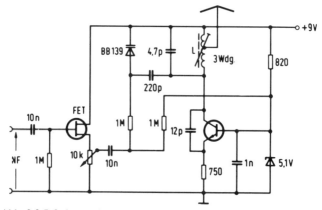

Abb. 2.2.7-6 Anwendung einer Kapazitätsdiode zur Frequenzmodulation (Vorsicht, nicht nachbauen: kann den Flugfunk stören)

60

Diese Werte sind wichtig, um die Einfügungsgüte einer
Kapazitätsdiode für Schwingkreisanwendungen zu bestimmen.

In *Abb. 2.2.7-6* ist die Verwendung einer Kapazitätsdiode
zur Frequenzmodulation gezeigt. Es lassen sich so Wobbel-
meßsender oder, wie hier gezeigt, Miniatursender aufbauen,
in denen die Kapazitätsdiode die Frequenzmodulation des
Schwingkreises übernimmt. Dabei wird die Sperrspannung der
Diode im Rhythmus der steuernden Niederfrequenzspannung
beeinflußt. Die sich proportional ändernde Kapazität der
Diode verursacht die Frequenzmodulation.

2.2.8 Kapazitäten durch Aufbauten

Elektrische Aufbauten, z.B. auf einer Printplatte nach
Abb. 2.2.8-1 bilden Kapazitäten. Diese spielen in der Funktion
einer Schaltung oft eine wesentliche Rolle und müssen von
dem Entwickler berücksichtigt werden. Einmal bilden die
Bauelemente mit ihren Körpern (Flächen) zueinander kapazitive Gebilde, zum anderen sind jedoch gerade die Verdrah-
tungen, also die Leiterbahnen, an der Kapazitätsbildung maß-

Abb. 2.2.8-1
Jeder Schaltungsauf-
bau bildet ungewollte
Kapazitäten

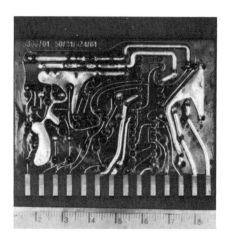

Abb. 2.2.8-2
Durch geeignete Leiterbahnausführung wird der nachteilige Einfluß auf die Schaltung möglichst gering gehalten

geblich beteiligt. Die Schaltung (Abb. 2.2.8-1) stellt einen Impulsverstärker hoher Flankensteilheit dar. Also eine Schaltung, die einen kapazitätsarmen Aufbau fordert. Aus diesem Grunde hat der Entwickler dafür gesorgt, daß die signalführenden Leitungen (*die Abb. 2.2.8-2* zeigt den Leiterbahnverlauf vom Aufbau) recht schmal, also mit kleiner Fläche ausgeführt werden. Eine derartige Leiterbahnkapazität läßt sich hinreichend genau ermitteln durch die Gleichung

$$C \approx 0{,}33 \cdot \frac{b \cdot l}{a} \ [pF]$$

Darin bedeuten: a = Abstand der Leiter zueinander [cm]
b = Leiterbreite [cm]
l = Leiterlänge [cm]

Bei der obigen Gleichung wurde die Dielektrizitätskonstante des Basismaterials mit 5 eingesetzt. Tatsächliche Werte dieser Materialkonstanten schwanken zwischen 2,5 und 6,8. Das muß bei genauen Rechnungen berücksichtigt werden.

62

Ein kleines Beispiel zur Überlegung. Nach dem Aufbau des Prints in Abb. 2.2.8-1 sollen einmal zwei 2 mm breite Leiterbahnen im Abstand von 2 mm über eine Strecke von 5 cm parallel geführt werden. Daraus ergibt sich eine Kapazität von

$$C \approx 0{,}33 \cdot \frac{0{,}2 \cdot 5}{0{,}2} \ pF = 1{,}65 \ pF$$

Aus diesen eingesetzten Zahlen ist leicht zu erkennen, wie die geometrischen Abmessungen der Leiterbahnen zur Kapazitätsbildung führen. Im professionellen Bereich der Printherstellung wird darauf Rücksicht genommen. So wird dann oft eine kritische Leiterbahn links und rechts daneben von einer Masseleiterbahn „begleitet", um eine Verkopplung zu anderen signalführenden Leitern zu verhindern. Nun kommt es aber auch vor, daß in einer gedruckten Schaltung, einem Print, ein Kondensator auch gewollt durch die Leiterbahn gebildet wird. Das wird oft in der Höchstfrequenztechnik benutzt. Es entstehen dann kammartige Gebilde, um erforderlichenfalls größere Kapazitätswerte zu erreichen.

Aber auch abgeschirmte Leitungen — koaxiale Leitungen — führen verständlicherweise zwischen Innenleiter und Abschirmgeflecht zu einer Kapazität. Für die praktische Anwendung derartiger Kabel kann mit 0,5...1 pF pro cm Leiterlänge gerechnet werden. Die 0,5 pF hat man bei den etwas teureren Hf-Leitungen, während eine Phonoleitung schon mit 1 pF pro cm Länge aufwartet.

Wir schließen das Kapitel der Kondensatoren an dieser Stelle einmal mit der *Abb. 2.2.8-3* ab. Die meisten der bis jetzt besprochenen Bauelemente sind auf diesem Foto erkennbar: Widerstände und Widerstandstrimmer (Trimmpotis) sowie ein NTC-Widerstand, Folien-, Keramik- und Niedervoltelektrolytkondensatoren und zwei abgeschirmte Leitungen. Das alles ergibt in Abb. 2.2.8-3 eine Wienbrückenschaltung zur Erzeugung klirrarmer Sinussignale.

Abb. 2.2.8-3 Auf dieser Platine finden wir die meisten der bisher besprochenen Bauelemente wieder

2.3 Die Spule: Arten und Eigenschaften

Sicher kommt der Begriff Spule von „Aufspulen", womit bereits eine Analogie zum aufgespulten Draht hergestellt ist. So etwa, wie es das Foto in *Abb. 2.3-1* zeigt. Nun können Spulen mehrere tausend Windungen aufweisen. Aber auch nur eine Windung — wie in Abb. 2.3-1 gezeigt ist — fällt unter den Begriff einer Spule. Diese braucht nun nicht aus Draht — isoliert und mit Windung auf Windung gewickelt — zu bestehen; das ist in *Abb. 2.3-2* zu erkennen, wo ein Hf-Spulenkörper mit Wicklung und demontiertem Abschirmbecher gezeigt ist. Besonders in der Hochfrequenz- und Höchstfrequenztechnik kann sie sich zu recht eigenartigen Gebilden mausern. In *Abb. 2.3-3* ist eine Spule für einen Fernseh-UHF-Tuner zu sehen. Diese besteht nun nicht mehr aus Draht, sondern hier sind die einzelnen Windungen als Leiterbahnen direkt auf die Platine aufgebracht. Daraus ergeben sich kürzeste Verbin-

Abb. 2.3-1
Spulenformen
aus Draht

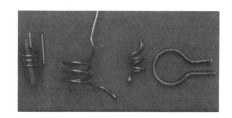

Abb. 2.3-2
In der Mitte der
bewickelte Spulen-
körper mit Kern.
Rechts daneben
der Abschirm-
becher, links der
fertig montierte
Bausatz

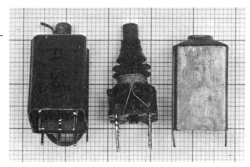

Abb. 2.3-3
Auch Leiterbahnen
können Spulen
bilden

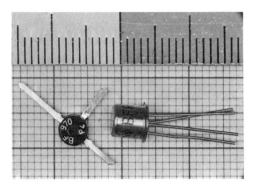

Abb. 2.3-4

dungen, so daß auch Hf-Transistoren — in *Abb. 2.3-4* zu erkennen — auf kürzestem Leitungswege direkt mit den Anschlüssen der Spule auf der Platine verbunden werden können. Bleiben wir gleich noch bei dem Foto Abb. 2.3-4, so verstehen wir den Hf-Transistor als die Bauform mit den vier rechteckigen Anschlüssen, gegenüber der Standardausführung mit den „langen, dünnen" Beinen. Um hier gleich Reklamationen aus dem Weg zu gehen soll gesagt werden, daß der „vierbeinige" Transistor in Abb. 2.3-4 nicht gegen die guten Sitten des Transistoraufbaues verstößt, die nun einmal drei Anschlüsse bei einem Transistor fordern. Der vierte Anschluß wird (kann) für Abschirmzwecke benutzt werden, er bildet oft auch eine zweite Herausführung des Emitteranschlusses.

In den letzten Sätzen war nun etwas von kurzen Anschlüssen zu lesen. Genau genommen deshalb, weil jedes Stückchen Anschlußdraht bereits „Spulencharakter" aufweist. Das soll in einem späteren Kapitel 2.3-4 noch näher gezeigt werden. Zu einem besseren Verständnis führt auch die *Abb. 2.3-5.* Dort ist ein UHF-Tuner geöffnet zu sehen. Also das Teil, das im Fernsehgerät Empfangsfrequenzen um 600 MHz (600 Millionen Schwingungen pro Sekunde) verarbeitet. Für diese hohen Frequenzen bilden einfache, gerade Leiter (Drähte) bereits die sogenannte Spule. So sind in dem Bild

Abb. 2.3-5 In diesem UHF-Tuner ersetzen die Leitungsinduktivitäten die Spulen

die drei langen, geraden Leiter mit den Anschlüssen zu den drei Drehkondensatoren sogenannte Leiterspulen, die mit der Kapazität des Drehkondensators und dem geometrischen Aufbau der leitenden Metallkammern, in denen sie sich befinden, abstimmbare Resonanzkreise bilden.

Die Schaltung in *Abb. 2.3-6* zeigt die Spule in der Anwendung. Hier wird die Drossel L dazu benutzt, die durch den Hf-Transistorverstärker an Punkt U_{C1} erzeugte Wechselspannung zu sieben. Die Höhe von U_{C1} beträgt z.B. 12 mV. Es soll erreicht werden, daß die Wechselspannung U_{C2} möglichst Null wird. Die Wechselspannung U_{C1} ist eine Funktion

von ($\dfrac{1}{\omega \cdot C_1}$; $\omega \cdot L_C$). L_C ist die Zuleitungsinduktivität des

Kondensators C_1. Das eigentliche Siebglied ist die Schaltung (L, C_2, C_{33}). C_2 und C_3 sind hierbei parallel geschaltet. C_2 dämpft die höher frequenten Schwingungen und C_3 über-

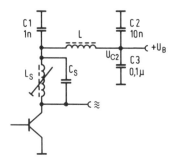

Abb. 2.3-6 Die Spule
einer Transistorschaltung

nimmt die niederfrequenteren Schwingungen, aufgrund der
verschiedenen Resonanzwiderstände von C_2 und C_3.

Für die Dimensionierung des Siebgliedes ist folgendes zu
beachten: Der Siebfaktor S ergibt sich aus den beiden Stör-
spannungen U_{C1} und U_{C2} zu $S = \dfrac{U_{C1}}{U_{C2}}$. Ferner sollte $S > 5$
sein. Damit gilt für die $L - C$ Siebung folgende Formel:
$S = \omega^2 \cdot L \cdot (C_2 + C_3)$ [H, F]. Für den Wert $\omega = 2 \cdot \pi \cdot f$ ist
die entsprechende Störfrequenz einzusetzen.

2.3.1 Theoretische Grundlagen für Kondensator und Spule

Zunächst einmal verhalten sich Spule und Kondensator in
der Wechselstromtechnik oft sehr entgegengesetzt zueinander. Das kann folgendermaßen mit der *Phasenverschiebung*
zwischen Strom und Spannung gezeigt werden.

In *Abb. 2.3.1-1* ist eine Spule an einen Wechselstromkreis
angeschlossen. Der Wechselstrom I_L der Spule eilt der Spulen-
spannung U_L um 90° nach. Anders bei dem Kondensator in
Abb. 2.3.1-2. Hier wird gezeigt, daß der Kondensatorstrom
der angelegten Kondensatorspannung um 90° vorauseilt. Betrachten wir als Vergleich dazu noch einmal das Verhalten
eines ohmschen Widerstandes, gezeigt in *Abb. 2.3.1-3*. Deut-

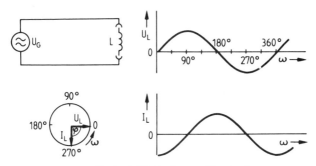

Abb. 2.3.1-1 Die Spule als Wechselstromwiderstand

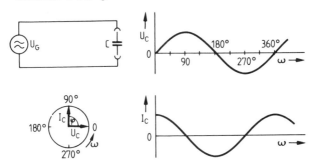

Abb. 2.3.1-2 Beim Kondensator sehen die Phasenbeziehungen im Wechselstromkreis anders aus als bei der Spule

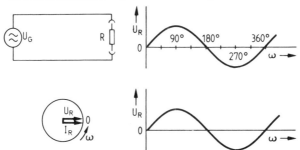

Abb. 2.3.1-3 Beim rein ohmschen Widerstand liegen auch im Wechselstromkreis Spannung und Strom in Phase

lich ist zu erkennen, daß der Strom des ohmschen Widerstandes in Phase mit der Spannung liegt.

Zeitkonstante, Hoch-Tiefpaß

Nun zunächst zu der bereits erwähnten Zeitkonstante τ. Die ***Zeitkonstante*** errechnet man beim Kondensator mit $\tau = R \cdot C$. Im Gegensatz dazu wird die Zeitkonstante

bei der Spule $\tau = \frac{L}{R}$.

Dabei wird der Wert der Induktivität L in Henry [H] eingesetzt, um die Zeitkonstante τ in Sekunden [s] zu erhalten. Der Widerstand R ist in Ohm [Ω] einzusetzen. Eine Zusammenstellung der Schaltungen für Hoch- und Tiefpässe zeigt *Abb. 2.3.1-4.*

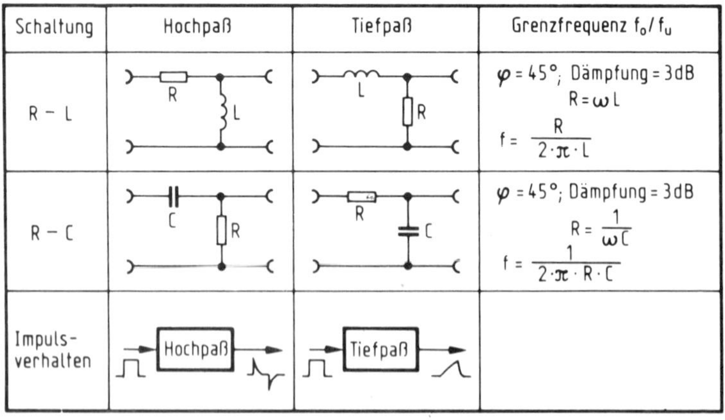

Schaltung
Hochpaß
Tiefpaß
Grenzfrequenz f_o / f_u
R – L
R
L
L
R
$\varphi = 45°$; Dämpfung = 3dB
$R = \omega L$
$f = \frac{R}{2 \cdot \pi \cdot L}$
R – C
C
R
R
C
$\varphi = 45°$; Dämpfung = 3dB
$R = \frac{1}{\omega C}$
$f = \frac{1}{2 \cdot \pi \cdot R \cdot C}$
Impuls-
verhalten
Hochpaß
Tiefpaß

Abb. 2.3.1-4 Schaltungen für Hoch- und Tiefpässe, realisiert mit Spulen und Kondensatoren

Wechselstromwiderstand

Gehen wir noch einmal zum *Wechselstromwiderstand* zurück. Dieser war beim Kondensator

$$R_C = \frac{1}{\omega \cdot C}.$$

Bei der Spule kann der induktive Wechselstromwiderstand mit der Gleichung

$$R_L = \omega \cdot L$$

ermittelt werden. Dafür ein Beispiel: Eine Spule mit einer Induktivität von 50 mH hat bei einer Frequenz von 80 kHz einen induktiven Wechselstromwiderstand.

$$R_L = 2 \cdot \pi \cdot f \cdot L = 2 \cdot \pi \cdot 80 \cdot 10^3 \text{Hz} \cdot 50 \cdot 10^{-3} \text{H} = 25{,}1 \text{ k}\Omega.$$

Das Gleiche gilt für einen Kondensator von 79,3 pF. Dafür das Beispiel:

$$R_C = \frac{1}{2 \cdot \pi \cdot f \cdot C} = \frac{1}{2 \cdot \pi \cdot 80 \cdot 10^3 \text{ Hz} \cdot 79{,}3 \text{ pF}} = 25{,}1 \text{ k}\Omega.$$

Serienschaltung mit ohmschem Widerstand

In der *Abb. 2.3.1-5* sind vier Beispiele von *Serienschaltungen* gezeigt, wobei als Voraussetzung der Betrieb an einer Wechselspannung gelten soll. Zunächst einmal wird der Wechselstromwiderstand der Bauteile mit Z (komplexer Wechselstromwiderstand) bezeichnet, wobei das Phasenverhalten bereits aus dem vorigen Abschnitt hervorgeht.

Wir kommen noch einmal zurück auf Abb. 2.3.1-5. Was wird daraus, wenn der Wert $R_C = R_L$ oder „normgerechter" $X_C = X_L$ wird? Dann bleibt folgerichtig nur der ohmsche Widerstand R übrig, wobei dann wieder R = Z ist. Das wird uns im nächsten Kapitel wieder begegnen. Vorerst noch einmal, ein Beispiel nach *Abb. 2.3.1-6* dafür, wenn $X_L \neq X_C$ ist.

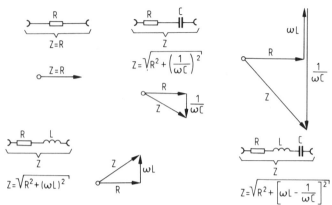

Abb. 2.3.1-5 Serienschaltung von Blindwiderständen

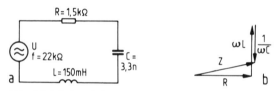

Abb. 2.3.1-6 Beispiel zur Berechnung des Blindwiderstandes Z

Es soll sein: R = 1500 Ω, L = 150 mH, C = 3,3 nF und die
Frequenz f = 22 kHz.

Daraus ergibt sich Z zu:

$$Z = \sqrt{R^2 + \left[\omega L - \frac{1}{\omega C}\right]^2}$$

$$= \sqrt{1500^2 + \left[2 \cdot \pi \cdot 22 \cdot 10^3 \cdot 0,15 - \frac{1}{2 \cdot \pi \cdot 22 \cdot 10^3 \cdot 3,3 \cdot 10^{-9}}\right]^2}$$

$$= 18,6 \text{ k}\Omega.$$

72

Wir können das Ergebnis auch einmal grafisch nach *Abb. 2.3.1-6b* konstruieren. Es muß der gleiche Wert herauskommen (18,6 kΩ). Dazu noch eine Ergänzung. Liegt der Zeigerpfeil für Z im oberen 1. Quadranten, so spricht der Profi von einem induktiven Wechselstromverhalten der Schaltung, andererseits im unteren 4. Quadranten von einem kapazitiven Wechselstromverhalten. Diese Bestimmung gilt für alle Fälle in Abb. 2.3.1-5.

Wir erwähnten eben den Fall, daß

$$\frac{1}{\omega C} = X_C = \omega L = X_L$$

bei einer bestimmten Frequenz werden kann. Das führt zu dem sogenannten Resonanzfall, der jetzt behandelt werden soll.

2.3.2 Spulen und Kondensatoren als Resonanzkreise

Für die genaue Betrachtungsweise sei auf die entsprechende Literatur des Franzis-Verlages hingewiesen (so auch auf das „Werkbuch Elektronik"). An dieser Stelle soll jedoch für den praktischen Hausgebrauch eine zusammenfassende Darstellung gebracht werden, die der *Abb. 2.3.2-1* zu entnehmen ist. Hier ist nun zu erkennen, daß im Resonanzfall beim Serienkreis lediglich als Resonanzwiderstand der ohmsche Widerstand der Spule und der Zuleitungen eine Rolle spielt. Praktische Werte liegen zwischen ein paar Ω und einigen Hundert Ω. Daraus resultiert, daß hier sehr große Ströme innerhalb der Serien-LC-Schaltung im Resonanzfall fließen können, so daß an X_L und X_C gleiche große und sehr hohe Resonanzspannungen entstehen. Diese sind jedoch in der Phasenlage um $180°$ gegeneinander gerichtet.

Im Gegensatz dazu ist der Resonanzwiderstand des Parallelkreises sehr hoch. Er kann Werte von einigen 100 kΩ erreichen. Er wird um so höher, je niederohmiger der ohmsche Widerstand r_s der Spule ist. Die Resonanzspannung des Parallelkreises entspricht der angelegten Generatorspannung. Jedoch kann mit einem sehr geringen Generatorstrom

Serienkreis	Parallelkreis	
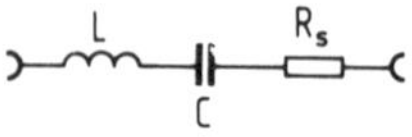	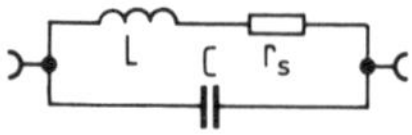	Schaltung
$f_0 = \dfrac{1}{2 \cdot \pi \cdot \sqrt{L \cdot C}}$	$f_0 = \dfrac{1}{2 \cdot \pi \cdot \sqrt{L \cdot C}}$	Resonanz-frequenz
$Z_0 = R_s$	$Z_0 = \dfrac{L}{C \cdot r_s}$	Resonanz-widerstand Z_0
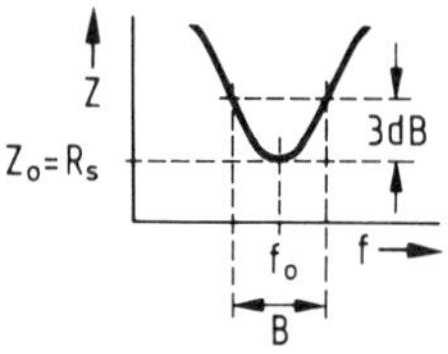	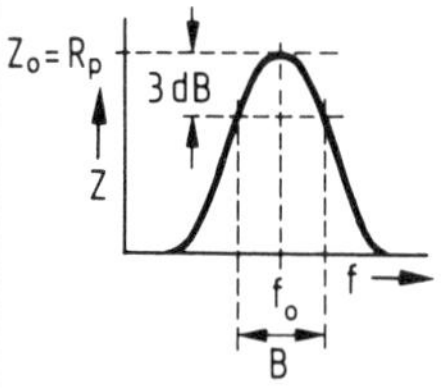	Durchlaß-verhalten B=Bandbreite (3-dB-Punkt)
$Q = \dfrac{1}{R_s} \cdot \sqrt{\dfrac{L}{C}}$	$Q = \dfrac{1}{r_s} \cdot \sqrt{\dfrac{L}{C}}$	Güte
$B = \dfrac{R_s}{2 \cdot \pi \cdot L}$	$B = \dfrac{r_s}{2 \cdot \pi \cdot L}$	Bandbreite

Abb. 2.3.2-1 Resonanzbedingungen für Serien- und Parallel-schwingkreis

I_G eine hohe Resonanzspannung am Parallelkreis erzeugt werden, was sich wiederum aus dem hohen Wert von Z_0 erklärt. Ist z.B. $Z_0 = 100 \text{ k}\Omega$ und $I_G = 1 \text{ mA}$, so beträgt die Resonanzspannung $U_R = I_G \cdot Z_0 = 1 \cdot 10^{-3} \text{ A} \cdot 100 \cdot 10^{-3}\Omega = 100 \text{ Volt}$! Das wiederum führt zu entsprechend hohen Resonanzströmen innerhalb des Parallel-LC-Kreises.

Nun ist man in allen Fällen zunächst einmal bemüht, die schädlichen Widerstände R_S und r_s so klein wie möglich zu halten, damit die Güte des Schwingkreises verbessert wird und die Bandbreite klein bleibt. Die Bandbreite eines Schwingkreises ist nach *Abb. 2.3.2-2* festgelegt. Die Frequenzpunkte, die oberhalb und unterhalb der Resonanzfrequenz die gleichen Spannungspunkte mit Wert -3 dB (Faktor $0{,}707$) von dem Scheitelpunkt t_o der Resonanzspannung erreichen, bilden die Bandbreite B. Das gilt auch für den Serienresonanzkreis nach *Abb. 2.3.2-3.* Der Elektroniker hat es nun in der Hand, die Bandbreite eines Schwingkreises zu ändern. Im einfachsten Falle — aus der vorherigen Gleichung ersichtlich — schaltet er nach Abb. 2.3.2-2 einen Parallelwiderstand R_p zum Schwingkreis, oder nach Abb. 2.3.2-3 einen Serienwiderstand R_S ein. In beiden Fällen wird dadurch die Bandbreite beeinflußt.

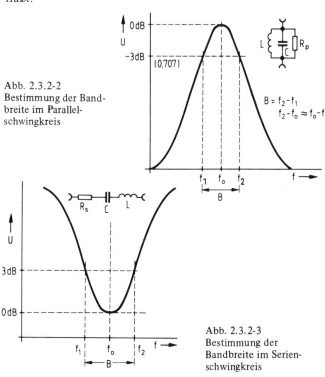

Abb. 2.3.2-2
Bestimmung der Bandbreite im Parallelschwingkreis

$B = f_2 - f_1$
$f_2 - f_o \approx f_o - f_1$

Abb. 2.3.2-3
Bestimmung der Bandbreite im Serienschwingkreis

2.3.3 Die Parallel- und Serienschaltung von Spulen — Der AL-Wert

Auch hier ist gegenüber dem Kondensator ein umgekehrtes Verhalten festzustellen. Das soll in *Abb. 2.3.3-1* gezeigt werden. Es ist möglich, aus mehreren Einzelspulen — ähnlich wie bei der Serien- und Parallelschaltung von Widerständen — zu gemischten Werten zu kommen. Das Spiel findet nun jedoch seine Grenzen in der Hochfrequenztechnik. Also dort, wo es auf kleine Bauformen und kurze Zuleitungen ankommt. Hier ist oft eine Spule schon „zuviel", da Spulenkapazität, also die Kapazität der Windungen zueinander und auch die Kapazität des gesamten Spulenaufbaus oft eine nicht zu vernachlässigende Rolle spielen.

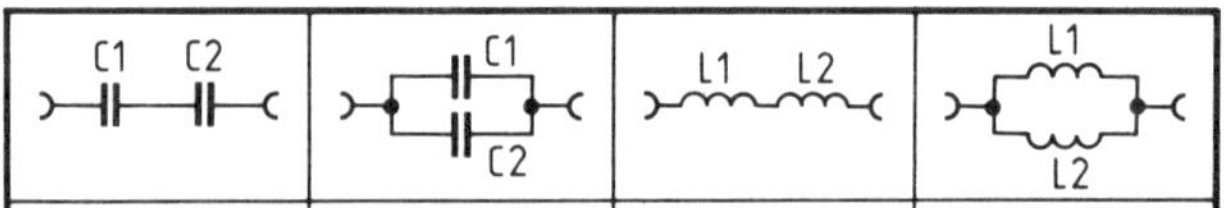

C1 C2	C1 / C2	L1 L2	L1 / L2
C gesamt = $\dfrac{C1 \cdot C2}{C1 + C2}$	C gesamt = $C1 + C2$	L gesamt = $L1 + L2$	L gesamt = $\dfrac{L1 \cdot L2}{L1 + L2}$

Abb. 2.3.3-1 Parallel- und Serienschaltung von Kondensatoren und Spulen

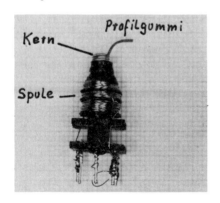

Abb. 2.3.3-2
Zum Abgleich der Induktivität wird ein Kern in die Spule gedreht

76

Um für die Dimensionierung einer Spule nun zu einer Vereinfachung zu kommen, werden nach *Abb. 2.3.3-2* Spulen benutzt, die einen Kern zum Abgleich ihrer Induktivität auf den gewünschten Sollwert aufweisen. Ein Stück Gummiprofilband dient als Kernbremse, damit der Kern sich nicht unabsichtlich durch Erschütterungen usw. im Gewinde verstellt. Der Kern wird mit einem Schraubendreher betätigt. Die *Abb. 2.3.3-3* zeigt eine Wannenschale mit Abgleichkern. Diese Schale, sowie auch das Kernmaterial, aus einem dämpfungsarmen Hf-Ferrit führt zu einer hohen Anfangs-

Abb. 2.3.3-3 Wannenkern mit Abgleichkern für eine Spule

Abb. 2.3.3-4 Spulenkörper und Schalenkern zum Aufbau einer Induktivität

77

induktivität. Besonders, wenn wie in *Abb. 2.3.3-4* ein Schalenkern völlig um eine Spule geschlossen wird. Da hier praktisch der gesamte Feldlinienverlauf durch die Geometrie und Beschaffenheit des Kernmaterials bestimmt wird, ist es einfach, die Induktivität der Spule zu ermitteln. Dafür gibt der Hersteller des Kernmaterials den sogenannten AL-Wert an. In Abb. 2.3.3-4b ist dieser einmal mit 250 und einmal mit 400 (Abb. 2.3.3-4a) zu erkennen. Die Induktivität ergibt sich dann zu

$$L = A_L \cdot n^2 \qquad [\, L\,[nH];\ n = \text{Windungszahl}\,]$$

oder die Windungszahl

$$n = \sqrt{\frac{L}{A_L}}$$

Die Kenntnis des AL-Wertes führt zu einfachen Rechnungen. Im übrigen sind Spulen nur annähernd zu berechnen, wobei der Abgleich bei Inbetriebnahme erfolgt. Eine gewisse Ausnahme machen einlagige Luftspulen, deren Baulänge l größer ist als ihr Wicklungsdurchmesser. So gilt nach Abb. 2.3-1 und den Angaben aus Abb. 2.3.3-5 mit guter Annäherung für eine gesuchte Windungszahl

Abb. 2.3.3-5 Die geometrischen Abmessungen einer Luftspule bestimmen den Induktivitätswert

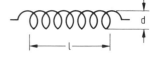

$$n = \sqrt{\frac{l \cdot L \cdot 1000}{d^2}}$$

dabei sind die Maße in [mm] und die Induktivität L in [μH] einzusetzen. Als Drahtmaterial wird im Frequenzbereich bis ca. 10 MHz oft Hf-Litze eingesetzt, wenn extrem hohe Güten angestrebt werden. Die wichtigsten Daten sind dabei der folgenden Tabelle zu entnehmen.

Für höhere Frequenzgebiete mit wenig Windungen, aber auch im Nf-Bereich mit vielen Windungen, wird Kupferlack-

Hochfrequenzlitzen nach DIN 46 447, Blatt 1

| Litzenaufbau | | | Nenn-durch-messer des Kupferlack-drahtes in mm | Größter Außendurchmesser der isolierten Litze | | | spezifischer Gleich-stromwi-derstand (bei 20°C) |
Litzenanzahl	Anzahl der Einzeldrähte	Einzeldrahtdurchmesser		ohne Um-spinnung in mm	mit Um-spinnung 1x Natur-seide in mm	mit Um-spinnung 2x Natur-seide in mm	ς in Ω/m
1 x 12 x 0,04				0,208	0,243	0,278	1,190
1 x 15 x 0,04				0,228	0,268	0,298	0,950
1 x 20 x 0,04			0,04	0,260	0,300	0,330	0,710
1 x 30 x 0,04				0,321	0,361	0,391	0,475
1 x 45 x 0,04				0,400	0,440	0,470	0,316
1 x 10 x 0,05				0,226	0,266	0,296	0,910
1 x 15 x 0,05				0,282	0,322	0,352	0,610
1 x 20 x 0,05			0,05	0,322	0,362	0,392	0,456
1 x 30 x 0,05				0,398	0,438	0,468	0,304
1 x 45 x 0,05				0,496	0,536	0,566	0,203
1 x 3 x 0,07				0,184	0,219	0,254	1,550
1 x 6 x 0,07				0,255	0,295	0,325	0,780
1 x 10 x 0,07				0,310	0,350	0,380	0,465
1 x 15 x 0,07			0,07	0,387	0,427	0,457	0,310
1 x 20 x 0,07				0,442	0,482	0,512	0,232
1 x 30 x 0,07				0,546	0,586	0,626	0,155
1 x 45 x 0,07				0,680	0,720	0,760	0,103
3 x 20 x 0,04				0,475	0,515	0,545	0,237
3 x 30 x 0,04			0,04	0,590	0,630	0,670	0,158
3 x 45 x 0,04				0,735	0,775	0,815	0,105
3 x 20 x 0,05				0,588	0,628	0,668	0,152
3 x 30 x 0,05			0,05	0,732	0,772	0,812	0,101
3 x 40 x 0,05				0,856	0,906	0,956	0,076
3 x 20 x 0,07				0,807	0,847	0,887	0,078
3 x 30 x 0,07			0,07	1,005	1,055	1,105	0,0517
3 x 45 x 0,07				1,250	1,300	1,350	0,0344

draht benutzt. Bei Frequenzen ab ca. 70 MHz werden einlagige Spulen aus versilbertem Kupferdraht angewandt. Drahtmaterial für einfache Spulen stehen in der folgenden Tabelle.

Drahttabelle (Richtwerte) Kupfer-Runddraht nach DIN 46 435

Nenn-durchmesser mm	Außendurchmesser (Größtwert) bei Isolation mit		Ω/m bei 20°C Nennwert
	Lack CUL mm	Lack-1x-Seide CULS mm	
0,05	0,065	0,100	8,94
0,06	0,075	0,110	6,21
0,08	0,098	0,133	3,49
0,10	0,122	0,157	2,23
0,12	0,142	0,177	1,55
0,15	0,179	0,214	0,99
0,20	0,230	0,265	0,56
0,25	0,285	0,325	0,36
0,3	0,337	0,377	0,25
0,4	0,444	0,484	0,14
0,5	0,551	0,591	0,089
0,6	0,659	0,699	0,062
0,7	0,759	0,799	0,046
0,8	0,872	0,912	0,035
1,0	1,072	(1,112)	0,022
1,2	1,291	(1,325)	0,015

2.3.4 Auch Aufbauten bilden Spulen

Diese Feststellung ist ganz besonders in den Gebieten der Hf- und Impulstechnik von Bedeutung. Also dort, wo Induktivitäten ein Signal beeinflussen können. Diese Beeinflussung kann einmal bei Impulssignalen — so, wie sie in der Digitaltechnik vorkommen — auftreten. Besonders die Impulsflanken werden durch eine Induktivität beeinflußt, da diese besonders die höherfrequenten Signalanteile enthalten. Es kann aber auch vorkommen, daß sich mit einer zunächst unkontrollierbaren Leitungsinduktivität und den überall vorhandenen Schaltkapazitäten ein Schwingkreis bildet, der in seiner Resonanzfrequenz durch das Signal angeregt wird. Auch dadurch entstehen unerwünschte Randbedingungen aus einem Aufbau.

Allgemein läßt sich nun sagen, daß in einem elektronischen Aufbau mit ca. 1 nH (Nanohenry = $1 \cdot 10^{-9}$ H) pro Millimeter Draht oder Baulänge eines Bauelementes zu rechnen ist. Daraus resultiert der in der Hf-Technik gedrängte Aufbau. Das führt auch bei dem Layout eines Prints zur Forderung nach kurzen Leiterbahnen. Hier gilt als Anhaltspunkt die Beziehung L (nH) $\approx 8 \cdot 1$ [cm]. Dabei ist l die Leiterbahnlänge mit der Bedingung, daß die Breite b sehr viel größer ist als die Bahnstärke. Da diese oft nur 35 μm stark ist, kann mit der angegebenen Gleichung gut gerechnet werden. Nun macht man nach *Abb. 2.3-3* in der Praxis jedoch auch Gebrauch davon, mit einem entsprechenden Layout eine „Spule" auf den Print zu bringen. Das ist gewollt und führt zu Vereinfachungen im Aufbau.

2.3.5 Transformatoren in der Elektronik

Die *Abb. 2.3.5-1a* zeigt zwei Netztransformatoren aus der Elektronikpraxis. Links in der Abb. 2.3.5-1a ist ein Kleintrafo für die Printmontage in vergossener Ausführung zu sehen. Er liefert bei einer Primärspannung von 220 V, 50 Hz eine Ausgangsspannung von 24 Volt bei einer Stromstärke von 42 mA. Das entspricht einer Leistung von ca. 1 VA. Rechts in der Abb. 2.3.5-1a ist ein etwas größerer Netztransformator abgebildet. Dieser kann wegen seiner Größe schon nicht mehr auf der Platine untergebracht werden. Es empfiehlt sich diesen Transformator mechanisch stabil an seinen Befestigungsflanschen zu montieren. Seine Leistung beträgt ungefähr 60 VA.

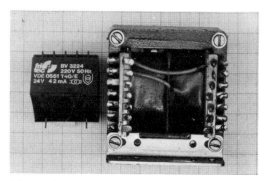

Abb. 2.3.5-1a Zwei Netztransformatoren aus der Elektronikpraxis

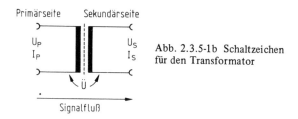

Abb. 2.3.5-1b Schaltzeichen
für den Transformator

Der Transformator hat das in *Abb. 2.3.5-1b* gezeigte
Schaltzeichen, das die Primärseite (Eingangs-Speise-Seite) und
die Sekundärseite (Last-Verbraucher-Seite) darstellt. In Form
von Wärme, Ummagnetisierung usw. treten Verluste von
5 %...20 % auf, so daß mit einem Wirkungsgrad η von
0,8...0,95 gerechnet werden kann. Zum besseren Verständnis
wird dennoch bei den Grundgleichungen mit einem Wirkungsgrad $\eta = 1$ gerechnet. Bezeichnen wir mit dem Index „p" die
Primärseite und mit „s" die Sekundärseite, so ergeben sich
die in *Abb. 2.3.5-2* gezeigten Grundgleichungen. Das Über-
setzungsverhältnis von Primär- und Sekundärseite wird mit
„ü" bezeichnet.

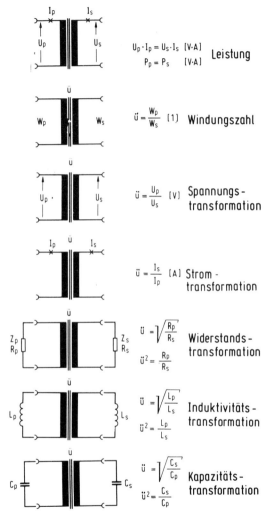

Abb. 2.3.5-2 Die wichtigsten Gleichungen zum Berechnen eines Transformators, jedoch ohne Berücksichtigung der Verluste

Die genaue Berechnung eines Netztransformators setzt umfangreiche Kenntnisse und Formelmaterial voraus. Dennoch ist es möglich, der Wahrheit mit einer Überschlagsrechnung recht nahe zu kommen. Mit den Angaben

F   = Kernquerschnitt [cm²]
P_p = primäre Leistung
P_s = sekundäre Leistung
W_p = primäre Windungszahl
W_s = sekundäre Windungszahl
I   = Stromstärke [A]
d   = Drahtdurchmesser [mm]

ergibt sich bei Netztransformatoren im Bereich einer Leistung von ca. 15 VA...100 VA folgende Überschlagsrechnung:

$$P_p \approx P_s \cdot 1{,}2$$

$$F \approx \sqrt{P_p \cdot 1{,}1} \quad [\text{F in cm}^2; P_p \text{ in VA}]$$

$$W_p \approx \frac{43}{F} \quad [\text{F in cm}^2]$$

$$d \approx 0{,}71 \cdot \sqrt{I} \quad [\text{d in mm}; I \text{ in A}]$$

(Genauere Unterlagen sind dem „Großes Werkbuch Elektronik", Franzis-Verlag zu entnehmen).

Die *Abb. 2.3.5-3* zeigt den einfachen Fall eines Netzteiles mit Einweggleichrichtung. In der Schaltung der *Abb. 2.3.5-4* ist der

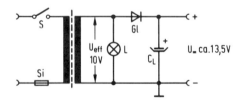

Abb. 2.3.5-3 Eine einfache Schaltung mit dem Netztrafo

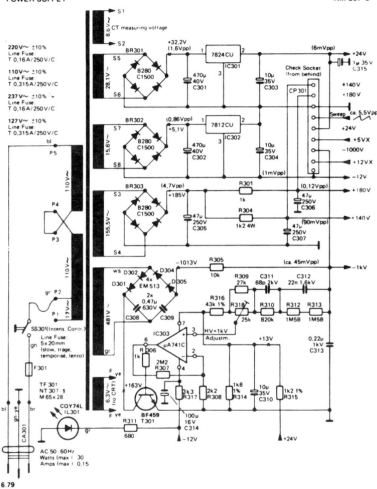

6.79

Abb. 2.3.5-4 So wird der Betriebsspannungsbedarf
für einen Oszillografen sichergestellt

85

schon etwas kompliziertere Schaltplan eines kompletten Oszillo-
scope-Netzteiles abgebildet. Der dort benutzte Trafo besitzt
mehrere Primär- und Sekundärwicklungen. Auf der Primärseite
sind zwei Wicklungen zu je 110 Volt zu erkennen. Hinzu
kommt ein Abgriff von 17 Volt. Hiermit können folgende
Eingangswechselspannungen realisiert werden: 220 V, 110 V,
237 V, 127 V. Auf der Sekundärseite befinden sich sechs
voneinander unabhängige Wicklungen unterschiedlicher
Spannungen. Die untere Wicklung erzeugt die nötige Spannung
für die Heizspannung der Bildröhre. Die Spannung der darüber-
liegenden Wicklung wird in einer Spannungsverdopplerschal-
tung auf die benötigte Spannung von 1 kV gebracht. Die drei
nächstfolgenden Wicklungen erzeugen über Brückengleichrichter verschiedene stabilisierte Gleichspannungen. Die
Spannung an S1 und S2 dient für Meßspannungszwecke.

2.4 Der Schalter und seine Bauformen

2.4.1 Der einfache Schalter und seine Daten

Die Bauelementeindustrie hat uns in der letzten Zeit eine
Vielzahl verschiedener Schalterausführungen beschert. So z.B.
die recht unterschiedlichen Bauformen in *Abb. 2.4.1-1,* die
sich alle auf die Grundfunktionen des einfachen Ein-Aus-
Schalters zurückführen lassen. Dieser ist in *Abb. 2.4.1-2* als
Schaltsymbol gezeigt.

    Für den Profi sind hier bestimmte Daten wichtig. Daten,
die den möglichen Einsatz in einer Schaltung bestimmen.
Nach *Abb. 2.4.1-3* sieht der Schalter nicht mehr so einfach
aus wie am Anfang. Im eingeschalteten Zustand bildet der
Kontaktwiderstand R_K eine Spannung U_K aus

$$U_K = I \cdot R_K.$$

Die hier entstehende Verlustleistung (= $U_K \cdot I$) erwärmt die
Kontakte und kann zu einer Zerstörung führen, wenn die

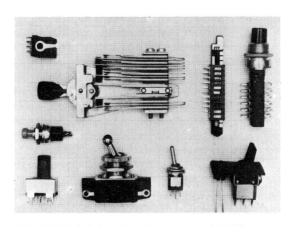

Abb. 2.4.1-1 Schalter gibt es in den unterschiedlichsten
Bauformen

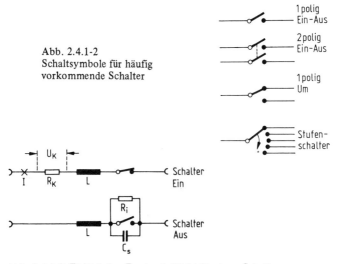

Abb. 2.4.1-2
Schaltsymbole für häufig
vorkommende Schalter

1 polig
Ein–Aus

2 polig
Ein–Aus

1 polig
Um

Stufen–
schalter

Abb. 2.4.1-3 Elektrisches Ersatzschaltbild für einen Schalter
im offenen und im geschlossenen Zustand

87

zulässigen Betriebsdaten überschritten werden. Andererseits bilden die Zuleitungen und die Schalterbrücke eine Induktivität, welche gegebenenfalls den Einsatz dieses Schalters bei hohen Frequenzen verbietet. Siehe auch Darlegung in Kapitel 2.3.4.

Auch im ausgeschalteten Zustand ergeben sich unerwünschte Probleme. Das ist in der Abb. 2.4.1-3 folgendermaßen gekennzeichnet. Zunächst ist für den Schalter eine maximale Betriebsspannung vorgesehen. Wird sie überschritten, so kann es auch im ausgeschalteten Zustand zu einem „Einschalten" kommen, wenn ein Funkenüberschlag entsteht. Darüber hinaus hat ein Schalter im ausgeschalteten Zustand zwei zusätzliche Störgrößen. Das ist einmal der Isolationswiderstand R_i. Dieser ist in der Praxis > 100 MΩ. Hinzukommt jedoch die Schalterkapazität C_s, die bei geöffnetem Schalter in Serie zur Induktivität L liegt. So bildet sich ein Serienschwingkreis, der wieder zu Störungen im Hf-Gebiet führen kann.

Hier sei einmal der praktische Anwendungsfall eines Schalters betrachtet, der ein Hf-Signal von 10 MHz schalten soll und eine Schalterkapazität von 5 pF aufweist. Der sich daraus ergebende kapazitive Widerstand (siehe dazu den Rechengang in Kapitel 2.3.1 unter dem Stichwort „Wechselstromwiderstand") ist dann 3,18 kΩ. Das bedeutet, der Schalter ist nicht „ausgeschaltet". Er bildet vielmehr einen kapazitiven Wechselstromwiderstand von 3,18 kΩ im ausgeschalteten Zustand.

2.4.2 Sonderformen des Schalters

Wir können hier noch einmal auf den Stufenschalter in Abb. 2.4.1-2 zurückkommen. Dieser besteht aus einer – oder, wie in *Abb. 2.4.2-1* gezeigt, mehreren Schalterebenen. Eine Ebene kann z.B. bis zu 18 Schaltstellungen – mechanisch geführt – aufweisen.

Derartige Schalter bestehen aus dem feststehenden Kontaktsatz und der drehbaren Schleiferebene, welche die einzelnen Kontakte herstellt. So ist z.B. der etwas größere 4-Ebenen-

Abb. 2.4.2-1 Bauform für den Mehrfach- oder Stufenschalter

Abb. 2.4.2-2
Das Relais ist ein
fernbedienbarer,
elektromechanischer
Schalter

Schalter für Printmontage geeignet. Die Kontakte sind einseitig im 2,54-mm-Raster herausgeführt, so daß diese direkt auf vorbereitete Platinen gelötet werden können. Eine entsprechende lange Achse führt dann für die manuelle Betätigung zur „Außenwelt".

Wir werden im nächsten Kapitel feststellen, daß es auch elektronische Schalter gibt. Ein etwas „elektronisierter" Schalter ist bereits das Relais nach *Abb. 2.4.2-2*. Ein Relais ist ein „fernbedienbarer" Schalter, der über einen Elektromagneten betätigt wird. In *Abb. 2.4.2-3* ist der Aufbau aus

Abb. 2.4.2-3 Gut erkennbar ist die Mechanik des Relais
mit Zuganker und Schaltersatz

Abb. 2.4.2-4 Schaltsymbol für ein
Relais mit einem Einschaltkontakt
(Schließer)

Spule, Hebelmechanik und der Schaltersatz zu erkennen.
Nach *Abb. 2.4.2-4* – dem Schaltsymbol des Relais – wird
die Spule an eine Spannung gelegt, der Strom erzeugt ein
Magnetfeld, das einen Zug- oder Druckanker bewegt, der dann
mit seiner Hebelwirkung den Schaltersatz betätigt. Dieser kann
recht umfangreich sein. Es können sowohl Aus- als auch Ein-
Schalter montiert sein. Die *Abb. 2.4.2-5* zeigt einen Schaltersatz, bei dem ein Schalter geschlossen und der andere geöffnet
ist. Wird in Pfeilrichtung auf den Anker ein Druck ausgeübt, so
schließt der jetzt offene Schalter, der geschlossen öffnet.

Zu den fernbedienbaren Schaltern gehören auch die Reed-
Relais. Zwei Formen mit gekapselten Gehäusen sind in
Abb. 2.4.2-6 zu sehen. Auch hier wird über ein Magnetfeld einer

90

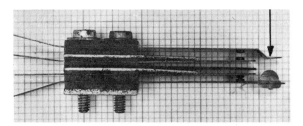

Abb. 2.4.2-5 Relais-Kontaktsatz mit einem „Öffner" und einem „Schließer"

Abb. 2.4.2-6 Zwei Formen des Reed-Relais. Das Bild zeigt nur die Kontakte, die Spule wird über das Glasrohr geschoben

Spule ein Kontakt geschlossen. Das „Innenleben" besteht aus einem Glasrohr, in welchem zwei Metallfedern — die beiden Schaltkontakte — eingeschmolzen sind. Die Spule ist um das Glasrohr angeordnet, so daß die Wirkung des Magnetfeldes beide Metallfedern zusammenzieht, den Kontakt also schließt. Vorteile des Relais sind seine kleine Bauform und auch die Möglichkeit, dieses Relais direkt an die Stelle der Platine zu setzen, wo die Schalterfunktionen erforderlich werden. Somit findet besonders das Reed-Relais in der elektronischen Schaltungstechnik seine Anwendung bei der Steuerung von hochfrequenten Signalen.

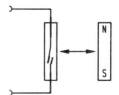

Abb. 2.4.2-7 Ein Reed-Relais mit
dem Magneten geschaltet

Die Schaltung in der *Abb. 2.4.2-7* zeigt ein Reed-Relais
das mit einem Magneten geschaltet wird. Diese Art der Kon-
taktauslösung wird häufig beim Bau von Alarmanlagen angewendet.

2.5 Die Diode und ihre Anwendungen

Die Diode ist ein wichtiges Halbleiterbauelement, das in
verschiedenen Bereichen der Elektronik Anwendung findet.
Folgende Beispiele sollen uns das näherbringen:

- Netzdioden für die Gleichrichtung der Netzspannung
- Z-Dioden für die Stabilisierung von Bestriebsspannungen
- Germaniumdioden zur Gleichrichtung kleiner Hf-Span-
  nungen
- Schaltdioden für die Umschaltung von Signalen, z.B.
  Wellenbereiche in Empfängerschaltungen
- Dioden zum Aufbau von Logikschaltungen in der Digital-
  technik
- Leuchtdiode (LED) als Signalanzeige
- Kapazitätsdiode für die Senderabstimmung bei Rundfunk-
  und Fernsehgeräten
- Tunnel-(ESAKI-)Diode als einfacher Schwingungserzeuger
- Schottky (hot carrier) – Diode für Mikrowellenanwen-
  dungen
- PIN-Diode als regelbarer Widerstand bei Hf-Einsatz

Eine Auswahl einiger Diodentypen ist in *Abb. 2.5-1* gezeigt.

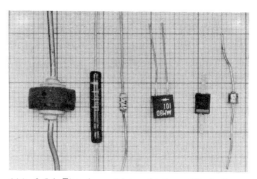

Abb. 2.5-1 Eine Auswahl verschiedener Diodentypen

Von links nach rechts sind folgende Diodentypen zu erkennen:
1. eine Tunneldiode, die wir später noch kennenlernen werden;
2. eine Diode im Stripline-Gehäuse für Höchstfrequenzanwendungen; 3. eine Diode im Transistorgehäuse; 4. das Universalgehäuse für die Kleinleistungsdiode; 5. eine Hochspannungsdiode für bis zu 5000 V; 6. eine Hochleistungsdiode für bis zu 10 A.

Allgemeine Daten

Dioden weisen einen pn-Übergang auf. Bewegliche freie Elektronen (−) und Defektelektronen (+) stehen sich an den Grenzen der pn-Schicht (Raumladungszone) gegenüber. Werden Dioden nach *Abb. 2.5-2a* in Sperrichtung betrieben, so vergrößert sich

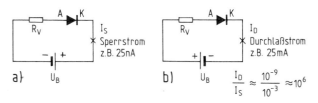

Abb. 2.5-2 a) Diode in Sperrichtung, b) Diode in Durchlaßrichtung betrieben

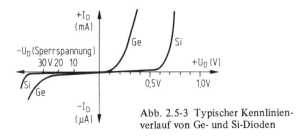

Abb. 2.5-3 Typischer Kennlinienverlauf von Ge- und Si-Dioden

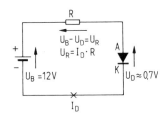

Abb. 2.5-4 Beispiel zur
Berechnung des Schutzwi-
derstandes R

die Raumladungszone. Es ist lediglich ein kleiner Sperrstrom
$-I_D$ festzustellen. Wird nach *Abb. 2.5-2b* die Batteriespannung
umgepolt, so fließt ein Durchlaßstrom. Die Raumladungszone
vergrößert sich in diesem Fall.

Anhand der Kennlinien in *Abb. 2.5-3* kann aus der Materialkonstante für die Durchlaßspannung oder auch Schwellwert-
spannung festgelegt werden; diese liegt bei Germaniumdioden
zwischen 0,2 V und 0,3 V und bei Siliziumdioden zwischen
0,55 V und 0,80 V. Wir merken uns für die Praxis: Germanium
$U_D \approx 0,3$ V; Silizium $U_D \approx 0,7$ V. Die Differenzen der oben
angegebenen Spannungen eines Types hängen von den jeweiligen Arbeitsströmen der Dioden ab. Das soll anhand *Abb. 2.5-4*
näher erläutert werden, wobei die Kennlinie von Abb. 2.5-3
mit heranzuziehen ist.

Wir nehmen als Beispiel eine Siliziumdiode, z.B. den Klein-
signaltyp 1N4148. Um gleichzeitig bereits einen „technischen

Einblick" zu erhalten, sehen wir uns dazu das Datenblatt mit
den wichtigsten Kennwerten an.

Grenzwerte:

Sperrspannung U_R	75 V
Durchlaßstrom J_D	100 mA
Durchlaßspannung U_D	$+U_D \approx 0,75$ V ($I_D = 10$ mA)
Sperrstrom	$-I_D \approx 25$ nA($-U_D = 20$ V)
Verzögerungszeit beim	
schnellen Umschalten	$t_D \approx 2,5$ ns
Verlustleistung ($t_u = 25°$)	$P \approx 400$ mW

Aus den Daten ist zunächst herauszulesen, daß Durchlaß-
ströme bis 100 mA zulässig sind. Voraussetzung ist hier bereits, daß die Anschlußdrähte im Abstand von 8 mm eingelötet werden sollen, wobei die Platine dort auf Umgebungstemperatur von $25°$C zu halten ist, um die entstehende Verlustleistung (in Form von Wärme) abzuleiten.

Mit dem Wissen von $I_{D\ max} = 100$ mA ist es möglich, den
Widerstand R in Abb. 2.5-4 zu berechnen. Festgelegt wird der
Diodenarbeitsstrom I_D mit 20 mA. Ist $U_B = 12$ V, so fällt an
dem Widerstand R eine Spannung von

$$U_B - U_D = 12 \text{ V} - 0,7 \text{ V} = 11,3 \text{ V}$$

ab. Somit wird

$$R = \frac{11,3 \text{ V}}{20 \text{ mA}} = 565 \ \Omega \text{ (Normreihe 560 } \Omega\text{)}.$$

Interessant ist hier, daß bei konstantem Widerstand R und
sich ändernder Spannung U_B die Diodenspannung mit ca.
0,7 V nahezu konstant bleibt (siehe Kennlinie in Abb. 2.5-3).
Somit tritt hier bereits eine stabilisierende Wirkung ein, wenn
U_B sich z.B. zwischen 4 V und 40 V ändert. Der daraus resultierende Diodenstrom I_D bei R = 560 Ω beträgt 5,3 mA (4 V)
und 59 mA (40 V).

Differentieller Durchlaßwiderstand

Hierunter verstehen wir den Diodendurchlaßwiderstand der

Abb. 2.5-4, der sich statistisch aus dem Wert $R_D = \dfrac{U_D}{I_D}$ ergibt.

Bei dynamischer Ansteuerung ist $R_D \approx \dfrac{U_D}{I_D}$. Mit guter An-

näherung ergibt sich $R_D \approx \dfrac{25}{I_D}$ [mA; Ω].

Beispiel: Ist I_D = 5 mA, so ergibt sich $R_D \approx \dfrac{25}{5\ \text{mA}} \approx 5\ \Omega$.

Temperaturabhängigkeit

Wie *Abb. 2.5-5* zeigt, steigt der Diodenstrom bei höherer
Temperatur an. Wird I_D konstant gehalten, so erniedrigt sich
die Spannung U_D ungefähr um 2 mV/K. Aus diesem Grunde
lassen sich mit Halbleitern recht genau Temperaturmeßgeräte
aufbauen. Der Halbleiterfühler ist im Bereich von -10°C...$+100^\circ$C
einsatzfähig. Der Sperrstrom einer Halbleiterdiode vergrö-
ßert sich etwa um den Faktor 2 pro 10 K Temperaturände-

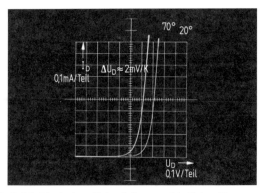

Abb. 2.5-5 Diodenkennlinien bei unterschiedlichen Temperaturen

rung. Die Temperaturabhängigkeit wird auch ausgenutzt, um
bei Leistungshalbleitern – z.B. in einer Hi-Fi-Endstufe – einen
Wärmeschutz zu bilden. Das geschieht so, daß die sich mit der
Temperatur ändernde Spannung U_D eine gegenläufige Änderung des Laststromes der Endstufe hervorruft. Wird durch
Temperaturerhöhung U_D kleiner, so bewirkt diese „Tempe-
ratursteuerspannung" einen kleineren Endstufenstrom über
eine entsprechend ausgelegte elektronische Steuerschaltung.
Zu diesem Zweck wird der „Diodentemperaturfühler" in
thermischen Kontakt mit dem zu schützenden Transistor gebracht.

Kennlinien der Dioden

Die Kurven in *Abb. 2.5-6a* wurden mit einem Kennlinienschreiber aufgenommen. Es ist zu erkennen, daß die Germaniumdiode ab ca. U_D = 0,2 V und die Siliziumdiode ab ca.
U_D = 0,6 V einen merklichen Strom zieht. Ferner ist zu sehen, daß die Siliziumdiode einen steileren Stromanstieg gegenüber der Germaniumdiode aufweist. Des weiteren gibt
es Germaniumdioden – sogenannte hochohmige Typen –
deren Kennlinie in das Gebiet der Siliziumdioden reicht.
Siehe auch die unterschiedlichen Kennlinien von *Abb. 2.5-6b.*

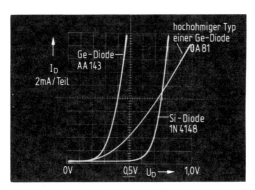

Abb. 2.5-6a Kurven von verschiedenen Dioden, mit einem Kennlinienschreiber aufgenommen

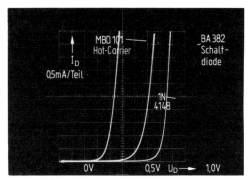

Abb. 2.5-6b Dioden-Kennlinien, aufgenommen unter den gleichen Bedingungen wie Abb. 2.5-6a.

Bauformen und Kennzeichnung von Dioden

Dioden werden nach der „JEDEC"- oder der „Pro Electron"-Typenkennung alphanumerisch unterschieden. Während nach „JEDEC" die ersten Ziffern − 1 N − nur auf eine Diode hinweisen, wird nach „Pro Electron" die Diodenkennung weiter differenziert. Es bedeuten:

Kristallaufbau:
1. Buchstabe A: Germanium
   B: Silizium

Verwendung:
2. Buchstabe A: allgemeine Kleinsignalgleichrichtung, Schaltzwecke, Mischung
   B: veränderliche Kapazität (Kapazitätsdiode)
   E: Tunneldiode (Esaki-Diode)
   G: Oszillatorenanwendung (Hochfrequenz)
   H: auf Magnetfelder entsprechend
   X: für Viervielfacher (Hochfrequenz)
   Y: Leistungsdiode − Netzgleichrichter
   Z: Referenzdiode, Z-Diode Spannungsbegrenzung

Abb. 2.5-7 Codierung zur Kennzeichnung der Diodentypen

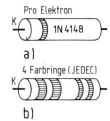

Pro Elektron

K 1N 4148

a)

4 Farbringe (JEDEC)

K

b)

Die *Abb. 2.5-7a und b* zeigen die Codierung. Während bei alphanumerischer Beschriftung — Pro Elektron — (a) ein Ring am Gehäuse die Katode kennzeichnet, wird diese Seite bei der Farbkennung nach JEDEC (b) durch den ersten breiten Ring gekennzeichnet. Es wird immer von der Katodenseite ausgehend gezählt. Dann bedeutet nach JEDEC (Abb. 2.5-7a):

Farbe:	*Ziffer:*
schwarz	= 0
braun	= 1
rot	= 2
orange	= 3
gelb	= 4
grün	= 5
blau	= 6
violett	= 7
grau	= 8
weiß	= 9

Die Kennung — 1 N — wird vor den ersten Ring gedacht.

Nach Abb. 2.5-7 b:

1. Ring breit (1. und 2. Buchstabe)		2. Ring breit		3. und 4. Ring schmal	
braun	= AA	weiß	= Z	schwarz	= 0
rot	= BA	grau	= Y	braun	= 1
		schwarz	= X	rot	= 2
		blau	= W	orange	= 3
		grün	= V	gelb	= 4
		gelb	= T	grün	= 5
		orange	= S	blau	= 6
				violett	= 7
				grau	= 8
				weiß	= 9

In der Abb. 2.5-7 ist weiter zu erkennen, daß bei der Diode an der Katodenseite bündig ein schwarzer Ring aufgezeichnet ist. Dadurch ist die Katodenseite gekennzeichnet.

Diode als Gleichrichter in Netzteilen

Als Netzgleichrichter findet die Diode häufig Anwendung. Die *Abb. 2.5-8* zeigt die wichtigsten Schaltungen mit ihren charakteristischen Werten.

Für die Bemessung einer Gleichrichterdiode als Netzgleichrichter ist es nicht nur wichtig, daß der höchstzulässige Spitzenstrom und somit die Verlustleistung der Diode nicht überschritten wird, sondern genauso wichtig ist es, die erforderliche Sperrspannung zu ermitteln.

Hierzu gibt die *Abb. 2.5-9* eine Erklärung. Die rechte Diode ist für den Strombereich 25 Ampere vorgesehen. Die mittlere kleine Diode verträgt Ströme bis 50 mA. In dem linken Gehäuse sind mehrere Dioden in Serie geschaltet. Dadurch werden hohe Sperrspannungen erreicht. Die Bauart wird in FS-Geräten eingesetzt: $-U_D \approx 12$ kV; $I_D \approx 0,5$ mA.

	Bezeichnung	Brumm-frequenz	U_A ($R_L \approx \infty$)	Brummspannung U_{ss} siehe Bild 115c [V_{ss}; mA; µF]
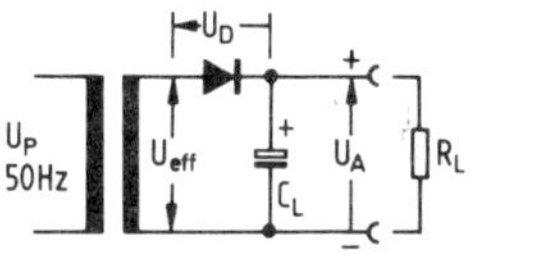 U_P 50Hz — U_{eff}, C_L, U_A, R_L (Einweg)	Einweg	50Hz	$U_{eff} \cdot \sqrt{2} - U_D$	$U_{Br} \approx 10 \cdot \dfrac{I}{C_L}$
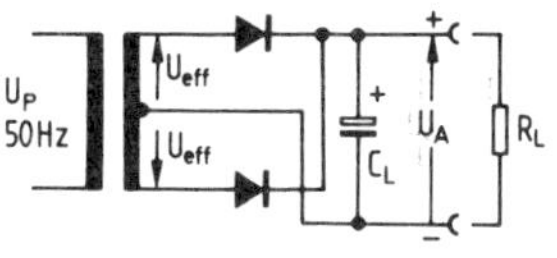 U_P 50Hz — U_{eff}, U_{eff}, C_L, U_A, R_L (Zweiweg)	Zweiweg	100Hz	$U_{eff} \cdot \sqrt{2} - U_D$	$U_{Br} \approx 3{,}75 \cdot \dfrac{I}{C_L}$
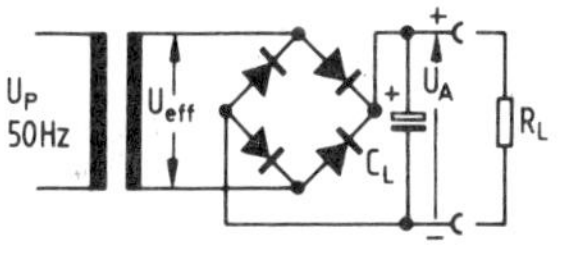 U_P 50Hz — U_{eff}, C_L, U_A, R_L (Brücke)	Brücke (Graetz)	100Hz	$U_{eff} \cdot \sqrt{2} - 2 \cdot U_D$	$U_{Br} \approx 3{,}75 \cdot \dfrac{I}{C_L}$

Abb. 2.5-8 Die drei häufigsten Gleichrichterschaltungen
mit den wichtigsten Angaben

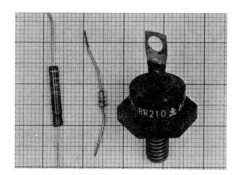

Abb. 2.5-9
Drei Diodentypen für
Hochspannung, hohe
Ströme und eine
Kleinsignaldiode

101

Nach *Abb. 2.5-10* ist der Vorgang bei einer Einweggleichrichtung wie folgt erklärt:

a) Schaltung mit Strom- und Spannungssymbolen;
b) Sinusform der Trafospannung mit den Größen U_{eff} und U_s;
c) mittlerer Gleichspannungsverlauf am Ladekondensator C_L;
d) mittlerer Gleichstrom I_m durch den Lastwiderstand;
e) Stromflußwinkel φ ($t_2 - t_1$). Es ist die kurze Zeit der Nachladung des Kondensators C_L. Diese Nachladung beginnt während der positiven Halbwelle der Trafospannung zu dem Zeitpunkt, bei dem die Katode um ca. 0,6 V niedriger ist als die Anode. Der Nachladestrom zur Zeit $t_1...t_2$ ist je nach Netzteil und Lastauslegung um den Faktor 5...12 mal größer als der entnommene Gleichstrom;
f) hier wird die erforderliche Größe der maximalen Sperrspannung erklärt. Zur Zeit t_3 — Zeit der negativen Halbwelle an der Anode — liegt zwischen Anode und Katode eine Spannung, die fast der Größe von $2 \cdot U_S = U_{SS}$ entspricht. Aus diesem Grunde werden in der Praxis die maximal erforderlichen Sperrspannungen mit einem Sicherheitsfaktor $\approx 1,5$ wie im folgenden Beispiel ermittelt:

Bei einer Trafospannung von 30 V sollte die Diode aus Sicherheitsgründen eine Sperrspannung von

$$U_S \approx 1,5 \cdot 2 \cdot \sqrt{2} \cdot 30 \text{ V} = 127 \text{ V aufweisen.}$$

In *Abb. 2.5.-13a* sind die Ströme I_D und die Trafo-Wechselspannung an der Anode der Diode phasenrichtig auf einem Zweistrahloszilloskop dargestellt. Auch *Abb. 2.5-13b* zeigt die Beziehung zwischen der Wechselspannung und der gleichgerichteten Spannung am Ladeelko phasenrichtig auf dem Bildschirm. In beiden Bildern beträgt der Darstellungsmaßstab 5 V/Teil.

In Abb. 2.5-10c ist die Brummspannung mit U_{Br} angegeben. Diese ermittelt man nach den in Abb. 2.5-8 angegebenen

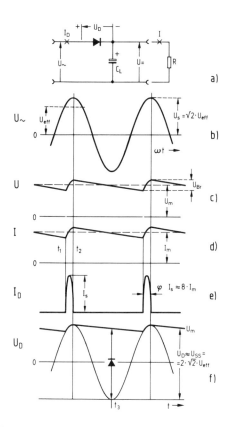

Abb. 2.5-10
Beziehungen der
Spannungen und
Ströme zueinan-
der am Beispiel
der Einweg-
Gleichrichtung

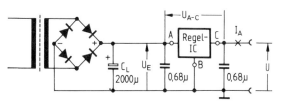

Abb. 2.5-11 Netzteil mit Brückengleichrichtung und Spannungs-
regler-IC

103

Werten. Daraus läßt sich durch Umformen der Gleichung auch die erforderliche Größe des Ladeelkos errechnen. Diese Brummspannung ist der Gleichspannung überlagert und wirkt sich meistens störend in elektronischen Geräten aus. Aus diesem Grunde werden u.a. nach der Gleichrichterschaltung elektronisch stabilisierte IC-Regelbausteine angeordnet. Das ist in *Abb. 2.5-11* gezeigt. Folgende Daten werden dabei errechnet und müssen berücksichtigt werden:

— die Regelspannung des Regel-ICs legt die Höhe der Ausgangsspannung U fest. Standardwerte von Regel-ICs sind: 5 V, 6 V, 8 V, 12 V, 15 V, 18 V, 20 V und 24 V;
— Brummunterdrückung ≈ 60 dB (1 : 1000). Das bedeutet, daß eine Eingangsbrummspannung am Ladeelko (siehe Abb. 2.5-10) von z.B. 1 V am Ausgang nur noch eine Größe von 1 mV aufweist;
— die Verlustleistung ermittelt sich aus $P_V = I_A \cdot (U_C - U_A)$. Danach ist die Leistung des Regel-IC festzulegen;
— die minimale Spannung am Punkt A (in Abb. 2.5-11) darf allgemein den Betrag von U_C + 4 V nicht unterschreiten. Das ist besonders wichtig im Hinblick auf die Höhe der zu erwartenden Brummspannung am Punkt C, die der Gleichspannung überlagert ist. Also $U_{A-C} \geqslant 4$ V;
— die Bausteine sind im allgemeinen kurzschlußsicher, der Innenwiderstand des Ausgangskreises beträgt im Mittel 40 mΩ.

Die hier angegebenen Daten sind stark typenabhängig und orientieren sich an dem jeweiligen Typenwert U. Am Schluß der Betrachtung über Netzteile sei noch hinzugefügt, daß nach *Abb. 2.5-12* „Diodenquartette" eingegossen in einem Gehäuse als fertiger Graetzgleichrichter gegliedert werden.

Die Diode als Nf-Schalter

Eine weitere Anwendungsschaltung der Diode ist in der *Abb. 2.5-14* gezeigt. Hier wird die Diode als fernbedienbarer

104

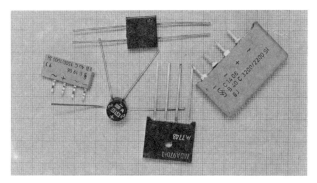

Abb. 2.5-12 Vier Dioden sind in diesen Blöcken zu einer Brückenschaltung zusammengefaßt

Abb. 2.5-13a
Durchlaßstrom
I_D und Wech-
selspannung der
Sekundar-Trafo-
wicklung in
phasenrichtiger
Darstellung bei
der Einweg-
gleichrichtung

I_D
1A/Teil

$U\sim$
5V/Teil

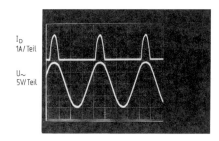

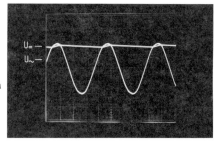

Abb. 2.5-13b
Beziehung zwischen
Wechselspannung
und gleichgerichte-
ter Spannung am
Ladeelko

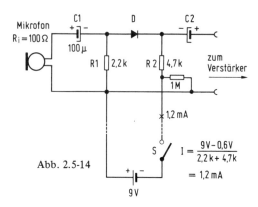

Abb. 2.5-14

$$I = \frac{9V - 0,6V}{2,2k + 4,7k}$$

$$= 1,2\,mA$$

Schalter für eine Signalquelle, hier eine Mikrofonkapsel, benutzt. Nach Schließen des Schalters S schaltet die Diode durch und das Nf-Signal des Mikrofons gelangt zum Verstärker.

2.5.1 Sonderbauformen von Dioden

Für Sonderanwendungen in der Elektronik stehen bestimmte Dioden zur Verfügung. Wir wollen auf einige besonders eingehen.

Kapazitätsdioden

Hier können wir es uns einmal einfach machen, denn das Prinzip der Kapazitätsdioden und ihre Anwendungen werden bereits in Kapitel 2.2.7 behandelt ... bitte dort einmal nachlesen.

Z-Dioden

Das Schaltzeichen der Zenerdiode in ihrer typischen Anwendung ist in *Abb. 2.5.1-1* gezeigt. Zunächst ist festzustellen, daß sich eine Zenerdiode mit einer Kennlinie wie in

106

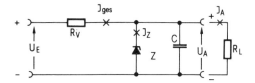

Abb. 2.5.1-1 Typische Anwendung einer Z-Diode zur Spannungsstabilisierung

Abb. 2.5.1-2
In Durchlaßrichtung
verhalten sich Zener-
dioden wie normale
Gleichrichterdioden.
Der Unterschied zeigt
sich im Sperrbereich,
der einen typischen
Knick aufweist

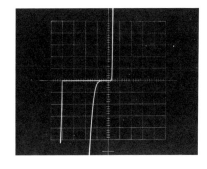

Abb. 2.5.1-2 in Durchlaßrichtung wie eine Siliziumdiode verhält; anders jedoch in Sperrrichtung. Hier tritt ab einer bestimmten Spannung – der typenfestgelegten Zenerspannung – plötzlich ein sehr starker Strom, der sogenannte Zenerstrom – auf. Um die Zenerwirkung zu erreichen, ist nach Abb. 2.5.1-1 die positive Spannung an die Katode zu legen, so daß die Z-Diode in Sperrrichtung betrieben wird. Der Zenerstrom muß durch den Widerstand R_V begrenzt werden, da bei einem Stromanstieg über die zulässigen Daten das Bauelement zerstört wird. Für Stabilisierungsschaltungen wird nach Abb. 2.5.1-1 der Strom $I_Z \approx 5...20 \cdot I_A$ gewählt.
Beispiel: liegt eine Z-Diode mit $U_Z = 5{,}6$ V $= U_A$ vor, ist $U_E = 15$ V und der Strom $I_A = 3$ mA, so errechnet sich

$$R_V = \frac{U_{RV}}{I_{ges}} = \frac{U_E - U_Z}{I_A + I_Z} = \frac{15\ V - 5{,}6\ V}{I_A + 10 \cdot I_A} = \frac{9{,}4\ V}{33\ mA} = 284\ \Omega$$

(270 Ω nach E-12-Reihe).

Die maximal mögliche Verlustleistung der Diode ist für $I_A = 0$ zu ermitteln.
In dem Fall ist $I_{ges} = I_Z$ (hier $\frac{9{,}4\ V}{270\ \Omega} \approx 35\ mA$).

Somit ergibt sich die Verlustleistung zu

$$P_V = I_Z \cdot U_Z = 35\ mA \cdot 5{,}6\ V \approx 200\ mW.$$

Der Kondensator C in Abb. 2.5.1-1 wird eingesetzt, um die besonders im Zenerknick auftretende Rauschspannung, die im Bereich von 100 μV liegt, kurzzuschließen.
Z-Dioden im Bereich bis 5 V haben einen langsameren Stromanstieg und einen negativen Temperaturkoeffizienten. Zenerdioden $\geqslant$ 6 V weisen einen scharfen Stromknick (Kennlinie in Abb. 2.5.1-2) und einen positiven Temperaturkoeffizienten auf. Nähere Angaben finden Sie in den jeweiligen Datenbüchern.
Auch der Innenwiderstand ist im Gebiet von $U_Z = 5...6$ V am kleinsten und steigt bei Typen mit höheren und niedrigeren Spannungen U_Z an. Die Rauschspannung, die den Kondensator C nach Abb. 2.5.1-1 in empfindlichen Schaltungen der Elektronik erforderlich macht, errechnet sich aus

$$U_R \approx N_D \cdot \sqrt{\Delta f} \qquad [\mu V_{eff};\ Hz]$$

Darin ist Δf die Bandbreite des vorhandenen Verstärkergliedes und N_D eine Rauschzahl, die typenbedingt vom Hersteller der Diode angegeben wird. Praktische Werte von N_D liegen zwischen 1...40.
Zenerdioden werden in Spannungsabstufungen von $U_Z = 2{,}7$ V...200 V in der E-24-Reihe geliefert. Übliche

Verlustleistungen (Bauform entscheidend) sind 0,1 W; 0,5 W; 1,3 W; 1,5 W; 2,5 W.

Außer der in Abb. 2.5.1-1 beschriebenen Stabilisierungsschaltung gibt es noch ein breites Anwendungsgebiet für die Zenerdiode. Das zeigen die *Abb. 2.5.1-3 a...l.*

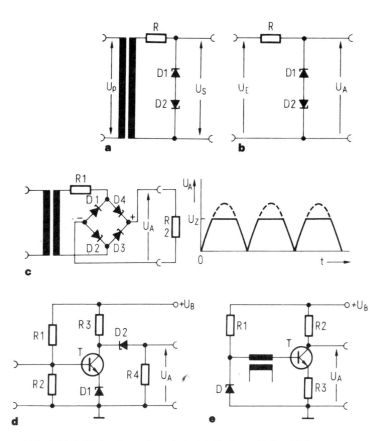

Abb. 2.5.1-3 Einige Anwendungsbeispiele für Zenerdioden (siehe auch Text)

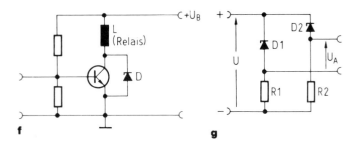

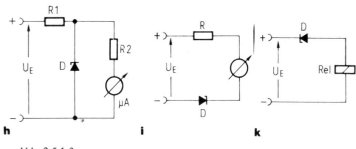

Abb. 2.5.1-3

a) Stabilisierung und Begrenzung einer Wechselspannung.
Während der positiven Halbwelle arbeiten D1 im Zener-
bereich mit U_Z und D2 im Durchlaßbereich (0,6 V). Bei
negativer Halbwelle kehren sich die Verhältnisse mit D1
und D2 entsprechend um.

b) Ähnlich wie bei a. Für allgemeine Begrenzungsaufgaben
in beiden Richtungen wobei immer 0,6 V der Diode in
Durchlaßrichtung zum Wert U_Z der anderen Diode zu
addieren ist.

c) Z-Dioden als Brückengleichrichter eingesetzt, die im normalen Durchlaßbereich (0,6 V) arbeiten. Bei zu hohen

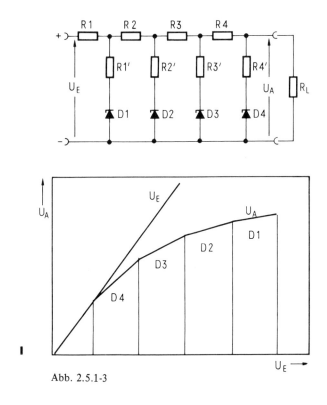

Abb. 2.5.1-3

Spannungen erfolgt eine Begrenzung, so daß sich durch diese Anordnung bereits eine stabilisierte Ausgangsspannung ergibt. Die Dioden D1 und D2 sollen die gleiche Durchbruchsspannung aufweisen. Die Dioden D3 und D4 arbeiten wie bekannt in Durchlaßrichtung, während die beiden nicht am Gleichrichtervorgang beteiligten Dioden in Sperrichtung geschaltet sind. Wird die Spannung U_A größer als diese Sperrspannung (Durchbruchspannung), so leiten die Dioden, die Begrenzung setzt ein.

d) Diode D1 dient der Vorspannungserzeugung. Die Diode D2 ist als Koppelelement zum Eingang des nächsten Transistors geschaltet. Dadurch können Potentialsprünge kompensiert werden. Anwendung: Gleichspannungsverstärker-Meßtechnik.

e) Vorspannungsgewinnung und Stabilisierung bei induktiver Ankopplung eines Verstärkers.

f) Schutzschaltung eines Transistors bei induktiver Last. Bedingung: $U_Z > U_B$. Dann werden positive Impulsüberlagerungen (Induktionsspannungen) $> U_Z$ über die Diode begrenzt. Negative Störimpulse werden in Durchlaßrichtung (0,6 V) nach Masse kurzgeschlossen.

g) Es ist schwierig, mit Zenerdioden kleinere stabilisierte Spannungen zu erzeugen. Im Bild entspricht die stabilisierte Ausgangsspannung U_A der Differenz von U_{Z1} und U_{Z2}. So lassen sich sehr kleine Ausgangsspannungen erzielen.

h) Schutzschaltung für ein Spannungsmeßgerät. Spannungen von $U_E > U_Z$ werden begrenzt.

i) Nullpunktunterdrückung eines Meßgerätes. Eine Anzeige erfolgt erst bei $U_E > U_Z$.

k) Ähnlich wie bei i. Hier dient die Diode als Schwellwertschalter. Das Relais erhält erst eine Spannung bei $U_E > U_Z$.

l) Netzwerk mit fallender Ausgangsspannung. Bei steigender Spannung U_E werden die einzelnen Glieder eingeschaltet und ergeben jeweils einen Teil der Ausgangsspannungs-Kennlinie.

Die Tunneldiode (ESAKI-DIODE)

Durch eine besondere Dotierung kann man extrem kleine Sperrschichten erhalten. Dieses Halbleitermaterial ergibt spezielle PN-Übergänge, die sich von denen der herkömmlichen Si-Dioden unterscheiden. Damit erhält man eine Kennlinie, wie sie in *Abb. 2.5.1-4a* gezeigt ist. Der Strom der Tunnel-Diode steigt danach im Gebiet kleiner Spannungen bis ca. 0,1 V auf 5 mA stark an (Bereich A). Darauf folgt ein extrem schneller

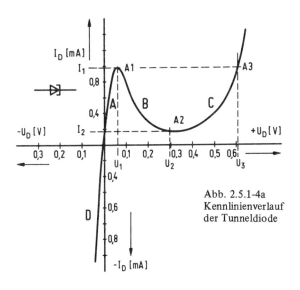

Abb. 2.5.1-4a
Kennlinienverlauf
der Tunneldiode

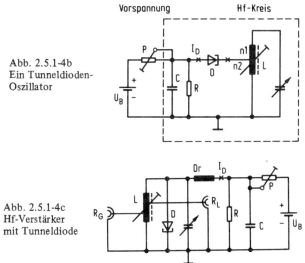

Abb. 2.5.1-4b
Ein Tunneldioden-
Oszillator

Abb. 2.5.1-4c
Hf-Verstärker
mit Tunneldiode

113

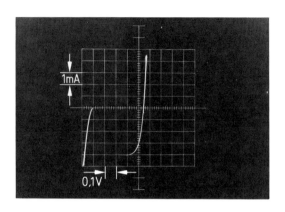

Abb. 2.5.1-5 Die Tunneldiode auf dem Kennlinienschreiber

Abfall (Bereich B) bis zum Talpunkt (Bereich B negatives Widerstandsverhalten — Verstärkung) und geht dann im Bereich C in eine normale Diodenkennlinie über. Wichtig ist zu wissen, daß die Tunnel-Diode keine Sperreigenschaft hat. Das kennzeichnet den Bereich D.

Die Diode kann somit bei falscher Polung schnell zerstört sein. Die Tunnel-Diode wird fast ausschließlich bei hohen Frequenzen benutzt. Da die Geschwindigkeit der Spannungs-Stromänderung im Bereich B sehr groß ist und zudem eine negative Widerstandscharakteristik aufweist, wird die Diode in Oszillatoren bis zu einigen GHz eingesetzt; weiterhin als sehr schneller Schalter. Um aus der Praxis heraus besonders den Bereich B der Abb. 2.5.1-4a besser verstehen zu können, ist in der *Abb. 2.5.1-5* das Oszillogramm einem Kennlinienschreiber entnommen. Der Bereich B wird so schnell durchlaufen, daß der Schreibstrahl entsprechend an Intensität verliert.

Nachfolgend einige Typenabhängige Daten von Tunneldioden.

Strom bei A1: $I_1 \approx 1...15$ mA
Spannung bei A1: $U_1 \approx 60$ mV...110 mV /

Spannung bei A2: $U_2 \approx 300...350$ mV

Durchlaßwiderstand $R_D \approx 10...140\ \Omega$ (Widerstand am steilsten Punkt zwischen A1 und A2)

Diodenkapazität $C_D \approx 1...18$ pF

Serienwiderstand $R_S \approx 2\ \Omega$

Tunneldioden werden vornehmlich im Bereich A1−A2 betrieben. Sie werden aufgrund der negativen Kennlinie als Schwingungserzeuger bis > 1 GHz (Oszillatoren) benutzt. Als Arbeitsspannung muß eine Vorspannung von ca. $+ 0,2$ V zugeführt werden. Der Kennlinienverlauf im Bereich A1−A2 ist bei Germanium und GaAs-Dioden am steilsten. Bei Siliziumdioden verläuft die Kennlinie etwas flacher. Daten etwa:

$$\text{Si:}\frac{I_1}{I_2} \approx 5,5; \text{Ge:}\frac{I_1}{I_2} \approx 10; \text{GaAs:}\frac{I_1}{I_2} \approx 55$$

Der negative Widerstand bei Tunneldioden ist durch folgende Beziehung gegeben:

$$R_n \approx 0,38 \frac{U_2 - U_1}{I_1 - I_2}$$

Die obere Grenzfrequenz folgt aus:

$$f_o \approx \frac{0,16}{C_D \cdot R_n} \sqrt{\frac{R_n}{R_S} - 1} \quad [\Omega; F; Hz]$$

und schließlich die Serienresonanzfrequenz:
(L_S = Zuleitungsinduktivität)

$$f_S \approx \frac{0,16}{C_D \cdot R_n} \sqrt{\frac{R_n^2 \cdot C_D}{L_S} - 1} \quad [\Omega; F; Hz]$$

Im Gebiet A1 abwärts wird die Tunneldiode hauptsächlich als Oszillator benutzt, dagegen im unteren Bereich A2 als Verstärker. Die Schaltzeit der Tunneldiode ergibt sich aus folgender Formel:

$$t_s \approx \frac{C_D \cdot (U_3 - U_2)}{I_1 - I_2}$$

Die Schaltung in der *Abb. 2.5.1-4b* zeigt einen Tunneldioden-oszillator. Die Widerstände P und R dienen der genauen Arbeitspunkteinstellung, und zwar soll damit genau der steilste Punkt zwischen B1 und B2 (siehe Abb. 2.5.1-4a) eingestellt werden. I_D sollte nach Arbeitspunkt gewählt werden. n_1 und n_2 muß so gewählt werden, daß die Diodenimpedanz ungefähr gleich der Schwingkreisimpedanz im Zapfpunkt entspricht. (Widerstandstransformation). Die *Abb. 2.5.1-4c* zeigt einen Hf-Verstärker.

Die Backwarddiode

Backwarddioden haben als „Germaniumtunneldioden" nach *Abb. 2.5.1-6* eine ähnliche Kennlinie wie in Abb. 2.5.1-4a gezeigt. Genutzt wird der Sperrbereich, der ohne Schwellspannung einen linearen Stromanstieg bei sehr kleinen Spannungen $-U_D$ erreicht. Damit wird es möglich, kleinste Wechselspannungen gleichzurichten. Berücksichtigt werden muß die Arbeitspunkteinstellung, da um 0 V im Durchlaßbereich ein nicht zu vernachlässigender Durchlaßstrom fließt, der

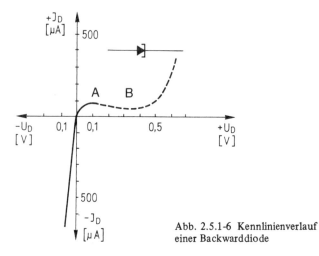

Abb. 2.5.1-6 Kennlinienverlauf einer Backwarddiode

116

Spannungsquellen mit dem Wert $\dfrac{\Delta U_D}{\Delta I_D}$ bedämpft.

Die Backwarddioden werden hauptsächlich zur Gleichrichtung von UHF- und EHF-Signalen benutzt. Im Vorwärtsbereich ist R_D bei $\approx 0,4$ V > 1 kΩ. Im Bereich A−B (Abb. 2.5.1-6) < 1 kΩ.

Schaltdioden

Schaltdioden werden z.B. in FS-Kanalwähler eingesetzt, um die Empfangsbereiche VHF und UHF entsprechend zu schalten. Schaltdioden weisen Kennlinien auf wie sie in *Abb. 2.5.1-7* gezeigt sind. Dadurch werden mechanische Lösungen umgangen. Die Kennlinie verläuft im Gebiet von 0,8 V sehr steil. Daraus ergeben sich extrem geringe Durchlaßwiderstände, die im Gebiet von 0,5 Ω liegen. Schwingkreise, die mit einer Serienschaltung von 0,5 Ω bedämpft werden, behalten eine hohe Güte. Ihr Durchlaßverhalten wird kaum beeinflußt. Die Diodenkapazität im Sperrbereich liegt bei 0,7 pF. Bei An-

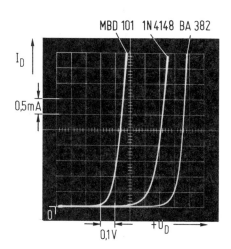

Abb. 2.5.1-7
Kennlinien: BA 382
Schaltdiode, 1N 4148
Universaldiode,
MBD 101 Hot-Carrier-
Diode

117

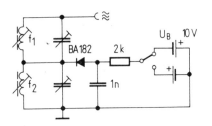

Abb. 2.5.1-8a
Anwendungsbeispiel
von Schaltdioden
im Hf-Bereich

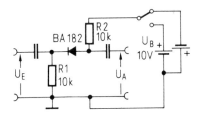

Abb. 2.5.1-8b
Auch Nf-Spannungen
lassen sich mit Dioden
schalten

schlüssen von < 3 mm beträgt die Serieninduktivität um 3 nH.
Abb. 2.5.1-8a zeigt den Einsatz einer Schaltdiode im Hf-
Bereich. Es lassen sich jedoch nach *Abb. 2.5.1-8b* auch Nf-
Spannungen schalten. Hier ist jedoch zu berücksichtigen, daß
die Dioden einen nicht zu vernachlässigenden Rauschstrom
aufweisen.

Hot-Carrier-(Schottky)-Diode

Dieser Diodentyp *(Abb. 2.5.1-9a)* entsteht, wenn eine leitende
Metallfläche direkt mit einem n-Halbleitermaterial verbunden
wird. Es bildet sich eine positive Raumladung in der Rand-
schicht mit der Spannung U_S. Die dadurch fehlenden Elektronen im n-Material unterbinden einen Elektronenaustausch.
Durch Anlegen einer in Durchlaßrichtung gepolten Spannung
U_D wird diese Potentialschwelle bei ca. 0,35 V überwunden,
wodurch ein schneller steiler Stromanstieg bei 0,5 V bereits
≈ 5 mA erreicht. Hot-Carrier-Dioden haben gegenüber normalen Silizium-Dioden einen steileren Verlauf, außerdem
setzt der Knick schon bei 0,35 V ein.

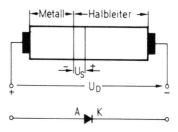

Abb. 2.5.1-9a
Aufbau einer Hot-Carrier-
(Schottky)-Diode

Typische Werte der Hot-Carrier-Diode	
maximale Sperrspannung	$= -4$ V
Diodenkapazität ($U_D = 0$)	$= 0,8$ pF
Gehäuseanschlußkapazität	$= 0,1$ pF
Zuleitungsinduktivität	$= 3$ nH (≈ 3 mm Anschlußlänge)
Sperrstrom ($U_D = -3$ V)	$= 20$ nA
Durchlaßspannung (bei $I_D = 100$ μA)	$= 0,34$ V
Durchlaßspannung (bei $I_D = 1$ mA)	$= 0,4$ V
Durchlaßspannung (bei $I_D = 10$ mA)	$= 0,48$ V
Ausschaltzeit	≈ 100 ps
Einschaltzeit	≈ 50 ps

Hot-Carrier-Dioden weisen nur sehr kleine Sperrspannungen (≈ 5 V) auf. Da bei der Hot-Carrier-Diode der Stromtransport im wesentlichen durch den einseitigen n-Übergang mit Majoritätsträgern geschieht, ist die Umladungszeit der Ladungsspeicherung extrem kurz. Außerdem ist die Rauschspannung sehr gering. Aus diesem Grunde wird die Hot-Carrier-Diode im Bereich hoher und höchster Frequenzen (> 15 GHz) für Mischer und Detektoren eingesetzt. Weiter eignet sie sich als schneller Schalter.

Weitere Anwendungsmöglichkeiten ergeben sich als Hf-Gleichrichter. Die Ladungsträgerlebensdauer dieser Dioden liegt unter 100 ps, so daß je nach Schaltungsaufbau (RC-Produkt) Schaltzeiten weit unter 1 ns realisierbar sind. In vielen Fällen können Germaniumdioden ersetzt werden, da insbesondere die sehr geringe Einsatzspannung in Durchlaßrichtung z.T. sogar unter den Werten von Germaniumdioden liegt. Je nach Einsatz kann zwischen drei Gehäusearten gewählt werden: Einzeldiode im DO-35-Glasgehäuse, Einzeldiode im SOD-23-Kunststoffgehäuse und Diodenpaare im TO-236-Kunststoffgehäuse. Auch Chips ohne Umhüllung sind erhältlich.

Grenzdaten (T_U = 25°C)		BAS 40-01 bis 06	BAS 70-01 bis 06	
Sperrspannung	U_R	40	70	V
Sperrschichttemperatur	T_i	−55 bis 150	−55 bis 150	°C
Lagertemperatur	T_S	−55 bis 150	−55 bis 150	°C
Gesamtverlustleistung				
DO-35	P_{tot}	250	250	mW
SOD-23, TO-236	P_{tot}	180	180	mW
Kenndaten (T_U = 25°C)				
Durchlaßspannung				
I_F = 1 mA	U_F	<380	<410	mV
I_F = 10 mA	U_F	<500	−	mV
Durchlaßstrom				
U_F = 1 V	I_F	>40	>15	mA
Durchbruchspannung				
I_R = 10 µA	U_{BR}	>40	>70	V
Sperrschichtkapazität				
U_R = 0V; f = 1 MHz	C_j	<5	<2	pF
Sperrstrom				
U_R = 50 V	I_R	−	<200	nA
U_R = 30 V	I_R	<1	−	µA
Ladungsträgerlebensdauer				
I_F = 25 mA	τ	−	<100	ps
I_F = 20 mA	τ	<100	−	ps

Besondere Merkmale

- Für ultraschnelle Schalt- und Schutzaufgaben bis in den Subnanosekundenbereich hinein geeignet
- Kleine Durchlaßspannung U_F typisch 0,4 V (1 mA)
- Sperrspannung je nach Typ bis 70 V
- Hohe Zuverlässigkeit durch Titan-Platin-Gold-Metallisierung
- Nitrid über Oxidpassivierung sorgt für hohe Langzeitstabilität der elektrischen Eigenschaften
- Drei Gehäuseformen zur Auswahl, SOD-23- und TO-236-Bauformen für Schichtschaltungen
- Einzeldioden und Diodenpaare sind lieferbar, ebenso Chips

In der *Abb. 2.5.1-9b* sind einige Durchlaßkennlinien einer Schottky-Diode bei verschiedenen Temperaturverhältnissen

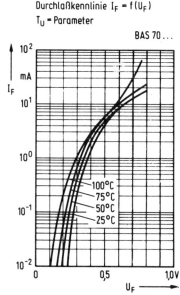

Durchlaßkennlinie $I_F = f(U_F)$
T_U = Parameter

BAS 70...

Abb. 2.5.1-9b
Durchlaßkennlinie
$I_F = f(U_F)$;
T_U = Parameter

121

angegeben. Ebenso ist in der *Abb. 2.5.1-9c* der Kennlinienverlauf für die Sperrschichtkapazität zu erkennen.

Die Schaltung in der *Abb. 2.5.1-9d* wird dazu benutzt,
um die Richtspannung bei einer Diode zu messen. Diese
Richtspannung ist für einige Diodentypen, insbesondere auch
für die Schottky-Diode in Form einer Kennlinie in der
Abb. 2.5.1-9e dargestellt.

Aufgrund des geringeren Rauschens gegenüber üblichen
Dioden, werden die Schottky-Dioden vornehmlich für Mischer
im UHF und EHF-Gebiet eingesetzt. Ebenso auch in Modula-
toren und als schneller Schalter im Höchstfrequenzgebiet. Eine
solche Gegentakt-Mischer-Schaltung zeigt die *Abb. 2.5.1-9f.*

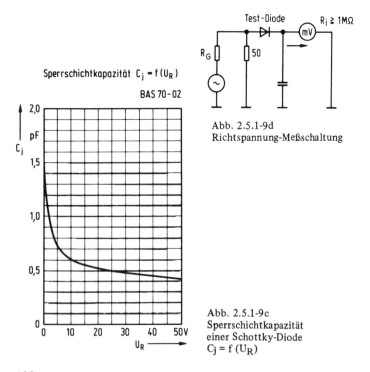

Abb. 2.5.1-9d
Richtspannung-Meßschaltung

Sperrschichtkapazität $C_j = f(U_R)$

BAS 70-02

Abb. 2.5.1-9c
Sperrschichtkapazität
einer Schottky-Diode
$C_j = f(U_R)$

Abb. 2.5.1-9e
Die Richtspannung
einer Schottky-Diode
$U_{DC} = f(U_{eff})$

Richtspannung $U_{DC} = f(U_{eff})$

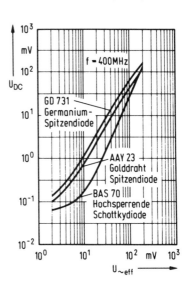

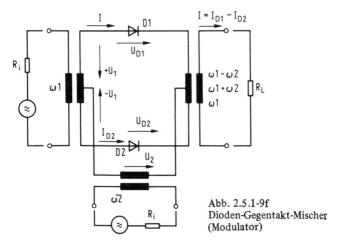

Abb. 2.5.1-9f
Dioden-Gegentakt-Mischer
(Modulator)

PIN-Dioden

PIN-Dioden haben Kennlinien ähnlich einer normalen Siliziumdiode. Für den Typ BA379 ist die Kennlinie in *Abb. 2.5.1-10* im logarithmischen Maßstab dargestellt. Eine Ausnahme für diese Kennlinien bildet die Ansteuerung bei verschiedenen Frequenzen. Bis ca. 10 MHz ist nach *Abb. 2.5.1-11* mit dem bekannten Diodenverhalten zu rechnen, wobei R_D den Durchlaßwiderstand der Diode darstellt. Bei Frequenzen größer ca. 10 MHz geht das Diodenverhalten in die Kennlinie eines ohmschen Widerstandes über.

PIN-Dioden werden u.a. als regelbare Hf-Abschwächer für Tuner benutzt. Damit werden bei stärkeren Sendern das Kreuzmodulationsverhalten verbessert und Übersteuerungen vermieden. PIN-Diodenabschwächer werden als π- oder T-Glieder nach *Abb. 2.5.1-12* aufgebaut. Es werden dabei folgende typische Dämpfungswerte erreicht:

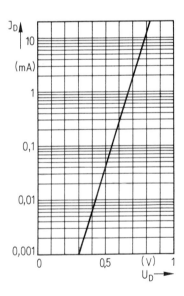

Abb. 2.5.1-10
Kennlinienverlauf
einer PIN-Diode

124

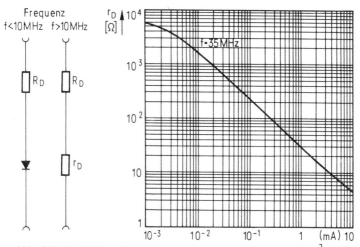

Abb. 2.5.1-11 Differentieller Widerstand einer PIN-Diode in Abhängigkeit vom Durchlaßstrom

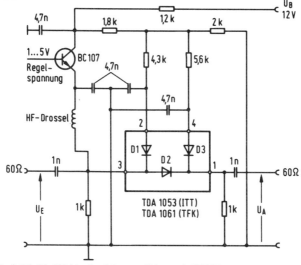

Abb. 2.5.1-12 Hf-Abschwächer, realisiert mit PIN-Dioden

Abb. 2.5.1-13 Das Schaltzeichen
der PIN-Diode

$U_D = 4$	V $\approx$ ca. 2 dB	$U_D = 1{,}5$ V $\approx$ ca. 28 dB
$U_D = 2$	V $\approx$ ca. 12 dB	$U_D = 1{,}4$ V $\approx$ ca. 36 dB
$U_D = 1{,}7$	V $\approx$ ca. 18 dB	$U_D = 1{,}3$ V $\approx$ ca. 40 dB

Durch entsprechenden Aufbau der PIN-Diodenregler wird erreicht, daß der Wellenwiderstand am Ausgang und Eingang des Regelnetzwerkes annähernd konstant bleibt.

Das Schaltzeichen für die PIN-Diode ist in der *Abb. 2.5.1-13* gezeigt. Typische Werte für PIN-Dioden sind:

Maximale Sperrspannung	$= -30$ V
maximaler Durchlaßstrom	$= 20$ mA
Kapazität ($U_D = 1$ V)	$= 0{,}34$ pF
Kapazität ($U_D = 0$ V)	$= 0{,}3$ pF
Serieninduktivitäten	≈ 2 nH (direkt am Gehäuse gemessen)
Realteil R (10 mA)	$\approx 4{,}5$ Ω
Realteil R (10 μA)	$\approx 1{,}7$ kΩ

Varaktor-Dioden

Die Varaktordioden verhalten sich ähnlich wie die Kapazitätsdioden. In Sperrichtung geschaltet werden sie, jedoch speziell im GHz-(Mikrowellen-)Bereich als Frequenzvervielfacher genutzt. Dies geschieht durch Ausnutzung der Verzerrungen der Kennlinie in diesem Bereich ($a = f(U_D)$).
Typische Daten sind:

Serienwiderstand: $\approx 0{,}8$ Ω
Kapazität C_D: $\approx 4{,}5$ pF
Grenzfrequenz f_g: > 25 GHz

Step-recovery-Dioden

Die Step-recovery-Diode, auch Speicherschaltdiode genannt, wird zur Erzeugung von Impulsen im Mikrowellenbereich genutzt ($t_D \gg 1$ ns). Sie dienen der Herstellung von Mikrowellenspektren. Ebenso werden sie als Frequenzvervielfacher eingesetzt.

2.6 Transistoren in der Nf- und Hf-Technik; Übersicht und Typenschlüssel

Transistoren sind aktive Halbleiterbauelemente, die zur Verstärkung für Schwingungserzeugung, für Regel und Schaltzwecke sowie in der Digitaltechnik Verwendung finden.

Ein Transistor hat drei Anschlüsse, von denen je einer als Eingang (Basis) und Ausgang (Kollektor) einer Verstärkeranordnung betrachtet werden kann. Der dritte Anschluß (Emitter) ist für Eingang und Ausgang gemeinsam als Bezugspunkt. Je nach der verwendeten Schaltungsart kann die Verstärkung, d.h. Vergrößerung einer Spannungsänderung, einer Stromänderung oder auch einer Leistungsänderung erzielt werden. Die hierfür erforderliche Energie wird wie bei anderen elektrischen Verstärkerelementen einer Gleichspannungsquelle entnommen. Der Transistor ist im Prinzip ein „kaltes" Bauelement. Es ist keine Heizleistung wie bei der Elektronenröhre erforderlich, da die benutzten Ladungsträger schon im Halbleiter beweglich vorhanden sind, also nicht erst aus einer Katode (Röhrentechnik) befreit werden müssen.

Transistoren sind sehr klein. Der eigentliche elektrische Teil des Transistors ist ein winziger Halbleiterkristall (siehe dazu auch die *Abb. 2.6-1* — Position 16 — ein Nf-Transistor im SOT-23-Miniaturgehäuse), der es erlaubt, den ganzen Transistor mit sehr geringen Abmessungen herzustellen. Im Laufe der Jahre hat es eine Art Wettstreit bei der „Miniaturisierung" zwischen den Transistoren und anderen Bauelemen-

Abb. 2.6-1 Gehäuseformen von Transistoren und gebräuchliche Kühlkörper: 1. Keramik-Gehäuse; 2. Gehäuse TO 18; 3. Plastikgehäuse SOT 54; 4. Metallgehäuse TO 3; 5. Kühlstern für Gehäuse TO 39; 6. Metallgehäuse DIN 9 A 2; 7. u. 8. Gehäuse SOT 32 P; 9. Kühlstern für Gehäuse TO 18; 10. Gehäuse TO 126; 11. Kühlklammer für Gehäuse SOT 54; 12. Gehäuse TO 220 P; 13. Gehäuse SOT 37/4; 14. Sockel für TO 18 und TO 39; Gehäuse TO 39; 16. Miniaturgehäuse SOT 23

ten gegeben. Heute ist man bestrebt, nicht nur ein Transistorsystem, sondern ganze Schaltungen in einem Gehäuse unterzubringen oder sogar mit einem einzigen Kristall-monolithischen Aufbau herzustellen.

Etwas anders liegen die Verhältnisse bei den Transistoren, die hohe Leistungen verarbeiten sollen. Dort werden die Abmessungen durch die Stromdichte im Kristall und durch die notwendigen Maßnahmen für den Transport der Verlustwärme bestimmt. Aber auch hier ergeben sich noch verhältnismäßig kleine Abmessungen. Um ein praktisches Beispiel zu nennen: Es gibt eine Reihe von Transistoren für 20 W Verlustleistung, die ein Gehäuse von 25 mm x 25 mm x 8 mm haben.

Die Betriebsspannungen für Transistoren überdecken einen weiten Bereich, je nach dem Anwendungsgebiet des jeweiligen Typs. Es gibt Transistoren, die vorzugsweise mit Batterien bei Spannungen von 1,2 bis 12 V betrieben werden, aber auch andere, die für den Betrieb an Gleichspannungen von mehreren 100 V geeignet sind, z.B. für Video-Endstufen in Fernsehempfängern. Die verhältnismäßig niedrigen Verlustleistungen erlauben — insbesondere bei niedrigen Betriebsspannungen — den großzügigen Einsatz in der Technik transportabler Geräte bis hin zu den für die Raumfahrt erforderlichen Steuerungsgeräten.

Transistoren sind sehr robust und können u.a. auch in vibrierenden Maschinen eingesetzt werden. Weiterhin müssen die hohe Zuverlässigkeit und die bezüglich der Änderung der Kennwerte lange Lebensdauer genannt werden.

Den vielen vorteilhaften Eigenschaften steht eine Reihe von Nachteilen gegenüber, die sich summarisch etwa wie folgt darstellen lassen:

— Die Schaltungstechnik mit Transistoren ist bei vielen Anwendungen nicht ganz unkompliziert.
— Die Eingangswiderstände von Transistoren sind klein, so daß Anpassungsfragen und Exemplarstreuungen einen großen Einfluß haben.
— Weiterhin ist der gewöhnliche Transistor eine „Triode" mit innerer Rückwirkung, die z.B. bei Hochfrequenzanwendungen die Frage der Stufenstabilität in den Vordergrund rückt.
— Die Kennlinien von Transistoren haben nichtlineare Bereiche; insbesondere ist die Strom-Spannungs-Eingangskennlinie eines verstärkenden Transistors innerhalb eines verhältnismäßig kleinen Spannungsbereichs stark gekrümmt, so daß das Problem der Entstehung von Oberwellen in vielen Anwendungen besonders berücksichtigt werden muß.
— Schließlich sind die elektrischen Eigenschaften von Transistoren temperaturabhängig. Stabilisierungsmaßnahmen sind unentbehrlich; bei jeder Geräteentwicklung ist es not-

wendig, vorher den Temperaturbereich festzulegen, in dem das Gerät betrieben werden soll. Auch die Einhaltung der Grenzwerte eines Transistortyps bedarf besonderer Beachtung, sowie die Vorschriften für den Einbau, für die Lötung und für die Montage bei größeren Leistungstransistoren.

In den Laboratorien wird häufig die Erfahrung gemacht, daß ein Transistor durch eine nicht vorschriftsmäßige Anwendung oder Messung zerstört wurde. Allgemein gilt die Regel, daß ein Transistor, in einem gut entwickelten Gerät einmal eingebaut, außerordentlich zuverlässig und störungsfrei arbeitet. Die Anwendungsgebiete von Transistoren sind heute kaum noch im einzelnen aufzuführen. Das gleiche gilt für die verschiedenen Arten der Transistoren bezüglich ihres Herstellungsverfahrens. Es gibt verschiedene mögliche Einteilungen der Transistortypen, z.B. im Hinblick auf den Frequenzbereich, die Leistung oder auch nach Anwendungsgebieten.

Wir unterscheiden heute die in der *Abb. 2.6.2* gezeigten Arten von bipolaren und Feldeffekt-Transistoren. Dabei ist gleich herauszustellen, daß Germaniumtransistoren — die als ,,Starter" der Transistortechnik in den 50er- und 60er-Jahren auf die Beine halfen — heute nur noch in Hf-Vorstufen und in Sonderfällen in Nf-Endstufen anzutreffen sind.

Transistoren und Dioden sowie Halbleiterbauelemente werden allgemein mit dem Pro-Electron-Schlüssel für folgende Einsatzgebiete gekennzeichnet. Der Vollständigkeit halber werden in der Tabelle auch Buchstabenschlüssel angegeben, die für Randgebiete der Halbleitertechnik Anwendung finden. Diese sind mit einem Stern * gekennzeichnet. Dabei wird davon ausgegangen, daß die ersten beiden Buchstaben im wesentlichen den Typ kennzeichnen. Der erste Buchstabe weist auf das Ausgangsmaterial (Germanium-Silizium) hin, während der zweite Buchstabe den Verwendungszweck kennzeichnet. Danach folgt das laufende Serienkennzeichen mit entweder drei Zahlen für die Verwendung in der allgemeinen Elektronik oder einem Buchstaben und zwei Zahlen für profes-

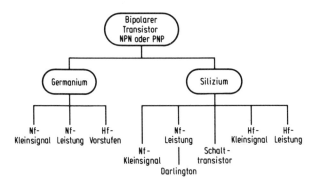

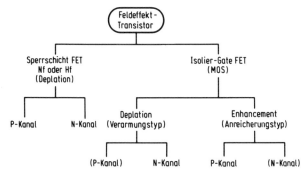

Abb. 2.6-2 Aufteilung der bipolaren Transistoren und Feldeffekt-transistoren und ihre Anwendungen

sionelle Anwendungen; also die ersten beiden Buchstaben haben folgende Bedeutung:

Der erste Buchstabe gibt Auskunft über das Ausgangsmaterial:

A-Germanium (Bandabstand 0,6 − 1,0 eV)
B-Silizium (Bandabstand 1,0 − 1,3 eV)
*E-Gallium-Arsenid (Bandabstand > 1,3 eV)
*R-Verbindungshalbleiter z.B. Kadmium-Sulfid

Der zweite Buchstabe beschreibt die Hauptfunktion:

A-Diode: Gleichrichtung, Schaltzwecke, Mischung
B-Diode: mit veränderlicher Kapazität
C-Transistor: Kleine Leistungen, Tonfrequenzbereich
D-Transistor: Leistung, Tonfrequenzbereich
E-Diode: Tunneldiode
F-Transistor: Kleine Leistungen, Hochfrequenzbereich
G-Diode: Oszillator und andere Aufgaben
H-Diode: auf Magnetfelder ansprechend
K-Hallgenerator: in magnetisch offenem Kreis
L-Transistor: Leistung, Hochfrequenzbereich
M-Hallgenerator: in magnetisch geschlossenem Bereich
N-Fotokopplungselemente
P-Strahlungsempfindliche Elemente z.B. Licht
Q-Strahlungserzeugende Elemente
R-Thyristor: für kleine Leistungen
S-Thyristor: für kleine Leistungen, Schaltzwecke
T-Thyristor: für große Leistungen
U-Transistor: Leistungsschalttransistor
X-Diode: Vervielfacher
Y-Diode: Leistungsdiode, Gleichrichter, booster
Z-Diode: Referenzdiode, Spannungsreglerdiode, Spannungs-
         begrenzerdiode

In der amerikanischen Bezeichnungsweise sind 1N...Typen
Dioden, 2N...Typen Transistoren und 3N...Typen Feldeffekt-
transistoren. Hinter dem N folgt jeweils ein Zahlencode, der
bei den einzelnen Herstellern identisch ist, wenn es sich um
universelle Halbleitertypen handelt.

Gehen wir gleich etwas in die Technik. Ein bipolarer
Transistor kann nach Abb. 2.6-2 sowohl ein PNP- als auch ein
NPN-Typ sein. Darunter verstehen wir nach *Abb. 2.6-3* folgendes: Ein PNP-Typ benötigt grundsätzlich eine negative Betriebsspannung zur Einstellung seiner Arbeitsdaten an Basis-
und Kollektoranschluß. Der NPN-Typ erhält eine positive
Betriebsspannung an Basis- und Kollektoranschluß.

Abb. 2.6-3

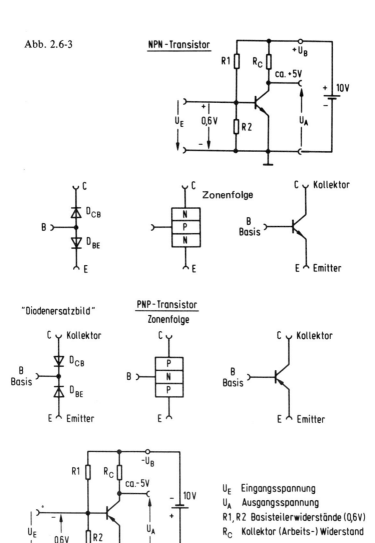

NPN-Transistor

R1 R_C +U_B

ca. +5V

+ | 10V
−

U_E + 0,6V R2 U_A

−

C

D_CB

B

D_BE

E

C Zonenfolge

N
P
N

E

C ⌣ Kollektor

B
Basis

E ⌢ Emitter

"Diodenersatzbild"

C ⌣ Kollektor

D_CB

B
Basis

D_BE

E ⌢ Emitter

PNP-Transistor
Zonenfolge

C ⌣

P
N
P

E ⌢

C ⌣ Kollektor

B
Basis

E ⌢ Emitter

R1 R_C −U_B

ca. −5V

− | 10V
+

U_E − 0,6V R2 U_A

+

U_E Eingangsspannung
U_A Ausgangsspannung
R1, R2 Basisteilerwiderstände (0,6V)
R_C Kollektor (Arbeits-) Widerstand

133

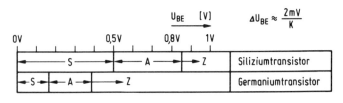

S $\triangleq$ Sperrbereich $I_C \approx 0$

A $\triangleq$ Arbeitsbereich I_C 100 uA...10mA   Kleinsignaltransistor

                                      10mA...1A   mittlere Leistung$\otimes$

                                          1A > 10A   große Leistung$\otimes$

Z $\triangleq$ Bereich der Zerstörung (I_B zu groß)

                          $\otimes$ Bereich großer Ströme $\approx$ 0,8V

Abb. 2.6-4 Eine Übersicht: der Silizium- und der Germanium-transistor

Im Schaltsymbol finden wir die Unterscheidung durch den Emitterpfeil. Des weiteren ist — symbolisch — ein Diodenersatzbild angegeben, wobei D_{CB} = Kollektorbasisdiode und D_{BE} = Basisemitterdiode bedeuten. Transistoren können mit einem Ohmmeter so einer ersten Prüfung unterzogen werden. Je nach Polung des Ohmmeters (Diodenpolaritäten des NPN- und PNP-Transistors beachten!) kann die Sperr- und Durchlaßrichtung festgelegt (geprüft) werden. Weiterhin ist aus der Abb. 2.6-3 ersichtlich, daß die Anschlußpole Emitter-Kollektor grundsätzlich — mit einem Ohmmeter geprüft — einen hohen Widerstand (Sperrung) anzeigen müssen. Dieser Zustand ergibt sich in der Praxis auch beim Schalttransistor im Schaltzustand ,,Sperrung``. Die in der Abb. 2.6-3 eingezeichnete Spannung von 0,6 V zwischen Emitter und Basis liegt in der Praxis je nach Arbeitspunkteinstellung nach *Abb. 2.6-4* bei einem Germanium- und Siliziumtransistor in den dort gekennzeichneten Basisspannungsbereichen. Darüber folgt in Kapitel 2.6.1 eine Erklärung.

Behandlungsvorschriften

Wichtig sind die Montagevorschriften der Hersteller, insbesondere über die thermische Belastbarkeit während des Lötvorganges. Bei allen Halbleiterbauelementen ist das Abbiegen der Anschlußdrähte in einem Abstand von mehr als 1,5 mm vom Gehäuseboden gestattet, falls der Durchmesser der Anschlußdrähte 0,5 mm nicht überschreitet. Anschlußdrähte mit größerem Durchmesser sollten nicht in Gehäusenähe gebogen werden. Der Einbau von Halbleiterbauelementen erfordert die Beachtung der erhöhten Umgebungstemperatur.

Halbleiterbauelemente müssen beim Einlöten in die Schaltung gegen thermische Überlastung geschützt werden. Es empfiehlt sich, die Anschlußdrähte möglichst lang zu lassen, ggf. müssen Maßnahmen für eine ausreichende Wärmeleitung getroffen werden, z.B. mit Wärmeableit-Pinzetten. Die Sperrschichttemperatur der Halbleiterbauelemente darf beim Löten die maximal zulässige Temperatur nur kurzzeitig (max. 1 Minute) überschreiten, und zwar bei Germanium-Bauelementen bis 110°C, bei Silizium-Bauelementen bis 200°C.

Bei den nachfolgend angegebenen Lötvorschriften handelt es sich um eine Kombination von Erfahrungswerten aus der Löttechnik und um Werte, wie sie dem Halbleiterbauelement

Kolbenlötung			
	Temperatur des Lötkolbens	Abstand der Lötstelle vom Gehäuse	max. zulässige Lötzeit
Metallgehäuse	$\leqslant 245°C$ $\leqslant 245°C$ $245...350°C$	1,5...5 mm >5 mm >5 mm	5 s 10 s 5 s
Kunststoffgehäuse	$\leqslant 245°C$ $\leqslant 245°C$	2...5 mm >5 mm	3 s 5 s

aufgrund seiner Eigenschaften zugemutet werden können. Wesentlich ist dabei immer, daß das Halbleiterbauelement vor thermischen Überlastungen hinreichend geschützt wird; bei den angegebenen Drahtlängen handelt es sich somit stets um Mindestwerte und bei den Lötzeiten um Maximalwerte. In allen Fällen ist das rechtwinklige Abkröpfen der Anschlußdrähte bis herab zu einem Abstand von 1,5 mm vom Gehäuse zulässig.

Im Betriebszustand des Transistors ist bei höheren Verlustleistungen für entsprechende Wärmeableitung zu sorgen. Siehe dazu die Abb. 2.6-1 (Detail 5 und 9). Nähere Angaben zur Berechnung der erforderlichen Kühlmittel sind dem ,,Werkbuch Elektronik" (Franzis-Verlag) zu entnehmen.

Wärmeableitung

In jedem Halbleiterbauelement entsteht beim Betrieb eine Verlustleistung, die auch die Temperatur der Sperrschicht erhöht. Damit die maximal zulässige Sperrschichttemperatur nicht überschritten wird, muß eine mit Halbleitern bestückte Schaltung nicht nur in elektrischer, sondern auch in thermischer Hinsicht sorgfältig dimensioniert werden.

Bei geringen Verlustleistungen führt die Gehäuse-Oberfläche genügend Wärme ab. Bei größeren Verlustleistungen müssen zusätzliche Maßnahmen zur Kühlung getroffen werden. Der Wärmewiderstand R_{thju} (siehe *Abb. 2.6-5)* zwischen Sperrschicht und umgebender Luft kann dadurch vermindert werden, daß man einen Körper oder eine Kühlfahne auf das Gehäuse steckt — wie in Abb. 2.6-1 unter Punkt 5 zu sehen ist — oder daß man den Transistor auf ein Kühlblech oder einen Kühlkörper schraubt. Der Zusammenhang zwischen der abzuführenden Verlustleistung P, der Sperrschichttemperatur T_j und der Temperatur der umgebenden Luft T_U ist in den Formeln in Abb. 2.6-5 ausgedrückt.

Da man in der Praxis nur den Wärmewiderstand des Kühlkörpers beeinflussen kann, wird dieser nach Formel (3) in Abb. 2.6-5 ermittelt. Anhand von Tabellen (z.B. im Werk-

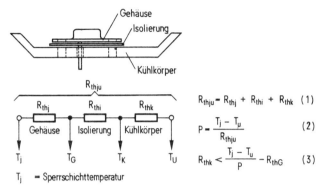

$R_{thju} = R_{thj} + R_{thi} + R_{thk}$ (1)

$P = \dfrac{T_j - T_u}{R_{thju}}$ (2)

$R_{thk} < \dfrac{T_j - T_u}{P} - R_{thG}$ (3)

T_j = Sperrschichttemperatur

T_G = Gehäusetemperatur

T_K = Kühlkörpertemeratur

T_U = Temperatur der umgebenden Luft

R_{thj} = Wärmewiderstand zwischen Sperrschicht und Gehäuse

R_{thi} = Wärmewiderstand zwischen Gehäuseboden und Montagefläche des Kühlkörpers

R_{thk} = Wärmewiderstand zwischen Kühlkörper und umgebender Luft

Abb. 2.6-5 Berechnung des Wärmewiderstandes und Ermittlung des erforderlichen Kühlkörpers

buch Elektronik) kann danach ein geeigneter Kühlkörper ausgesucht werden.

2.6.1 Die Eingangskennlinie des Transistors

Hierunter verstehen wir die Kennlinie der Basis-Emitterdiode. Sie verläuft nach *Abb. 2.6.1-1* für Germanium- und Silizium-Transistoren unterschiedlich. Des weiteren ist diesem Bild zu entnehmen, daß eine leichte Parallelverschiebung zu höheren U_{BE}-Werten einsetzt, wenn die Kollektorspannung U_{CE} ebenfalls erhöht wird. Ebenfalls tritt eine Parallelverschiebung bei

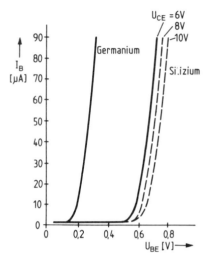

Abb. 2.6.1-1
Eingangskennlinien
für Ge- und Si-
Transistoren. Man
erkennt, daß die
Linien bei steigen-
der Spannung U_{CE}
weniger steil
verlaufen

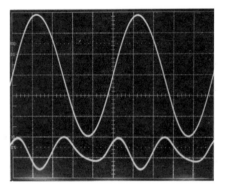

Abb. 2.6.1-2
Der oberen Sinus-
kurve sieht man
kaum an, daß sie
den unten darge-
stellten Oberwel-
lenanteil enthält

Temperaturänderungen auf. Die Eingangskennlinie ist nicht
linear, so daß bei großer Aussteuerung mit Verzerrungen zu
rechnen ist. In *Abb. 2.6.1-2* ist eine Sinuskurve oszillografiert,
die am Ausgang einer Transistorverstärkerstufe aufgenommen
wurde. Der Klirrgrad des Eingangssignales von 20 kHz lag bei

≤ 0,025 %. Das Ausgangssignal hatte bereits bei der hier gezeigten Amplitude von rund 12 V_{ss} einen Klirrgrad von 2,4 %! Das ist dem Signal in Abb. 2.6.1-2 nicht anzusehen, durch den oszillografierten Oberwellenanteil − Signal im unteren Teil des Schirmbildes − wird es deutlicher. Diese Verzerrungen sind im Nf-Bereich bereits hörbar. Im Hf-Bereich führen diese Oberwellen zu unerwünschten Nebenprodukten bei der Modulation oder Demodulation. Deshalb sollte bei einem Verstärker nur ein kleiner Teil der Eingangskennlinie „ausgefahren" werden.

Aus der Kennlinie von Abb. 2.6.1-1 läßt sich der Eingangswiderstand R_E errechnen. Das ist nach *Abb. 2.6.1-3* für zwei Bereiche erforderlich. Einmal für den statischen Bereich, also den der Arbeitspunkteinstellung. Hier haben wir es mit konstanten Werten für I_B und U_{BE} zu tun. Der Arbeitspunkt ist in Abb. 2.6.1-3 mit A gekennzeichnet und errechnet sich zu

$$R_E = \frac{U_{BE}}{I_B} = \frac{0,65 \text{ V}}{80 \text{ } \mu A} = 8,125 \text{ k}\Omega.$$

Andererseits muß auch dem dynamischen Eingangswiderstand Rechnung getragen werden. Dieser ergibt sich aus den

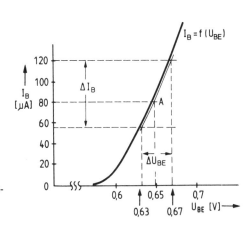

Abb. 2.6.1-3
Aus Strom- und Spannungsänderung an der Eingangskennlinie kann der Eingangswiderstand ermittelt werden

139

Werten ΔI_B und der dazugehörigen Größe von ΔU_{BE} bei Signalsteuerung. Hierzu wird die Tangente an die Kennlinie innerhalb des Arbeitsbereiches gezeichnet. Daraus ergibt sich der dynamische Eingangswiderstand zu

$$r_e = \frac{\Delta U_{BE}}{\Delta I_B} = \frac{0{,}67\ V - 0{,}63\ V}{120\ \mu A - 55\ \mu A} = \frac{0{,}04\ V}{65\ \mu A} = 615\ \Omega.$$

Dieses Beispiel ist selbstverständlich nicht zu verallgemeinern, vergegenwärtigt jedoch die Tatsache, daß im allgemeinen $r_e < R_E$ ist. Für eine recht grobe Abschätzung der Größe des dynamischen Eingangswiderstandes gilt die Gleichung

$$r_{eB} \approx \frac{\alpha}{I_B}\quad [\Omega; mA],\ (e = \text{Eingang, B = Basis})$$

$\alpha \approx 25...35\ [m\,V/_K]$ je nach Temperatur und Betriebsgrößen.

Beispiel: Ist $I_B = 6\ \mu A$, so ist

$$r_{eB} \approx \frac{34}{0{,}006} = 5{,}66\ k\Omega.$$

Das führt zu Problemen bei der Ansteuerung von Transistoren. Einmal muß der Ruhestrom I_B der Basis zugeführt werden, zum anderen muß der steuernde Generator einen recht niederohmigen Innenwiderstand haben, um den niedrigen r_e berücksichtigen zu können. Das führt — besonders in der Hf-Technik — zu Schwingkreistransformationsschaltungen, um eine Bedämpfung des steuernden Schwingkreises weitgehend zu vermeiden.

Die Schaltungen in *Abb. 2.6.1-4* zeigen verschiedene Möglichkeiten für die Ankopplung der Eingangsspannung an den Basiskreis in der Hf-Technik.

Es folgen die Erläuterungen zur Abb. 2.6.1-4:

a) Allgemein gültiger Fall der R-C-Kopplung:
   Aus den Basisteilerwiderständen R1 und R2 sowie dem dynamischen Eingangswiderstand r_e ergibt sich die Ersatzschaltung für einen Hochpaß aus C und dem resultierenden

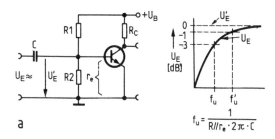

$$f_u = \frac{1}{R /\!/ r_e \cdot 2\pi \cdot C}$$

a

Ersatzschaltbild des Eingangs

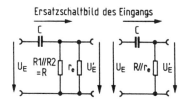

Abb. 2.6.1-4
Möglichkeiten zur Ankopplung der Eingangsspannung an eine Transistorstufe (siehe Text)

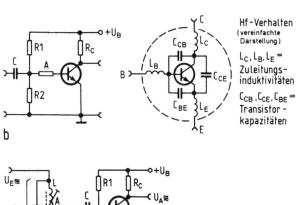

Hf-Verhalten
(vereinfachte Darstellung)

L_C, L_B, L_E = Zuleitungsinduktivitäten

C_{CB}, C_{CE}, C_{BE} = Transistorkapazitäten

b

c

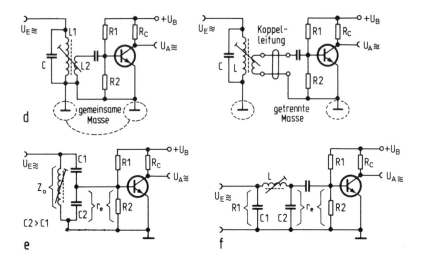

2.6.1-4 Möglichkeiten zur Ankopplung der Eingangsspannung an eine Transistorstufe (siehe Text)

Widerstand. Für einen Spannungsabfall < 1 dB zwischen U_E und U_A ist

$$C \approx \frac{5}{\omega \cdot R} \quad [F; Hz; \Omega].$$

Beispiel: Die unterste zu übertragende Frequenz f_u' $(-1$ dB) im untersten Frequenzgebiet des 80-m-Bandes beim Amateurfunk ist 3,5 MHz. Die Parallelschaltung der Widerstände $R_1 \parallel R_2 \parallel r_e$ ergibt 450 Ω. Dann wird

$$C \approx \frac{5}{2 \cdot \pi \cdot 3,5 \cdot 10^6 \cdot 450} \approx 0,5 \cdot 10^{-9} \text{ F} = 500 \text{ pF}.$$

b) Hier ist ein zusätzliches Bauelement „A" vor dem Basis-anschluß angeordnet, das den Zweck hat, Induktivitäten von Zuleitungen der Transistoranschlüsse mit den unvermeidlichen Aufbau- und Schaltkapazitäten so zu dämpfen,

142

daß sich keine unerwünschten Hf-Schwingungen bilden. Diese liegen im Frequenzgebiet > 80 MHz < 1,5 GHz, erkennbar dadurch, daß beim Berühren des Transistors eine stark merkliche Änderung des Kollektorstromes erfolgt. Zur Dämpfung eignen sich Dämpfungsperlen aus Ferritmaterial, die als Röhrchen ausgebildet über den Basisanschluß geschoben werden.

Oft ist auch eine wirksamere Hilfe dadurch gegeben, daß für das Bauelement A ein Kohleschichtwiderstand gewählt wird mit folgenden Werten: Hf-Technik 6,8 Ω...56 Ω; Nf-Technik bis 1 kΩ. Wichtig ist in allen Fällen, daß das Bauelement A direkt an die Basis des Transistors gelötet wird. Darüber hinaus sollten aus Hf-technischen Gründen die Anschlußlängen der Transistoren so kurz wie möglich im Aufbau gehalten werden, um Nebenwirkungen zu vermeiden.

c) Eine niederohmige Ankopplung wird dadurch erreicht, daß die Schwingkreisspule L bei A angezapft wird. Der Resonanzwiderstand entspricht dort r_e (Leistungsanpassung).

d) Ähnlich wie c), jedoch niederohmige Auskopplung über eine zusätzliche Wicklung L_2, die Windung neben Windung (K = 1) mit L_1 am Fußpunkt der Spule gewickelt wird.

e) Ankopplung durch Kapazitätstransformation. Die Serienschaltung von C_1 und C_2 bildet die Schwingkreiskapazität. Ist $r_e < 0,5 \cdot Z_0$ – das ist fast immer der Fall – dann wird $C_1 < C_2$.

f) Ankopplung durch eine Collins-π-Filter-Schaltung mit

$$C_2 = C_1 \cdot \frac{R_1}{r_e}$$

Es soll mit diesen Beispielen gezeigt werden, daß der Innenwiderstand r_e des Transistoreinganges einen wesentlichen Anteil an der Planung der Steuerschaltung hat. Bei den gezeigten Schaltungen ist es somit auch nicht möglich, die volle zur Verfügung stehende Steuerspannung am Basiseingang zur Aussteuerung zu bringen. Diese wird durch das Übersetzungs-

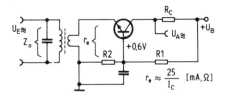

$$r_e \approx \frac{25}{I_C} \quad [mA, \Omega]$$

Abb. 2.6.1-5 Beispiel einer Hf-Vorstufe in Basisschaltung

verhältnis von Z_o (Resonanzwiderstand) und r_e (Eingangswiderstand) bestimmt und somit kleiner.

Eine Schaltung — die besonders in der Hf-Technik häufig Anwendung findet — ist nach *Abb. 2.6.1-5* die Basisschaltung. Hier läßt sich die Größe des Eingangswiderstandes durch die Näherungsformel

$$r_e \approx \frac{25}{I_c} \quad [\Omega; mA]$$

Der Rechenwert 25 ist temperaturabhängig. Ebenso hat der Arbeitspunkt einen Einfluß. Die Praxis ergibt Werte von $\approx 25...35$. Siehe Kap. 2.6.4.

grob bestimmen. Es treten hier recht niederohmige Werte auf, die grundsätzlich durch eine Eingangstransformation Berücksichtigung finden müssen. Das Beispiel zeigt, daß eine Hf-Vorstufe mit $I_c = 2,0$ mA zu einem dynamischen Eingangswiderstand von

$$r_e = \frac{25}{2} = 12,5 \ \Omega \text{ führt.}$$

Es wird im nächsten Abschnitt noch über die Zusammensetzung des Emitterstromes zu lesen sein.

2.6.2 Die drei Grundschaltungen des Transistors mit den wichtigsten Kenngrößen

Stromverstärkung

Unter Stromverstärkung wird das Verhältnis von Kollektor-

144

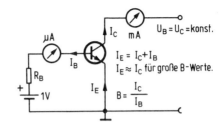

Abb. 2.6.2-1
Ströme am Transistor
zur Bestimmung der
Stromverstärkung

I_C mA $U_B = U_C = konst.$

$I_E = I_C + I_B$

$I_E \approx I_C$ für große B-Werte.

$B = \dfrac{I_C}{I_B}$

strom zum Basisstrom verstanden *(Abb. 2.6.2-1)*. Es ist die Stromverstärkung

$$B = \frac{I_c}{I_B}.$$

Praktische Werte der Stromverstärkung sind in der folgenden Tabelle angegeben:

Typ	Stromverstärkung ca. (Gruppe)		
	A	B	C
Nf-Kleinsignaltransistor	100... 250	200...400	350...900
Nf-Leistungstransistor	20... 100		
Schalttransistor	50... 200		
Hf-Transistor	20... 200		
Nf-Leistungsdarlington	500...1000		

Die Bezeichnungen A, B und C sind auf Kleinsignaltransistoren aufgedruckt, z.B. BC 107 B. Sie geben die Stromverstärkungsgruppe an. Die Stromverstärkung ist nicht konstant, sondern nach der Kurve in *Abb. 2.6.2-2* von der Größe des Kollektorruhestromes (Arbeitspunkt) abhängig.

Der Emitterstrom teilt sich nach Abb. 2.6.2-1 wie folgt auf: $I_E = I_B + I_C$. Im allgemeinen bei großen Werten von B kann der Basisstrom vernachlässigt werden ($I_B \ll I_C$), und wir schreiben: $I_E \approx I_C$.

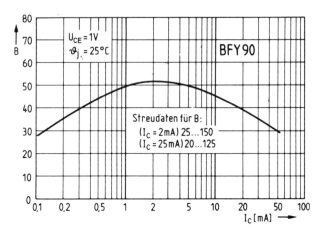

Abb. 2.6.2-2 Die Stromverstärkung hängt auch von der Größe des Kollektorstromes ab

Vergleichen wir die Praxis mit der eben gezeigten Tabelle der Größen von Stromverstärkungswerten, dann fehlt noch folgende Ergänzung. In der Praxis liegen Basisströme von Nf- und Hf-Kleinsignaltransistoren in der Größe von einigen μA bis ca. 250 μA. Im Falle der Aussteuerung beträgt der Dynamikbereich des Basisstromes z.B. $\Delta I_B \approx 5...50\ \mu A$. Aus diesen Größen resultieren Kollektorströme von z.B. 500 μA...100 mA (Kleinsignaltransistor), wobei das ΔI_C bei ca. 0,8 mA...5 mA liegt. Andererseits ist der mittlere Kollektorstrom bei einer Arbeitspunkteinstellung bis ca. 0,8 mA...20 mA zu finden. Der häufigste Bereich liegt bei 1...5 mA.

In *Abb. 2.6.2-3* sind die drei Grundschaltungen des Transistors angegeben. Wir wollen zunächst diese kennenlernen. Die Grundschaltungen werden einmal dem Prinzip nach gezeigt und dann mit einer Schaltung aus der Praxis vorgestellt. In der folgenden Tabelle sind die wesentlichen Daten anhand einer Tabelle für die drei Grundschaltungen Emitterschaltung, Basisschaltung und Kollektorschaltung erklärt.

146

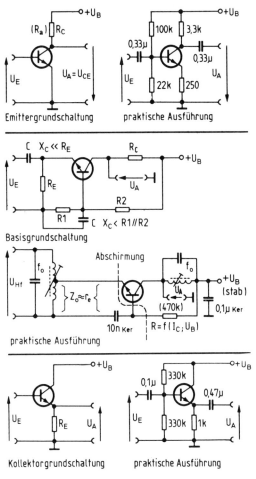

Abb. 2.6.2-3 Die drei Grundschaltungen für Transistoren. Zusätzlich ist jeweils noch eine praktische Schaltung ergänzt

147

Tabelle der drei Transistorgrundschaltungen – alle Werte von der Außenbeschaltung abhängig			
Daten für:	Emitter- schaltung	Basis- schaltung	Kollektor- schaltung
Eingangs- impedanz $r_e \, [\Omega]$	250...25 k $\approx$ 5 k[2])	10...200 $\approx$ 50[2])	20 k...> 1 M[3])
Ausgangs- impedanz $r_a \, [\Omega]$	1...100 k ($\approx$ Ra)	50 k...200 k ($\approx$ Ra)	50...1 k < R_E[4])
Strom- verstärkung B [1]	20...900 150...900[2]) 30...200[5])	< 1	20...900 siehe Emitterschaltung
Spannungs- verstärkung V_u [1]	< 2000 2...100[2])	< 2000 2...100[2])	< 1 $\approx$ 0,95[2])
Leistungs- verstärkung V_p [1]	< 10 000 > 500[2])	80...1000	10...200
Phasenlage[1]) $U_e \rightarrow U_a \, [°]$	180 < 180[5])	$\approx$ 0 > 0[5])	$\approx$ 0 > 0[5])
Grenzfreq. f_T [Hz]	< 5 GHz[5]) 300 MHz[2])	$\approx$ B $\cdot f_T$	$\approx f_T$
Anwendung	allgemeine Verstärkung Hf und Nf	Hf-Eingangs- stufen und Trennstufen	Impedanz- wandler

[1]) bei Anwendung hoher Frequenzen nicht gültig
[2]) typischer Wert für Kleinsignal-Transistor
[3]) abhängig u. a. von Widerständen im Basiskreis

[4]) $\approx \dfrac{25}{I_E} \, [mA; \Omega]$

[5]) Hf-Transistor
f_T = Transitfrequenz (Daten des Herstellers)
R_a = Arbeitswiderstand
R_E = Emitterwiderstand
r_a = elektronischer Ausgangswiderstand
r_e = elektronischer Eingangswiderstand

2.6.3 Die Ausgangskennlinie des Transistors

Das Kennlinienfeld in *Abb. 2.6.3-1* zeigt den typischen Verlauf. Es ist zu erkennen, daß die Linien fast waagerecht verlaufen. Das ist besonders bei Kleinsignaltransistoren typisch. Daraus resultiert nach *Abb. 2.6.3-2* für einen von vielen möglichen Arbeitspunkten A mit I_C = 5 mA bei einem ΔU_{CE} = 4 V auf der zugehörigen Kennlinie mit I_B = konstant, daß eine dazugehörige Änderung von I_C = 0,3 mA beträgt. Somit errechnet sich

$$r_e = \frac{\Delta U_c}{\Delta I_c} = \frac{4\text{ V}}{0,3\text{ mA}} = 13,3\text{ k}\Omega.$$

Je waagerechter die Kennlinie verläuft um so größer wird r_a. Bei einem Arbeitswiderstand von R_C = 1 kΩ ist bereits zu erkennen, daß in der Praxis $r_a > R_C$ ist. Des weiteren ist es recht interessant zu sehen, daß die Betriebsspannung U_B sich wie folgt aufteilt:

$$U_B = U_{CE} + U_{RC}.$$

Je nach Wahl des Arbeitspunktes ändern sich die Größen von U_{CE} und U_{RC}. Das wird noch genauer untersucht werden.

Zurück zu Abb. 2.6.3-1. Wir hatten im vorherigen Kapitel

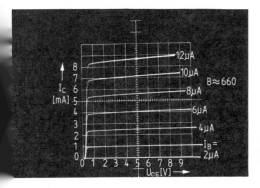

Abb. 2.6.3-1
Ausgangskennlinienfeld
mit unterschiedlichen
Basisströmen I_B

die Größe B (Stromverstärkung) als $B = \dfrac{I_C}{I_B}$ kennengelernt.

Wenden wir diese Kenntnis an, so ergibt sich aus dem Kennlinienfeld errechnet ein $B \approx 660$. Diese Größe gehört zu einem Kleinsignaltransistor gemäß der vorangegangenen tabellarischen Übersicht mit der Stromverstärkungsgruppe C. Aus dem Kennlinienfeld geht weiter – zwar nur gering erkennbar – hervor, daß B laut Abb. 2.6.2-2 nicht konstant ist. Das würde noch deutlicher, wenn auch der Wert B bei $I_C < 1$ mA und $I_C > 8$ mA untersucht würde.

Abb. 2.6.3-2 Aus dem ermittelten Arbeitspunkt läßt sich aus dem Kennlinienfeld auch der dynamische Ausgangswiderstand bestimmen

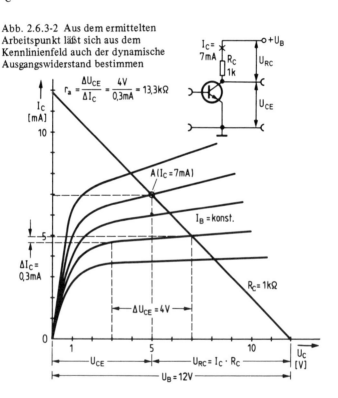

In Abb. 2.6.3-1 ist $R_C = 0$ bzw. sehr niederohmig eingestellt. Das Kennlinienfeld wird sofort begrenzt, wenn nach
Abb. 2.6.3-3 (siehe auch Abb. 2.6.3-2) ein Arbeitswiderstand
R_C eingeführt wird. Gemäß Abb. 2.6.3-2 teilen sich U_{CE} und
U_{RC} die Größe U_B. Ist diese — wie in Abb. 2.6.3-3 —16 V
groß, so ist zu erkennen, daß bei $U_{CE} = 0$ ein Strom von

$$20 \text{ mA } (I_C = \frac{16 \text{ V}}{800 \text{ }\Omega} = 20 \text{ mA}) \text{ fließt.}$$

Oder bei $U_{RC} = U_{CE} = 8 \text{ V} = \dfrac{U_B}{2}$ ein solcher von 10 mA.

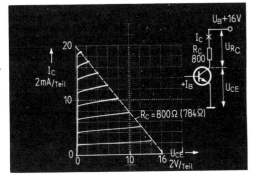

Abb. 2.6.3-3
Durch den Kollek-
torwiderstand R_c
wird das Kenn-
linienfeld begrenzt.
Man erkennt, daß
bei $U_{CE} = 8 \text{ V}$
ein Strom von
10 mA fließt

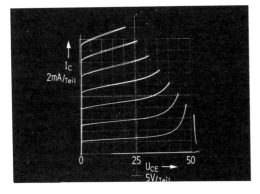

Abb. 2.6.3-4
Oberhalb der
zulässigen
Spannung U_{CE}
steigt der Kol-
lektorstrom
sehr rasch an,
was dann zur
Zerstörung
führt

Ich habe hier „glatte" Werte gewählt. Aus der Kennlinie ergibt sich genauer $R_C \approx 784 \, \Omega$. Im übrigen soll hier gezeigt werden, daß U_{CE} in der Praxis nicht 0 V werden kann. Es verbleibt beim voll durchgeschalteten Transistor ($I_{C\,max}$) ein U_{CE}-Wert, der je nach Transistortyp und Laststrom zwischen 0,1 V...0,6 V beträgt (Sättigungswert).

Wird nach *Abb. 2.6.3-4* die Spannung U_{CE} über die zulässigen Werte hinaus erhöht, so erfolgt eine Zerstörung des Transistors. Es ist erkennbar, daß die Kollektorströme sehr schnell ansteigen (Durchbruch). Bei Kleinsignal- und Leistungstransistoren liegen die maximalen U_{CE}-Werte je nach Typ bei 15 V...45 V. Hochvolttransistoren − z.B. in Videoendstufen von Fernsehgeräten − erreichen Werte bis 400 V und darüber.

Es wurde bereits ausgeführt, daß der Kollektorstrom je nach Transistortyp wenige mA (Kleinsignal-Transistoren) oder auch einige A (Leistungstransistoren) betragen kann. In diesem Zusammenhang ist es wichtig, die zulässige Verlustleistung zu untersuchen. Diese wird vom Hersteller unter Berücksichtigung der vorgeschriebenen Gehäusetemperaturen (Kühlmittel verwenden) als $P_{max} = I_C \cdot U_{CE}$ angegeben. Dabei wird im allgemeinen die Basissteuerleistung vernachlässigt. Die *Abb. 2.6.3-5* zeigt das Kennlinienfeld mit eingezeichneter Leistungshyperbel. Es ist hier angenommen worden, daß die maximal zulässige Verlustleistung $P_{max} = 6$ W beträgt. Des weiteren ist für den „worst case" (schlechtesten Fall) der Arbeitspunkt A mit einem Arbeitswiderstand $R_C = 1{,}2 \, k\Omega$ gekennzeichnet. Wird der Transistor im Ruhebetrieb in diesem Punkt betrieben, dann genügt eine Änderung der Umgebungstemperatur in Richtung „Sommer", und es ist um ihn geschehen. Aus diesem Grunde wird man diesen Fall vermeiden, was nur durch Ändern des Arbeitspunktes möglich ist. Deshalb ist in Abb. 2.6.3-5 ebenfalls gestrichelt eingezeichnet − die Arbeitsgerade eines Widerstandes im Werte von 1,5 kΩ sowie auch eine mit 1,2 kΩ, jedoch bei verkleinerter Betriebsspannung U_B von 150 V. Es gibt also verschiedene Möglichkeiten, die beim Schaltungsentwurf Anwendung finden können.

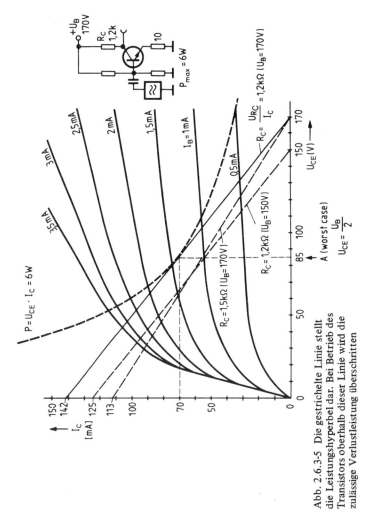

Abb. 2.6.3-5 Die gestrichelte Linie stellt
die Leistungshyperbel dar. Bei Betrieb des
Transistors oberhalb dieser Linie wird die
zulässige Verlustleistung überschritten

153

Aus der Abb. 2.6.3-5 geht jedoch noch mehr hervor. Zunächst einmal handelt es sich um einen Hochvolttransistor, geeignet für Videoendstufen oder bei Oszillografen für Y- oder X-Endstufen. Der Transistor zeigt im Bereich bis ca. 40 V starke Unlinearitäten der Kennlinien. Ein Grund, dieses Gebiet bei Aussteuerung zu meiden, also die Widerstandsgerade nicht zu flach zu legen. Weiter ist dem Bild noch zu entnehmen, daß gleiche Werte von R_C bei unterschiedlichen Betriebsspannungen U_B eine Parallelverschiebung der Widerstandsgeraden ergeben. Andererseits verläuft die Gerade steiler bei kleineren Werten von R_C und entsprechend flacher bei höheren R_C-Werten. Weiterhin ist ersichtlich, daß die höchste Verlustleistung immer dann auftritt, wenn

$$U_{CE} = U_{RC} = \frac{U_B}{2} \text{ ist.}$$

Schwieriger wird es in *Abb. 2.6.3-6a,* wenn anstelle eines linearen Widerstandes eine Hf-Drossel oder ein Hf-Schwingkreis eingeführt wird. Hier ist einmal der Ohmsche Widerstand der Spule — R_S — zu berücksichtigen. Da dieser sehr klein ist,

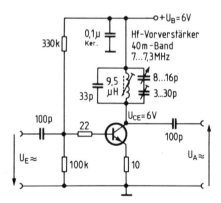

Abb. 2.6.3-6a Bei frequenzabhängigen Arbeitswiderständen gelten Arbeitsgeraden nach Bild 150

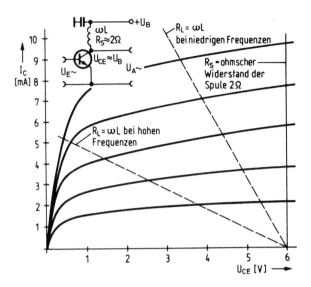

Abb. 2.6.3-6b Kennlinien und Arbeitsgeraden für die Schaltung oben

verläuft die Kennlinie ohne Ansteuerung sehr steil *(Abb. 2.6.3-6b)*. Die Spannung U_{RS} ist $U_{RS} \approx 0$ V und somit wird $U_{CE} \approx U_B$. Das bedeutet: Vorsicht bei der Wahl des Kollektorstromes im Hinblick auf die Leistungshyperbel. Andererseits sind in Abb. 2.6.3-6b noch Arbeitskennlinien für $R_L = \omega L$ bei verschiedenen Frequenzen eingezeichnet.

Bei hohen induktiven Widerständen oder sogar Resonanzkreisen ist daran zu denken, daß im dynamischen Ansteuerungsfall sich nach Abb. 2.6.3-2 der dynamische Innenwiderstand des Transistors – r_a – zum Außenwiderstand parallelgeschaltet berücksichtigt werden muß. Bei Hf-Verstärkern liegt r_a in der Größenordnung – abhängig vom Transistortyp und dem eingestellten Kollektorstrom – von 5 kΩ...30 kΩ.

2.6.4 Die Berechnung der Verstärkung

Hierzu sind für eine genaue Ermittlung umfangreiche Rechenvorgänge erforderlich, die oft beschrieben — aber nicht ausführlich angewandt werden können, da im speziellen Fall immer irgendwelche Datenangaben nicht zur Hand sind. Es wird ferner hier mit der statischen Stromverstärkung B gerechnet. Für Kleinsignalansteuerung ist diese Vereinfachung zulässig.

Aus der Praxis heraus möchte ich folgende Daten und Näherungsgleichungen beschreiben:

Nach *Abb. 2.6.4-1* liegt eine Emitterschaltung vor mit dem Emitterwiderstand R_E. Hier ist die Spannungsverstärkung

$$V_U \approx \frac{R_C}{R_E} = \frac{U_{RC}}{U_{RE}} \quad (\text{für } R_E \gg r_E)$$

Ist $\dfrac{R_E}{r_E} \ll 1$ (r_E Eingangswiderstand Basisschaltung $= \dfrac{26\,\text{mV}}{I_C\,(\text{mA})}$),

so wird $V_U \approx \dfrac{R_C}{R_E + \dfrac{26}{I_C}}$

Dabei sollte berücksichtigt werden, daß $U_{RE} \approx 0,95\ U_E$ ist.

Beispiel: Sind $R_C = 2\ \text{k}\Omega$ und $R_E = 120\ \Omega$, so beträgt die Spannungsverstärkung

$$V_u \approx \frac{2\ \text{k}\Omega}{120\ \Omega} = 16,6.$$

Wird der Transistor mit $U_E = 15\ \text{mV}$ angesteuert, so wird:

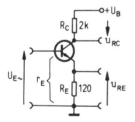

Abb. 2.6.4-1 Beispiel zur Berechnung der Spannungsverstärkung bei einer Emitterschaltung

$U_{RE} \approx 0,95 \cdot U_E = 0,95 \cdot 15 \text{ mV} = 14,25 \text{ mV}$ und somit
$U_{RC} \approx 14,25 \text{ mV} \cdot 16,6 = 236,55 \text{ mV}$.

Für genauere Rechnungen ist dem Wert R_E noch der Eingangswiderstand $r_e \approx \dfrac{25}{I_C}$ [mA ; Ω] in Reihe zu schalten.

Für den Eingangswiderstand r_E der Schaltung in Abb. 2.6.4-1 gilt folgendes: Wird I_C mit 1 mA (Arbeitspunktwahl)

angenommen, so ist $r_E' = r_E + R_E = \dfrac{25 \text{ mA}}{1 \text{ mA}} + 120 \ \Omega = 145 \ \Omega$.

Damit wird $r_E \approx r_E' \cdot B$.

Mit B = 140 ist dann $r_E \approx 145 \cdot 140 = 20,3 \text{ k}\Omega$.

In *Abb. 2.6.4-2a* fehlt der Emitterwiderstand R_E, der Emitter liegt direkt auf Massepotential, in *Abb. 2.6.4-2b* liegt parallel zu R_E ein Kondensator C. Die Berechnung der Verstärker erfolgt mit den gleichen Formeln, solange

$R_C = \dfrac{1}{\omega C} \ll R_E$ ist. Das ist bei der Berechnung von R_C, der im

allgemeinen $R_C < 10 \ R_E$ ist, immer der Fall. Es soll hier nicht R_C (Kollektorwiderstand) mit R_C (kapazitiver Wechselstromwiderstand von R_C) verwechselt werden. Die Verstärkung wird dann, ohne den als Wechselstromgegenkopplung wirksamen Widerstand R_E, wie folgt ermittelt:

$V_u \approx 40 \cdot I_C \cdot R_C = 40 \cdot U_{RC}$

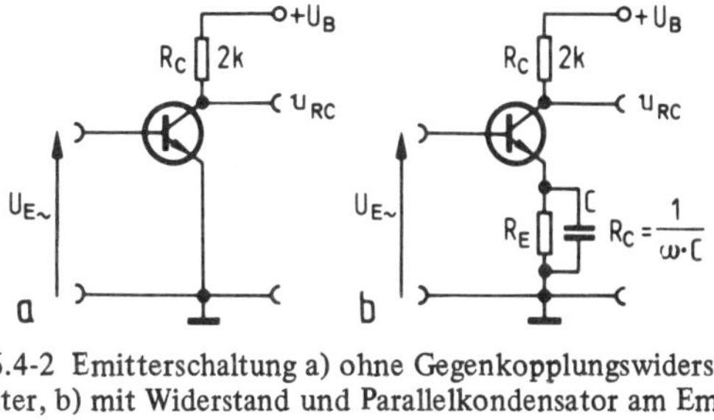

Abb. 2.6.4-2 Emitterschaltung a) ohne Gegenkopplungswiderstand am Emitter, b) mit Widerstand und Parallelkondensator am Emitter

Beispiel: Ist wieder $R_C = 2 \text{ k}\Omega$ und $I_C = 1 \text{ mA}$, dann wird die Spannungsverstärkung $V_u \approx 40 \cdot 2 \text{ k}\Omega \cdot 1 \text{ mA} = 80$.

Das Ergebnis erhalten wir auch aus

$$V_u = \frac{R_C}{r_e} = \frac{2 \text{ k}\Omega}{25 \text{ }\Omega} \approx 80; \text{ mit } r_e = \frac{25}{1 \text{ mA}} = 25 \text{ }\Omega.$$

Der Eingangswiderstand ist hier viel niederohmiger, wenn der Emitterwiderstand R_E fehlt.

Beispiel: Ist $B = 140$ und $r_e = 25 \text{ }\Omega$, so wird

$$r_E \approx B \cdot r_e \approx 140 \cdot 25 \text{ }\Omega = 3500 \text{ }\Omega.$$

In *Abb. 2.6.4-3* ist eine Kollektorschaltung − Emitterfolger − gezeigt. Der Eingangswiderstand errechnet sich aus

$$r_1 = B (r_e + R_E)$$

Beispiel: Ist wieder $B = 140$ und $I_C = 1 \text{ mA}$, so wird

$$r_1 = B (r_e + R_E) = 140 \left(\frac{25}{1 \text{ mA}} + 1 \text{ k}\Omega \right) = 143,5 \text{ k}\Omega.$$

Hier muß jetzt die Parallelschaltung von

$$R1 \parallel R2 = 220 \text{ k}\Omega \parallel 220 \text{ k}\Omega = 110 \text{ k}\Omega$$

berücksichtigt werden. Der resultierende Eingangswiderstand ist dann

$$R_{res} = \frac{143,5 \text{ k}\Omega \cdot 110 \text{ k}\Omega}{143,5 \text{ k}\Omega + 110 \text{ k}\Omega} = 62,62 \text{ k}\Omega.$$

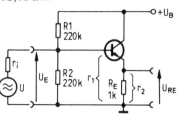

Abb. 2.6.4-3 Kollektorschaltung als Beispiel zur Berechnung der Ein- und Ausgangswiderstände

Der Ausgangswiderstand wird maßgeblich von der Eingangsbeschaltung beeinflußt. Darunter ist sowohl $R_1 \parallel R_2$, als auch der Innenwiderstand r_i des ansteuernden Generators zu verstehen. Der Ausgangswiderstand r_2 errechnet sich aus:

$$r_2 = r_e + \frac{r_i}{B}$$

Beispiel: Wird r_i = 6000 Ω angenommen – z.b. R_o eines Schwingkreises – und wieder r_e bei I_C = 1 mA mit 25 Ω gesetzt, so erhalten wir

$$r_2 = 25\ \Omega + \frac{6000\ \Omega}{140} = 67{,}85\ \Omega.$$

Diesem Wert liegt R_E mit 1 kΩ parallel, so daß sich der resultierende Ausgangswiderstand zu

$$R_{ares} = \frac{67{,}85\ \Omega \cdot 1000\ \Omega}{67{,}85\ \Omega + 1000\ \Omega} = 63{,}54\ \Omega\ \text{ergibt.}$$

Die Spannungsverstärkung ist kleiner als 1. Praktische Werte liegen zwischen 0,85...0,98. Sie errechnet sich aus

$$V_u = \frac{U_{RE}}{U_E} = \frac{1}{1 + \dfrac{r_e}{R_E}}$$

Beispiel: Mit unseren Daten R_E = 1000 Ω und r_e = 25 Ω wird

$$V_u = \frac{1}{1 + \dfrac{25}{1000}} = 0{,}975.$$

In *Abb. 2.6.4-4* ist die Basisschaltung gezeigt. Hier ergeben sich folgende Rechengrößen:

Eingangswiderstand: Der Basiseingangswiderstand (s.a. „Eingangskennlinie des Transistors", Kap. 2.6.1) wurde mit

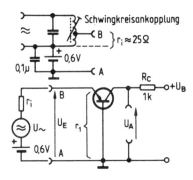

Abb. 2.6.4-4
Beispiel zur Berechnung
der Verstärkung einer
Basisschaltung

$$r_{eB} \approx \frac{34}{I_B} \; [\Omega; mA]$$

ermittelt, andererseits wurde in vorherigen Rechnungen der
dynamische Emitterausgangswiderstand mit

$$r_e \approx \frac{25}{I_C} \; [\Omega; mA] \; \text{angegeben.}$$

Das führt zu der Frage, ob die Werte 34 und 25 nicht gleich
sein sollten. Praktische Versuche und Messungen haben ergeben, daß bei Kleinsignalansteuerung für den Basiseingangswiderstand je nach Typ und Arbeitspunkt für r_{eB} Werte von
25...38 anzusetzen sind, andererseits als Hilfsgröße für r_e
solche von 22...28. Im übrigen soll nicht vergessen sein, daß
die Zahlenwerte gemäß dem T_K-Wert von der Temperatur
abhängig sind. Der Eingangswiderstand der Basisstufe ermittelt
sich jetzt aus

$$r_1 \approx \frac{r_{eB}}{B}.$$

Beispiel: Ist $I_C = 1$ mA, $B = 140$, so wird

$$I_B = \frac{I_C}{B} = \frac{1 \; mA}{140} = 7,1 \; \mu A.$$

Damit erhalten wir $r_{eB} \approx \dfrac{34}{7,1 \; \mu A} = 4760 \; \Omega.$

Somit wird $r_1 \approx \dfrac{r_{eB}}{B} = \dfrac{4760}{140} = 34\ \Omega.$

Der Wert der Spannungsverstärkung V_u ergibt sich wie bei der Emitterschaltung aus

$$V_u = \frac{R_C}{r_1 + r_i}$$

Der Innenwiderstand r_i der steuernden Spannungsquelle nach Abb. 2.6.4-4 ist immer zu berücksichtigen, da r_1 in der Größe $< 100\ \Omega$ liegt.

Beispiel: Die Schwingkreisankopplung nach Abb. 2.6.4-4 soll eine Impedanz von 50 Ω haben. Dann wird die Spannungsverstärkung

$$V_u = \frac{R_e}{r_1 + r_i} = \frac{1\ k\Omega}{34\ \Omega + 50\ \Omega} = 11,9\text{fach}.$$

2.6.5 Der richtige Arbeitspunkt und seine Festlegung

Mögliche Verzerrungen (siehe auch Abb. 2.6.1-2) hängen maßgeblich mit dem Arbeitspunkt zusammen. Für die richtige Einstellung des Arbeitspunktes wird *Abb. 2.6.5-1* herangezogen sowie die Stromverstärkungskurve nach Abb. 2.6.2-2 und das Ausgangskennlinienfeld in Abb. 2.6.3-2.

Es muß vorerst geklärt werden, für welchen Einsatz der Verstärker bestimmt ist: Nf (Kleinsignal, Leistung, HiFi), Hf, Schaltverstärker oder Breitbandverstärker.

Anwendungsfall. Folgende Spannungsaufteilung ist aus Abb. 2.6.5-1 ersichtlich:

$$U_B = U_{RC} + U_{CE} + U_{RE}' + U_{RE}$$
$$U_B = U_{R1} + U_{R2}$$
$$U_{R2} = U_{BE} + U_{RE}' + U_{RE}$$

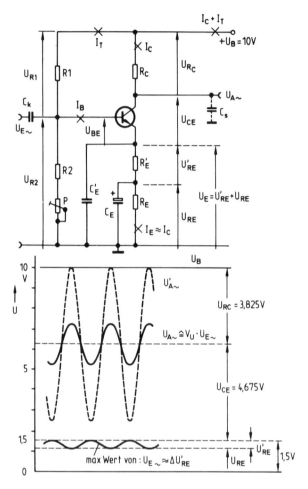

Abb. 2.6.5-1 Spannungsverhältnisse bei einer Verstärkerstufe zur Ermittlung des optimalen Arbeitspunktes

Aus der Stromverstärkungskurve (Abb. 2.6.2-2) geht bei I_C = 2 mA ein Maximum hervor. In der Praxis — besonders, wenn B_{max} bei Strömen über 10 mA erreicht wird — bleibt man mit der Wahl von I_C geringfügig unterhalb von B_{max}. Ein anderer Weg ist, sich einen weitaus kleineren Kollektorstrom auszusuchen, wenn das die geforderte Verstärkung zuläßt und die zulässige Verlustleistung des Transistors dazu zwingt.

Bei I_C = 1 mA wird B $\approx$ 50, daraus folgert:

$$I_B = \frac{I_C}{B} = \frac{1\ mA}{50} = 20\ \mu A.$$

Der Wert B $\approx$ 50 ist hier sehr gering. Es handelt sich bei dem Typ BFY 90 um einen Hf-Breitbandtransistor für z.B. Oszillografen und Hf-Verstärker mit $f_T > 1$ GHz.

Andererseits geht aus dem Bild hervor, daß die Streudaten einzelner Exemplare zwischen B = 25...150 liegen. Damit könnte im ersten Ansatz bei I_C = 1,5 mA auch B $\approx$ 100 angenommen werden. Das führt zu $I_B \approx 10\ \mu A$. Wir rechnen mit diesem Wert. Weiter ist die Betriebsspannung U_B = 10 V.

Zunächst wird jetzt die Spannung am Emitter $U_E = U_{RE}' + U_{RE}$ festgelegt. Dabei sei gleich vermerkt, daß in vielen Fällen der Widerstand R_E' oder R_E fehlt. Wir rechnen hier mit beiden, um deren Bedeutung festzulegen. Aus der Praxis heraus wird für U_E ein Wert > 1 V $< 2,5$ V angenommen. Bei Betriebsspannungen $U_B > 6$ V ist es auch richtig zu sagen, daß $U_E = 0,15...0,2 \cdot U_B$ sein soll. Optimale Stabilisierung — siehe „Werkbuch Elektronik" —, wird bereits bei Spannungen ≥ 1 V erreicht. Wir wählen

$$U_E = U_{RE}' + U_{RE} = 1,5\ V.$$

Mit $I_C \approx I_E$ wird zunächst

$$R_E' + R_E = \frac{U_E}{I_E} = \frac{1,5\ V}{1,5\ mA} = 1\ k\Omega.$$

Die Werte von U_{CE} und R_C werden im allgemeinen so be-

stimmt, daß $U_{CE} \approx 0,9 \cdot U_{RC}$ ist. In unserem Fall wird
$U_{RC} + U_{CE} = 10\ V - U_E = 8,5\ V$. Somit wird

$$U_{RC} = 0,9 \cdot \frac{U_{RC} + U_{CE}}{2} = 0,9 \cdot \frac{8,5}{2} V = 3,825\ V.$$

Somit ist $U_{CE} = 8,5\ V - 3,825\ V = 4,675\ V$.

Daraus ergibt sich $R_C = \dfrac{U_{RC}}{I_C} = \dfrac{3,825\ V}{1,5\ mA} = 2,55\ k\Omega$.

Das ist der einfachste Weg für die Ermittlung von R_C. Gewählt wird der nächstliegendste Normwert.

Es kann jedoch auch R_C über die geforderte obere Grenzfrequenz ermittelt werden. Nehmen wir an, die schädliche Schaltkapazität C_S in Abb. 2.6.5-1 sei 20 pF groß, und die obere Grenzfrequenz sei mit $f_o = 50$ MHz gefordert.

So wird mit $R_C = \dfrac{1}{\omega C}$ der Kollektorwiderstand

$$R_C = \frac{1}{2 \cdot \pi \cdot 50 \cdot 10^6\ Hz \cdot 20 \cdot 10^{-12}\ F} = 159\ \Omega.$$

In solchen Fällen ist gemäß Abb. 2.6.3-5 die zulässige Verlustleistung zu überprüfen. Das Aussteuerungsdiagramm von Abb. 2.6.5-1 macht aber auch den Kompromiß zwischen $U_{A\sim}$ und $U'_{A\sim}$ klar. Die maximal mögliche Aussteuerspannung von $U'_{A\sim}$ kann nur erreicht werden, wenn R_C vergrößert wird, bzw. das Verhältnis R_C und R'_E geändert wird. Das macht eine neue Berechnung erforderlich. In allen Fällen ist jedoch bei einer Optimierung von V_u daran zu denken, daß die Größe von R_C direkt die obere Grenzfrequenz beeinflußt.

So wird man, auch um evtl. Übersteuerungen zu vermeiden, den Wert $U_{A\sim} < U'_{A\sim}$ wählen.

Für eine optimale Gegenkopplung bei geringen Verstärkungsverlusten wird ein $\Delta V_u \approx 5...10\ \%$ in Kauf genommen. Dadurch kann das Verhältnis des mit C_E überbrückten Emitterwiderstands R_E zu dem Widerstand R_E' bestimmt werden.

Es ist $R_E' \approx 0{,}05...0{,}1 \cdot R_C$. Daraus ergibt sich: $R_E' \approx 150 \, \Omega$ ($R_E' \approx 0{,}06 \cdot 2{,}5 \, k\Omega$) und somit $R_E = 1 \, k\Omega - 150 \, \Omega = 850 \, \Omega$. Die Summe $R_E' + R_E = 1 \, k\Omega$ war weiter oben errechnet.

Für eine Optimierung der oberen Grenzfrequenz wird mit R_E' und C_E' eine frequenzabhängige Gegenkopplung herbeigeführt. Für die Ermittlung von C_E werden die Zeitkonstanten im Emitter- und Kollektorzweig gleichgesetzt. Also

$\tau_E = \tau_C$. Das führt zu $R_E' \cdot C_E' = R_C \cdot C_S$ und somit

$$C_E' = \frac{R_C \cdot C_S}{R_E'} = \frac{2{,}5 \cdot 10^3 \, \Omega \cdot 20 \cdot 10^{-12} \, F}{150 \, \Omega} = 333 \, pF.$$

Den Wert von R_E' mit einzuplanen ist sinnvoll im Hinblick auf geringe Verzerrungen (Oberwellenanteil). Der Kondensator C_E' muß nicht in jedem Fall eingebaut sein.

Der Emitterkondensator C_E ist so zu errechnen, daß sein kapazitiver Widerstand für die untere gewünschte Grenzfrequenz den 5...10fachen Wert von R_E annimmt. Also wird bei einer gewählten unteren Grenzfrequenz von 20 Hz wie folgt errechnet.

$$C_E = \frac{10}{2 \cdot \pi \cdot 20 \, Hz \cdot 850 \, \Omega} = 10 \cdot 9{,}36 \, \mu F \approx 100 \, \mu F.$$

Wird der Verstärker als Gleichspannungsverstärker ausgelegt, muß der Kondensator C_E entfallen. Es ist lediglich mit dem Wert von C_E' zu rechnen und für dessen Ermittlung die Summe von $R_E' + R_E$ zu benutzen. Die Verstärkung ist mit guter Annäherung

$$V_u \approx \frac{R_C}{R_E'} = \frac{2{,}5 \, k\Omega}{150 \, \Omega} = 16{,}6 \, \text{fach},$$

als Gleichspannungsverstärker nach dem vorher Gesagten

jedoch nur $V_u \approx \dfrac{2{,}5 \, k\Omega}{1 \, k\Omega} \approx 2{,}5 \, \text{fach}.$

Hier sind Überlegungen anzustellen, um die Größe von R_E niedrig zu halten.

Der Basisteiler wird so errechnet, daß $I_T \approx 15...20 \cdot I_B$ ist. Bei $I_B = 10\,\mu A$ wird $I_T \approx 150\,\mu A$. Die Spannung U_{R1} ist $U_B - (U_E + U_{BE})$, also $U_{R1} = 10\,V - (1,5\,V + 0,6\,V) = 7,9\,V$ So wird dann

$$R_1 = \frac{U_{R1}}{I_T} = \frac{7,9\,V}{150\,\mu A} = 52,6\,k\Omega \text{ und}$$

$$R_2 = \frac{10\,V - 7,9\,V}{150\,\mu A} = 14\,k\Omega.$$

Abschließend kann das Potentiometer P benutzt werden, um als Teil von R_2 Bauteiletoleranzen auszugleichen. Sinnvoll ist es, mit P die gewünschte Spannung U_E bzw. U_{RC} einzustellen.

Über den richtigen Wert von C_K ist – siehe Abb. 2.2-2 bereits die Erklärung gegeben. Weitergehende Berechnungen von Transistorverstärkern sind dem ,,Werkbuch Elektronik" zu entnehmen.

Die Oszillogramme der folgenden *Abb. 2.6.5-2a...c* geben das Verhalten einer Transistorstufe bei falscher Dimensionierung wieder.

Abb. 2.6.5-2a: Hier ist die Spannung $U_E \sim$ oder aber R_C (s.a. Abb. 2.6.5-1) zu groß gewählt. Es tritt eine symmetrische Begrenzung der Spannung U_A auf. Die Aussage der symmetrischen Begrenzung des sinusförmigen Steuersignals läßt immer auf einen richtig gewählten Arbeitspunkt schließen.

Abb. 2.6.5-2b: Hier ist eine unsymmetrische Verzerrung festzustellen. Der Grund ist darin zu suchen, daß die Spannung U_{RC} – s.a. Abb. 2.6.5-1 – zu groß gewählt wurde, also $U_{CE} < U_{RC}$ ist. In den meisten Fällen ist ein zu großer Arbeitswiderstand R_C die Ursache. Das untere Oszillogramm in Abb. 2.6.5-2b stellt den Oberwellengehalt mit K = 30 % dar.

Abb. 2.6.5-2c: Daß bei einer sinusförmigen Eingangsspannung lediglich Spannungen U_A – mit positiven Halbwellen

Abb. 2.6.5-2a
Symmetrische Begren-
zung des Ausgangssig-
nals durch Übersteue-
rung bei richtig gewähl-
tem Arbeitspunkt

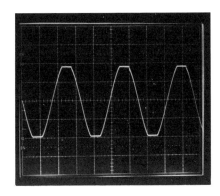

Abb. 2.6.5-2b
Unsymmetrische Be-
grenzung durch fal-
sche Dimensionierung.
Die untere Kurve zeigt
den Oberwellenanteil
mit K = 30 %

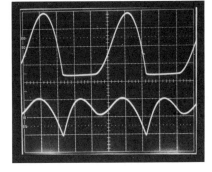

Abb. 2.6.5-2c
Völlig übersteuerter
Verstärker (obere
Kurve); unten die
Eingangsspannung,
jedoch in falschem
Maßstab

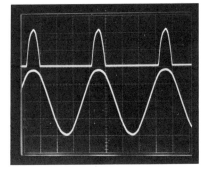

auftreten, erfolgt bei völliger Übersteuerung. In einer abgewandelten Schaltung von Abb. 2.6.5-1 wird davon Gebrauch gemacht, wenn in der Hf-Stufe Frequenzverdoppler oder Vervielfacher-Stufen aufgebaut werden. Die Schaltimpulse enthalten eine Vielzahl von Oberwellen, wodurch anstelle von R_C ein Schwingkreis als Arbeitswiderstand auf die entsprechende Frequenz abgestimmt werden kann.

2.6.6 Festlegung der Grenzfrequenzen und ihre Bedeutung

Für die Festlegung der obersten Arbeitsfrequenz eines Transistors sind verschiedene Darstellungen üblich. Am häufigsten ist der Begriff Grenzfrequenz anzutreffen.

Bei höheren Frequenzen macht sich besonders die Kollektorbasiskapazität C_{CB} störend bemerkbar. Dadurch entsteht eine Spannungsgegenkopplung, die eine Verstärkungsveränderung verursacht. Diese Gegenkopplung wird besonders stark bei der Emitterschaltung, weniger wirksam bei der Basisschaltung. Aus diesem Grunde liegt die Grenzfrequenz für den gleichen Transistor in Basisschaltung höher. Ein geringer Einfluß auf die Größe der Kapazität C_{CB} ist noch durch den Wert der Kollektorkapazität gegeben. Bei höherer Spannung U_{CE} sinkt der Wert C_{CB} infolge Verbreiterung der PN-Grenzschicht. Bei Nf-Transistoren sind Werte von $C_{CB} \approx 2...5$ pF üblich. Hf-Transistoren weisen demgegenüber Kollektor-Basiskapazitäten von nur $\approx 0,1... 1$ pF auf. Es ist weiter zu berücksichtigen:
dynamische Eingangskapazität $C_{BE} \approx C_{BC} \cdot V_u$ (Millereffekt).

Hier bedeuten: C_{BE} = wirksame Kapazität zwischen Basis und Emitter; C_{BC} = Kollektorbasiskapazität; V_u = eingestellte Stufenverstärkung. Im allgemeinen sind derartige Probleme bei Frequenzen bis ca. 100 kHz noch nicht feststellbar. Das gilt für Nf- und natürlich auch für Hf-Transistoren. Oberhalb von 100 kHz werden sinnvoll Hf-Transistoren eingesetzt, auch wenn die Stromverstärkung B − praktische Werte 25...100 − teilweise erheblich geringer ist als die von Nf-Transistoren. Folgende Frequenzgrenzen sollen nach *Abb. 2.6.6-1* be-

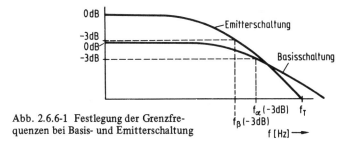

Abb. 2.6.6-1 Festlegung der Grenzfre-
quenzen bei Basis- und Emitterschaltung

trachtet werden, wobei — trotz kleinerer Gesamtverstärkung —
der relativ geringe Abfall der f_β- und f_α-Werte bei der Basisschaltung beachtet werden soll.

- Grenzfrequenz f_α (Emitterschaltung). Es ist die Frequenz,
  bei der die Stromverstärkung auf -3 dB, also auf das
  0,707fache gegenüber der Verstärkung bei tiefen Frequenzen — typisch 1 kHz — abgesunken ist.

- Grenzfrequenz f_α (Basisschaltung). Ähnlich der Beta-
  Grenzfrequenz wird auch dieser Wert für den Stromver-
  stärkungsrückgang um -3 dB herangezogen.

- Transitfrequenz f_T. Dieser in Datenblättern angegebene
  Wert wird auch mit Beta-Eins-Frequenz f'_β bezeichnet.
  Bei dieser Frequenz ist die Stromverstärkung auf den
  Wert 1 abgesunken.

- Grenzfrequenz f_β' (Emitterschaltung), auch Beta-Eins-
  Frequenz genannt. Es ist die Frequenz, bei der die Kurz-
  schlußstromverstärkung auf den Wert Eins (1) abgesunken
  ist. Typische Werte von Hf-Transistoren liegen bei 300 MHz.
  Sondertypen (BFY 90) erreichen Werte bis 2 GHz und
  darüber. Allen gemeinsam ist das Problem, daß bei Transistoren höherer Grenzfrequenz diese automatisch auch eine
  kleinere Stromverstärkung B aufweisen.

169

- Maximale Schwingfrequenz f_{max}. Hierfür ist Leistungsanpassung am Ausgang und Eingang Voraussetzung. Es ist dann der Wert, bei dem die Leistungsverstärkung den Wert 1 angenommen hat.

2.6.7 Neutralisation

Besonders bei Transistoren in Emitterschaltungen ist eine Neutralisation oft unumgänglich, um eine optimale Spannungsverstärkung zu erreichen. Dadurch werden ebenfalls die Hf-Eigenschaften insofern verbessert, als daß eine durch Phasendrehung mögliche Schwingneigung der auf die Basis rückgeführten Kollektorwechselspannung vermieden wird. Sinn der Neutralisation ist es, in einer durch Kondensatoren und/oder Induktivitäten gebildeten Brückenschaltung die durch die Kollektorbasiskapazität C_{CB} hervorgerufene Spannungsrückführung auf die Basis zu kompensieren. Dazu gibt es verschiedene Schaltungsmöglichkeiten hinsichtlich der rückgeführten Spannung zur Kompensation. Allen gemein ist jedoch die Grundschaltung nach *Abb. 2.6.7-1*.

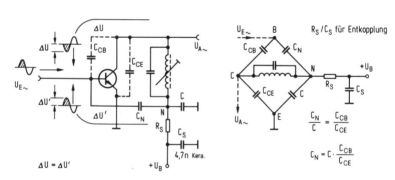

Abb. 2.6.7-1 Neutralisation bei der Emitterschaltung

Dazu ein Beispiel. Die Rückwirkungskapazität C_{CB} soll einmal 0,5 pF klein sein. Ferner der Wert von C_{CE} = 15 pF und der Kondensator C = 1 nF. Dann wird

$$C_N = 1 \cdot 10^{-9} \cdot \frac{0,5 \cdot 10^{-12}}{15 \cdot 10^{-12}} = 0,033 \cdot 10^{-9} = 33 \text{ pF}$$

2.7 Feldeffekttransistoren

Dem aufmerksamen Leser wird es nicht entgangen sein, daß ich bei der Betrachtung des bipolaren Transistors verstärkt auf Probleme der Hf-Technik eingegangen bin. Das findet seinen Grund darin, daß das, was für die Hf-Technik gilt, sich recht problemlos in der Nf-Technik gestaltet. Das wollen wir bei den Feldeffekttransistoren — den unipolaren Transistoren — auch so halten. Des weiteren möchte ich mich bei den FETs auf bestimmte Typen im positiven Sinne beschränken. Es wird sich um FETs handeln, die bevorzugt Verwendung finden. Zunächst einmal ist zwischen den relativ unempfindlichen Sperrschichtgate- FETs (junction- field- effect- semiconduktor) und den recht empfindlichen Isolierschichtgate — MOS — FETs (metal-oxid-semiconduktor) zu unterscheiden. Außerdem sind Unterscheidungen in selbstsperrenden und selbstleitenden Typen zu treffen. Das soll jetzt gezeigt werden.

2.7.1 Unterscheidungsmerkmale bei FETs

Zunächst unterscheiden wir zwischen dem N-Kanal- und P-Kanal—FET. Wie bei den bipolaren Transistoren (NPN- und PNP-Typen) wird der N-Kanal-FET mit positiver Betriebsspannung und der P-Kanal-FET mit negativer Betriebsspannung betrieben. In irreführender Weise wird die Pfeilrichtung im Schaltungssymbol oft unterschiedlich dargestellt. Wir halten folgendes fest: Ein Pfeil „in den Transistor" kennzeichnet den N-Kanal-FET mit positiver Betriebsspannung. Ein Pfeil aus dem FET-Symbol kennzeichnet den P-Kanal-Typ.

In *Abb. 2.7.1-1* sind die drei FET-Typen in N-Kanal-Ausführung gezeigt. Ich bin ehrlich genug zu sagen, daß sich ein P-Kanal-Typ in meiner Praxis noch nicht vorgestellt hat. Für die Anschlüsse werden folgende Bezeichnungen festgelegt: G = Gate, S = Source, D = Drain, B = Bulk oder Sub = Substrat (nur bei MOS-Typen). Um die Einführung etwas verständlicher zu machen, sei auf ein Analogon hingewiesen: Gate $\approx$ Basis, Source $\approx$ Emitter, Drain $\approx$ Kollektor.

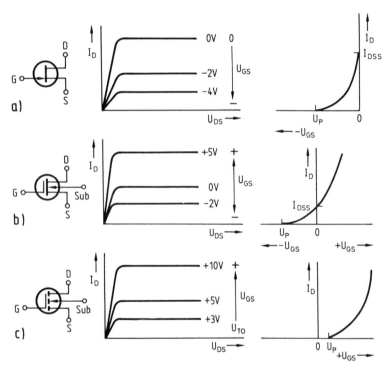

Abb. 2.7.1-1 Schaltsymbole für FET-Typen mit den typischen Kennlinienfeldern; a) selbstleitender N-Kanal-Sperrschicht-FET; b) selbstleitender N-Kanal-MOS-FET (Verarmungstyp); c) selbstsperrender N-Kanal-MOSFET (Anreicherungstyp)

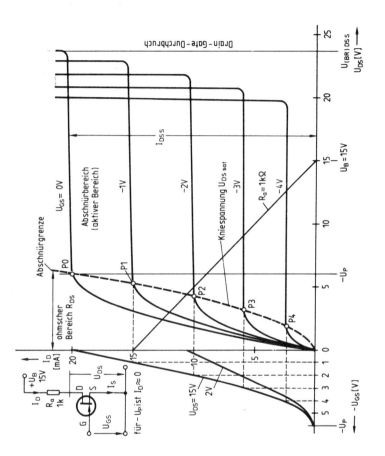

Abb. 2.7.1-2 Kennlinienfeld mit Angabe der typischen Arbeitsbereiche für FETs; die Punkte P0...P4 geben den Beginn der Sättigung an

Ein weiteres Kennlinienfeld in *Abb. 2.7.1-2* soll die
typischen Arbeitsbereiche zeigen. Um das Kennlinienfeld des
Sperrschicht-FET aus der Praxis besser zu zeigen, soll nun die
Aufnahme mit dem Kennlinienschreiber *Abb. 2.7.1-3a* und *b*
folgen. Die Kennlinie der Abb. 2.7.1-3a zeigt das Ausgangskennlinienfeld des FET BF 256. Für den Drainstrom sind
1 mA pro Teil und für die Spannung U_{GS} Schritte im
0,5 V-Abstand —beginnend bei −3 V — eingestellt. Die

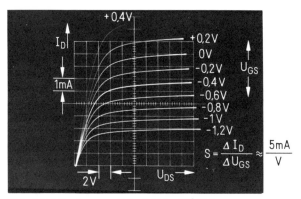

Abb. 2.7.1-3a Ausgangslinienfeld des BF 256

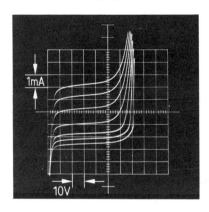

Abb. 2.7.1-3b
Der Durchbruch im
Bereich von U_{DS} > 50 V

174

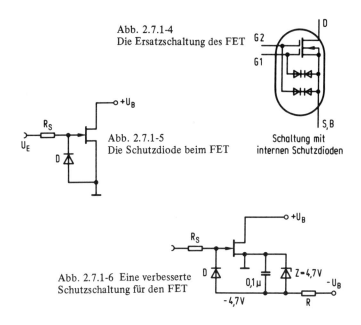

Abb. 2.7.1-4
Die Ersatzschaltung des FET

Abb. 2.7.1-5
Die Schutzdiode beim FET

Schaltung mit
internen Schutzdioden

Abb. 2.7.1-6 Eine verbesserte
Schutzschaltung für den FET

Abb. 2.7.1-3b zeigt den Durchbruch im Gebiet von $U_{DS} > 50$ Volt. Verständlicherweise wird dieser Grenzbetrieb vermieden.

Der Sperrschicht-FET kann in einer Ersatzschaltung auch mit Gatediode nach *Abb. 2.7.1-4* vorgestellt werden. Diese Diode D_{GD} beginnt zu leiten, wenn das Potential am Gate 0,5 V positiver als das Drainpotential wird. Mit einem in der Gateleitung eingeführten Schutzwiderstand R_S ist es dann möglich, dadurch einen Gateschutz über die niederohmig leitende Diode zu erhalten. Um in umgekehrter Richtung einen gleichen Schutz zu erzielen, muß eine (zweite) Diode eingebaut werden. Das zeigt die *Abb. 2.7.1-5*. Diese Diode D wird leitend, sobald die Spannung $U_{GS} < 0,5$ V wird. Da im allgemeinen jedoch auch Steuerspannungen $> -0,5$ V am Gate herangezogen werden, findet man in der Praxis entweder mehrere Dio-

den D in Reihe geschaltet, oder nach Abb. 2.7.1-6 die Schutzdiode auf ein festes negatives Potential abgestützt.

Nun noch eine Erklärung zum selbstleitenden oder selbstsperrenden Transistor. Das läßt sich – siehe Abb. 2.7.1-1 –
leicht verstehen. Selbstleitende FETs (depletion) sind solche,
die bei U_{GS} = 0 einen Strom I_D hervorrufen. Andererseits
sind selbstsperrende (enhancement) Transistoren Typen, bei
denen I_D = 0 ist, wenn U_{GS} = 0 wird.

2.7.2 Wichtige Kenngrößen bei Feldeffekttransistoren

Eingangswiderstand (statisch)

Gegenüber den bipolaren Transistoren ist der statische Eingangswiderstand bei Feldeffekttransistoren sehr hochohmig.

Es werden folgende Werte erreicht:

Sperrschicht-FET $R_E > 10^9$ Ω, Leckströme < 25 pA
$(10^{-12}$ A),
MOSFET $R_e > 10^{13}$ Ω, Leckströme $< 0,1$ pA

Eingangswiderstand (dynamisch)

Der dynamische Eingangswiderstand wird im Wesentlichen
durch die Eingangskapazität des Gate bestimmt. Besonders
bei hohen Frequenzen weisen FET's ein fast reines kapazitives
Eingangsverhalten auf.

176

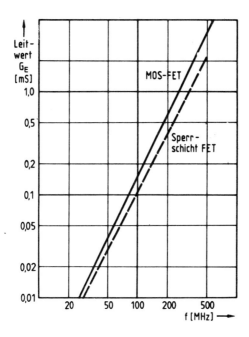

Abb. 2.7.2-1 Der Leitwert bei FETs ist frequenzabhängig.
Den Zusammenhang zeigt das Diagramm.

Ausgangswiderstand

Auch hier ist die Unterscheidung des Wertes bei Niederfrequenz und dem Wert bei Hf-Anwendung zu finden. Nach *Abb. 2.7.2-2* ist der Ausgangswiderstand (MOSFET BFR 29)

$$R_a = \frac{\Delta U_{DS}}{\Delta I_D} \approx 5 \text{ k}\Omega.$$

177

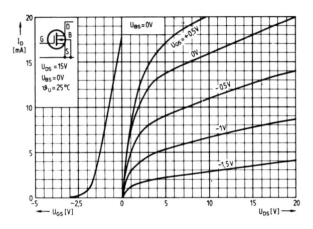

Abb. 2.7.2-2 Kennlinienfeld für einen MOSFET mit konstantem $U_{BS} = 0$

je nach eingestelltem Arbeitspunkt. Praktische Werte liegen abhängig vom Typ und von I_D zwischen 1 kΩ bis maximal 100 kΩ. Bei Hf-Anwendungen sinkt der Wert stark ab. Praktische Werte liegen – typenabhängig – für

1 MHz $\approx$ 10 ... $>$ 30 kΩ.
200 MHz $\approx$ 1,5 ... 2,5 kΩ.

Steuerung durch den Substratanschluß

Der Substratanschluß (B = Bulk) wird im Normalfall bei einem MOSFET an Masse gelegt. Daraus ergibt sich die bereits in Abb. 2.7.2-2 vorgestellte I_D/-U_{GS}-Kennlinie. Durch eine zusätzliche Steuerung nach *Abb. 2.7.2-3* kann die Steuerkennlinie beeinflußt werden. Durch Ändern ihrer Steilheit ergeben sich entsprechend größere oder kleinere Verstärkungswerte des Transistors. Der Anschluß Sub (B) kann

178

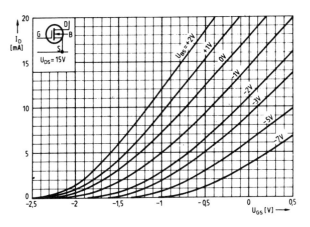

Abb. 2.7.2-3 Steuerkennlinien eines MOSFET bei unterschiedlichen
Spannungen am Anschluß B bzw. Substrat

z.B. für eine Mischschaltung herangezogen werden. Um die
beiden Kurven aus den Abb. 2.7.2-2 und Abb. 2.7.2-3 noch
einmal zu verdeutlichen, ist es sinnvoll, die Kennlinie für
U_{BS} = 0 V in Abb. 2.7.2-3 zu betrachten. Diese ist identisch
mit der Kennlinie Abb. 2.7.2-2.

Bei der Benutzung des Substrates als Steuerelektrode
ergibt sich einerseits eine gute Entkopplung zum Gate, andererseits weist der Substratanschluß jedoch Eingangseigenschaf-
ten auf wie das Gate beim Sperrschicht-FET. Das bedeutet,
daß einmal der Eingangswiderstand niedriger als der des Gate
ist. Weiter darf der Substratanschluß nicht in Durchlaßrichtung
(> 0,5 V) gegenüber dem Sourceanschluß betrieben werden.

Dual-Gate-FET

Feldeffekttransistoren in MOS-Technik nach *Abb. 2.7.2-4a*
werden auch als MOSFET-Tetroden bezeichnet. Hier gibt es
drei wesentliche Anwendungsmöglichkeiten.

Abb. 2.7.2-4a Schaltsymbol für
einen Dual-Gate-FET

allgemeines Symbol

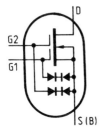

Abb. 2.7.2-4b
Dual-Gate-FET mit
antiseriellen Schutzdioden

1. Festlegung des G2-Potentials (Kondensator nach Masse).
   Dadurch ergibt sich eine sehr gute kapazitive Trennung
   zwischen Eingangskreis (G1) und Ausgangskreis.

2. Ähnlich wie im ersten Fall kann das Potential G2 geändert
   werden. Dadurch verschiebt sich die Kennliniensteilheit;
   es kann so auf einfache Weise die Verstärkung geregelt
   werden.

3. Der Anschluß G2 wird mit einem zusätzlichen Steuersignal
   beaufschlagt, so z.B. bei einer Mischstufe. Recht einfach
   kann so ein Produktdetektor für SSB-Empfang aufgebaut
   werden. Modulationsschaltungen und viele weitere Steuer-
   aufgaben lassen sich mit dem Dual-Gate-MOSFET lösen.

Derartige MOSFET-Tetroden besitzen oft Dioden in Anti-
serien-Schaltung (gate-oxide-protection-diode) von je einem
Gate zum Sourceanschluß (Abb. 2.7.2-4b). Dadurch wird eine
wirksame Eingangsschutzschaltung geschaffen, die jedoch die
bekannten MOS-Vorsichtsmaßnahmen nicht völlig überflüssig
machen. Derartige Dioden weisen in der Regel einen Z-Knick
bei ca. 10 V auf, so daß in beiden Richtungen — gegen Source-

potential — ein maximaler Spannungshub von etwa ± 10,6 V
möglich ist.

Anhand der Versuchsschaltung in *Abb. 2.7.2-5* können
einige Kennlinien erläutert werden. In *Abb. 2.7.2-6a* wird die

Abb. 2.7.2-5
Versuchsaufbau zur
Aufnahme der Kenn-
linien eines Dual-Gate-FETs

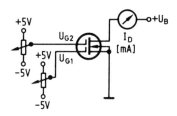

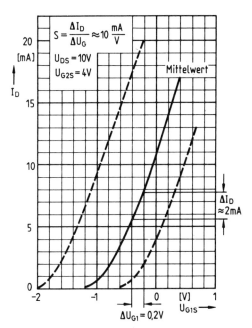

Abb. 2.7.2-6a Steuerkennlinie eines Dual-Gate-FETs bei einer
konstanten Gatespannung

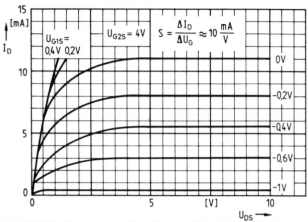

Abb. 2.7.2-6b Ausgangskennlinien für einen Dual-Gate-FET mit einer konstanten Gatespannung

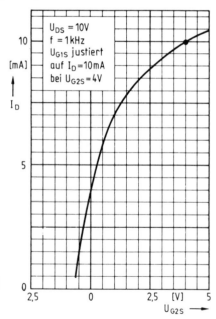

Abb. 2.7.2-6c
Steuerwirkung von G2
bei konstantem G1

Abhängigkeit der Steuerkennlinie U_{G1}/I_D gezeigt. Dafür ist U_{G2S} konstant gleich 4 V. Mit gleichen Daten wurde die Ausgangskennlinie aufgenommen, die in *Abb. 2.7.2-6b* dargestellt ist. Aus der sehr geringen Steigung resultiert im Gebiet > 5 V U_{DS} ein hoher Ausgangswiderstand. *Abb. 2.7.2-6c* erklärt die Steuerwirkung von Gate 2 mit U_{G1S} = konstant. Schließlich zeigt *Abb. 2.7.2-6d* die Änderung der Vorwärtssteilheit in Abhängigkeit der Spannung an Gate 2. Wir werden noch feststellen, daß der Begriff der Steilheit S [mA/V] einer von zwei Faktoren für die Größe der Verstärkung ist.

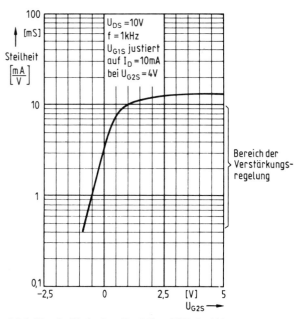

Abb. 2.7.2-6d   Steilheit eines Dual-Gate-FETs in Abhängigkeit der Spannung an G2

Arbeitspunkt – Rauschen

Die Wahl des Arbeitspunktes ist mit abhängig von dem zu erwartenden Rauschen. Deshalb soll zunächst in *Abb. 2.7.2-7* gezeigt werden, daß die Rauschzahl F ab einer bestimmten Größe des Drainstromes ein Minimum beibehält. Aus diesem Grunde ist es sinnvoll, den Arbeitspunkt so zu legen, daß Drainströme > 1 mA eingestellt werden. Da MOSFETs erheblich größere Rauschwerte als die von Sperrschicht-FETs aufweisen – das besonders im Gebiet bis 100 kHz – werden letztere vorwiegend bei Gleichstrom und in Nf-Verstärkern eingesetzt, während MOSFETs überwiegend in der Hf-Technik Anwendung finden. Die Begründung liegt hier in den geringen Rückwirkungskapazitäten sowie der guten Signaltrennung bei der MOSFET-Tetrode gegenüber Drain und dem Gate 1, wenn Gate 2 an Masse liegt.

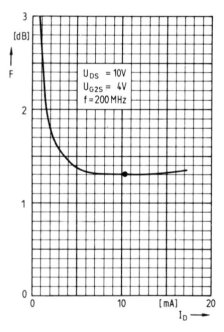

Abb. 2.7.2-7
Abhängigkeit der
Rauschzahl F
vom Drainstrom

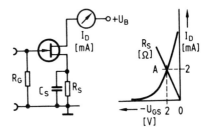

Abb. 2.7.2-8
Ermittlung der Gate-
vorspannung anhand
des gewählten Ar-
beitspunktes der
Schaltung

Gatevorspannungsgewinnung – selbstleitende FETs

Zunächst soll die Ermittlung der Gatevorspannung für selbstleitende FETs gezeigt werden. Nach der Kurve in *Abb. 2.7.2-8*
muß der Arbeitspunkt A festliegen. Aus den daraus resultierenden Werten – U_{GS} und I_D errechnet sich der Sourcewider-
stand R_S zu

$$R_S = \frac{U_{GS}}{I_D}$$

Beispiel: Ist $U_{GS} = -2$ V und $I_D = 2$ mA, so wird

$$R_S = \frac{2\text{ V}}{2\text{ mA}} = 1\text{ k}\Omega \text{ groß.}$$

Der Widerstand R_S für eine automatische Gatevorspannungsgewinnung besitzt gleichzeitig eine stabilisierende Wirkung
ähnlich dem Emitterwiderstand beim bipolaren Transistor.
Würde – z.B. aus thermischen Gründen – der Strom I_D ansteigen, so erhöht sich gleichzeitig U_{GS} aus $I_D \cdot R_S = U_{GS}$.
Das führt zu einem kleinen Wert von I_D. Für den Kondensator
C_S in Abb. 2.7.2-8 gilt, daß sein Wechselstromwiderstand
$1/\omega C$ um den 5...10fachen Wert kleiner sein soll als R_S. Das
gilt für f_u als unterste zu übertragende Grenzfrequenz.

Beispiel: Ist $f_u = 50$ Hz und $R_S = 1$ kΩ, so wird mit

$$C_S \approx \frac{(5...10)}{2 \cdot \pi \cdot f_u \cdot R_S}$$

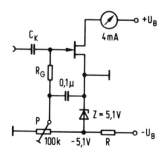

Abb. 2.7.2-9 Gatevorspannung
über den Gatewiderstand R_G

$$C_S \approx \frac{(5...10)}{2 \cdot \pi \cdot 50 \cdot 1 \cdot 10^3} = 31 \; \mu\text{F (für 10fachen Wert).}$$

Nach *Abb. 2.7.2-9* kann die Gatevorspannung auch direkt
über den Gatewideratnd R_G zugeführt werden. Das Potentiometer P erhält eine stabilisierte, negative Betriebsspannung
und wird auf das gewünschte Gatepotential – z.B. – 4 V –
eingestellt. Nachteilig an dieser Schaltung ist einmal, daß die
stabilisierende Wirkung des Sourcewiderstandes R_S entfällt
und zum anderen das Gate – da es hier gegen Masse das
Potential von – 4 V führt – mit einem Koppelkondensator
C_K an das Steuersignal angeschlossen werden muß. Da R_G
jedoch groß ist, praktische Werte liegen zwischen 1 MΩ...100 MΩ,
kann C_K recht klein gewählt werden. Es gilt auch hier die oben
angeführte Gleichung, so daß sich folgender Wert ergibt, mit
f_u = 50 Hz und R_G = 10 MΩ:

$$C_K = \frac{10}{2 \cdot \pi \cdot f_u \cdot R_G} = \frac{10}{2 \cdot \pi \cdot 50 \cdot 10 \cdot 10^6} = 3,18 \; \text{nF}$$

Selbstsperrende FETs – Gatevorspannung

Bei selbstsperrenden FETs kann mit einer Kombination von
Abb. 2.7.2-8 und Abb. 2.7.2-9 insofern gearbeitet werden, daß
nach *Abb. 2.7.2-10* zunächst gemäß der Kennlinie in

186

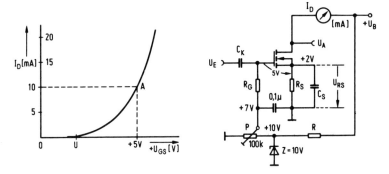

Abb. 2.7.2-10 Ermittlung der Gatevorspannung aus der Kennlinie für selbstsperrende FETs

Abb. 2.7.1-1 die Spannung am Gate mit dem Potentiometer entsprechend größer als U_P eingestellt werden. Also z.B. auf $U_{GS} = + 5$ V für $I_D = 10$ mA. Das gilt für $R_S = 0$ Ω. Soll jetzt die stabilisierende Wirkung von R_S eingesetzt werden, so wählt man $U_{RS} > 1$ V < 3 V. Nehmen wir $U_{RS} = 2$ V, so wird zunächst

$$R_S = \frac{U_{RS}}{I_D} = \frac{2 \text{ V}}{10 \text{ mA}} = 200 \ \Omega.$$

Andererseits muß dann die Spannung am Potentiometer um den Betrag von 2 V vergrößert, also auf 5 V + 2 V = 7 V eingestellt werden. Müssen wir nach *Abb. 2.7.2-10* auf den Kondensator C_K aus schaltungstechnischen Gesichtspunkten (galvanische Kopplung) verzichten, so muß mit einer zusätzlichen negativen Betriebsspannung $-U_B$ gearbeitet werden, die dem unteren Punkt des Sourcewiderstandes zugeführt wird *(Abb. 2.7.2-11)*. Da die Spannungsquelle niederohmig sein muß, sind Zenerdioden höherer Leistung erforderlich.

187

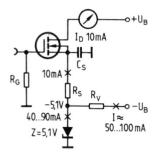

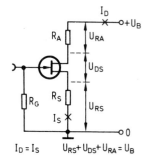

Abb. 2.7.2-11 Möglichkeit zur Gewinnung der Gatevorspannung bei galvanischer Kopplung der FET-Stufe

Abb. 2.7.2-12
Spannungsaufteilung an einer FET-Verstärkerstufe

Arbeitswiderstand R_D (Drainwiderstand)

Der Arbeitswiderstand eines FETs ist nach *Abb. 2.7.2-12* nach gleichen Gesichtspunkten festzulegen wie der Arbeitswiderstand R_A des bipolaren Transistors. Ich möchte hier jedoch auf einen besonderen Umstand hinweisen. Nach *Abb. 2.7.2-13* ist zu erkennen, daß das Sättigungsgebiet – siehe auch Abb. 2.7.1-2 – weit in den Spannungsbereich U_{DS} hineinreicht. Aus diesem Grunde ist es unerläßlich, im Hinblick auf maximale Verzerrungsfreiheit für den FET eine U_{DS}-Restspannung – je nach Aussteuerbereich – zwischen 2...5 V zu berücksichtigen. Bei bipolaren Transistoren sind nur ca. 0,5 V erforderlich.

Die Größe des Arbeitswiderstandes R_A wird durch drei Faktoren bestimmt: durch die obere Grenzfrequenz, die gewünschte Verstärkung und die Speisespannung. Konstruktion und Beachtung der Verlusthyperbel ist dem Kapitel der bipolaren Transistoren (Abb. 2.6.3-5) zu entnehmen. Wenn

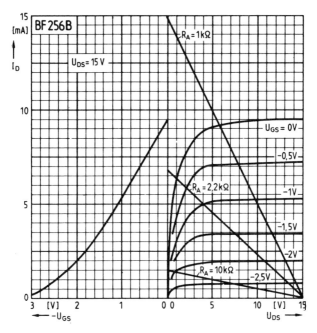

Abb. 2.7.2-13 Festlegung des Arbeitswiderstandes anhand des Ausgangs-Kennlinienfeldes

auch die Leistungsgrenze bei Kleinsignal-FETs selten schaltungstechnisch überschritten wird, so hängen die Fragen nach der oberen Grenzfrequenz, Größe des Arbeitswiderstandes und der zur Verfügung stehenden Betriebsspannung zusammen. Da diese drei Parameter in der Wahl unabhängig voneinander sind, kann man R_A z.B. von der oberen Grenzfrequenz her bestimmen. Dann ist mit C_S der gesamten Kapazität im Ausgangskreis

$$R_A \approx \frac{1}{2 \cdot \pi \cdot f_o \cdot C_S}$$

Aus dem Wert von R_A und dem gewählten I_D ergibt sich U_{RA}. Die Spannung U_{RA} setzt die Größe der Betriebsspannung fest, wenn ein hoher Aussteuerbereich erzielt werden soll. Dabei darf U_B für $I_D = 0$ den Maximalwert von U_{DS} (Datenangabe des Herstellers) nicht überschreiten. Diese Fragen sind im Zusammenhang mit der Abb. 2.7.2-12 und 13 zu diskutieren.

Beispiel: $f_0 = 2,5$ MHz, $C_S = 30$ pF, $U_B = 15$ V. Damit wird

$$R_A = \frac{1}{2 \cdot \pi \cdot f_0 \cdot C_S} = \frac{1}{2 \cdot \pi \cdot 2,5 \cdot 10^6 \text{ Hz} \cdot 30 \cdot 10^{-12} \text{ F}}$$

$$= 2,12 \text{ k}\Omega.$$

Als nächstliegender Normwert wird gewählt $R_A = 2,2$ kΩ. Daraus resultiert nach der Kennlinie ein Drainruhestrom von $\approx 2,5$ mA, wobei U_{DS} als Minimalwert mit etwa 4 V (Sättigungswert) gesichert wird. Aus der Kurve aus Abb. 2.7.2-13 geht weiter hervor, daß der Gateaussteuerbereich bei $U_{GS} \approx -1$ V aufhört, da kleinere Gatespannungen bereits zu Unlinearitäten der Ausgangsspannung für $R_A = 2,2$ kΩ führen. Mit der Forderung $U_{RS} = -U_{GS} = I_D \cdot R_S$ wird

$$R_S = \frac{U_{RS}}{I_D} = \frac{1,8 \text{ V}}{2,5 \text{ mA}} = 720 \ \Omega.$$

Hier ist hinzuzufügen, daß der Wert von $-1,8$ V $= U_{GS}$ der Kennlinie Abb. 2.7.2-13 entnommen wird mit der Vorgabe $I_D \approx 2,5$ mA. Weiter wird nach Abb. 2.7.2-12 jetzt

$$U_{RA} = I_D \cdot R_A = 2,5 \text{ mA} \cdot 2,2 \text{ k}\Omega = 5,5 \text{ V}.$$

Da $U_{RS} \approx 1,8$ V und $U_{DS} \approx 4$ V sind (Minimum), wird die Ruhespannung $U_{DS} + U_{RS}$ bei ≈ 10 V eingestellt. Damit ist bei $U_B = 15$ V ein entsprechend großer Spannungshub vorhanden. In der Praxis ist davon auszugehen, daß R_S als Potentiometer regelbar gemacht wird. Dann stellt man die optimalen

Betriebsbedingungen z.B. mit einem Oszillografen auf minimale Verzerrungen ein und setzt den ausgemessenen Potentiometerwert als Festwiderstand R_S ein.

Verstärkung (Sourceschaltung)

In dem angeführten Beispiel nach Abb. 2.7.2-12 ist die Spannungsverstärkung

$$V_u \approx \frac{R_A}{R_S}$$

Das setzt voraus, daß R_S nicht durch einen Kondensator überbrückt ist. In unserem Beispiel wird dann

$$V_u = \frac{2,12 \text{ k}\Omega}{720 \ \Omega} = 2,94.$$

Entsprechend größer wird die Spannungsverstärkung, wenn das Verhältnis von R_A zu R_S geändert wird, und aufgrund der oberen Grenzfrequenz ein höherer Wert für R_A bei kleinem I_D gewählt werden kann. Liegt parallel zu dem Widerstand R_S ein Kondensator, wird mit dem Begriff der „Vorwärtssteilheit" oder „Arbeitssteilheit" des FET gerechnet. Dieser Wert — ähnlich dem Begriff der Steilheit bei Röhrenpentoden — liegt bei FETs zwischen wenigen mA pro Volt bis zu 20 mA pro Volt. Die höheren Steilheitswerte werden dabei von MOSFETs erreicht. In Abb. 2.7.2-6a ist die Bestimmung der Steilheit mit eingezeichnet als

$$S = \frac{\Delta I_D}{\Delta U_G} \ .$$

Es ist mit der Steilheit S die Spannungsverstärkung $V \approx S \cdot R_A$.

Für genauere Betrachtungen ist zu überlegen, ob der dynamische Außenwiderstand R_a des FET in die Größenordnung von R_A fällt. In diesem Falle wird dann

$$V_u = S \cdot \frac{R_a \cdot R_A}{R_a + R_A} \ .$$

Der Wert für die Steilheit eines Transistors kann den Datenangaben des Herstellers oder aus der Kennlinie $U_{GS} = f(I_D)$
entnommen werden. Die Größe der Steilheit ist auch nach
folgender Gleichung zu ermitteln, die zur Steigung der oben
erwähnten Kennlinie führt. Der Wert S errechnet sich dann wie
folgt:

$$S = \frac{2}{U_P} \sqrt{I_D \cdot I_{D_{SS}}}$$

Darin bedeuten: U_P = (Pinch-off-voltage), siehe Kenndaten des
FET und Kurve der Abb. 2.7.1-2, I_{DSS} = Kurzschlußstrom
I_D für $U_{GS} = 0$ (maximaler FET-Strom), I_D = Drainarbeits-
strom.

Die Steilheit kann − für allgemeine Fälle − auch aus der
Abb. 2.7.1-3a, 2.7.2-6b, 2.7.2-13 u.a. mit hinreichender Ge-
nauigkeit aus zwei Kennlinien mit U_{GS} als Parameter und den
Differenzwerten des zugehörigen Drainstromes ermittelt
werden.

Beispiel: Mit der Kennlinie Abb. 2.7.2-13 ist $I_{DSS} \approx 9,5$ mA,
$U_P \approx -4$ V (< -3 V), sowie $I_D = 2,5$ mA. Somit wird

$$S = \frac{2}{4} \sqrt{9,5 \text{ mA} \cdot 2,5 \text{ mA}} = 2,44 \frac{\text{mA}}{\text{V}}$$

In dem Fall wird die Verstärkung bei überbrücktem Widerstand

R_S mit C_S dann $V_U \approx S \cdot R_A \approx 2,44 \frac{\text{mA}}{\text{V}} \cdot 2,12 \text{ k}\Omega = 5,17 \text{ fach.}$

Sind uns die Transistordaten S und I_D (Arbeitsstrom für S)
bekannt, und soll mit geändertem Wert I'_D gearbeitet werden,
so ist der neue Wert S' wie folgt zu ermitteln: $S' \approx I'_D \dfrac{S}{\sqrt{I_D}}$

Die *Abb. 2.7.2-14a* zeigt, daß die Abhängigkeit der Steilheit
vom Arbeitsstrom I_D gering ist. Sie ändert sich − wie oben
gezeigt − etwa linear mit der Gatespannung *(Abb. 2.7.2-14b)*
oder angenähert mit der Quadratwurzel des Drainstromes
(siehe obige Formel und auch Abb. 2.7.2-14a).

192

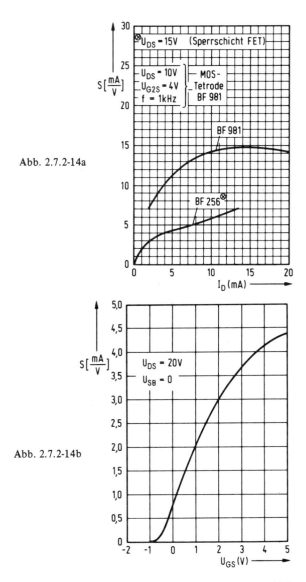

Abb. 2.7.2-14a

Abb. 2.7.2-14b

Source-Drain-Gateschaltung – Kaskadenschaltung

Die folgenden Schaltungen gelten für den selbstleitenden FET. Durch entsprechende Vorspannungszuführung sind diese ebenfalls für selbstsperrende Typen gültig. Das gilt auch für MOS-Transistoren.

Sourceschaltung

Die Sourceschaltung – ähnlich der Emitterschaltung – ist in *Abb. 2.7.2-15* gezeigt. Zwischen Eingangssignal U_E und Ausgangssignal U_A tritt eine Phasendrehung von 180° auf. Der Eingangswiderstand der Schaltung wird vorwiegend durch die Größe von R_G bestimmt. Der Außenwiderstand ergibt sich aus der Parallelschaltung von R_a und der Größe des dynamischen Ausgangswiderstandes im Arbeitspunkt

$$r_a = \frac{\Delta U_a}{\Delta I_b}$$

Über die Ermittlung der Verstärkung wurde schon geschrieben. Gemäß Abb. 2.7.1-3a darf der Wert von U_{DS} 4 V...5 V nicht unterschreiten. Das Frequenzverhalten der Sourceschaltung wird durch die Kapazität C_{DG} sowie durch die obere Grenzfrequenz des Transistors bestimmt.

Nach Abb. 2.6.7-1 ist es möglich, in Hf-Schaltungen die gegenkoppelnde Wirkung von C_{DG} zu kompensieren, wenn eingangs- und ausgangsseitig Schwingkreise benutzt werden.

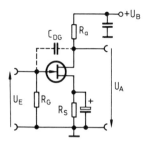

Abb. 2.7.2-15 Selbstleitender FET in Sourceschaltung

194

Diese Neutralisationsschaltung kann nur meßtechnisch optimiert werden. Die Größe von C_{DG} liegt bei ≈ 1 pF, die Eingangskapazität (Gate-Source) bei ≈ 4 pF.

Drainschaltung (Sourcefolger)

Diese Schaltung wird nach *Abb. 2.7.2-16* als Impedanzwandler benutzt. Der dynamische Ausgangswiderstand liegt je nach eingestelltem Arbeitspunkt zwischen 10 Ω und 200 Ω. Bei einer Schaltungsberechnung ist zu berücksichtigen, daß diese Größe parallel zu R_E liegt. Den dynamischen Ausgangswiderstand ermittelt man mit $r_e = 1/S$. Dabei ist S die Steilheit im Arbeitspunkt.

Die Spannungsverstärkung ist

$$V_U = \frac{U_A}{U_E}$$

und ermittelt sich zu

$$V_U = \frac{S \cdot R_E'}{1 + S \cdot R_E'}$$

Dabei ist R_E die Parallelschaltung des dynamischen Widerstandes r_e sowie des Sourcewiderstandes R_E gemäß Abb. 2.7.2-16. Praktische Werte der Spannungsverstärkung liegen im Bereich zwischen 0,85...0,95. Der Sourcefolger weist aufgrund seiner kleinen Ausgangsimpedanz eine hohe obere Grenzfrequenz auf, sowie gute Hf-Trenneigenschaften zwischen Eingang und Ausgang. Die Phasendrehung zwischen U_A und U_E ist Null.

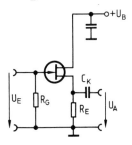

Abb. 2.7.2-16 FET in Drainschaltung,
die zur Impedanzwandlung dient

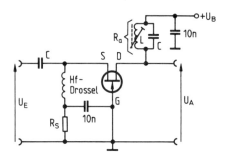

Abb. 2.7.2-17
Die Gateschaltung be-
wirkt eine große Span-
nungsverstärkung ohne
Phasendrehung des
Signals

Gateschaltung

Die Gateschaltung wird vorwiegend im Hf-Bereich eingesetzt.
Ähnlich dem Transistor mit Doppelgate hat die Schaltung nach
Abb. 2.7.2-17 sehr gute Hf-Eigenschaften durch die kapazitive
Trennung des Gateanschlusses vom Eingang. Die Eingangs-
spannungsquelle steuert auf einen niedrigen dynamischen
Eingangswiderstand mit der Größe $r_e \approx 1/S$.

Ähnlich wie bei der Berechnung der Ausgangsimpedanz
beim Sourcefolger ist zu berücksichtigen, daß diesem Wert —
je nach Schaltungsauslegung — noch ein ohmscher Außenwiderstand parallel liegt. Das wird erforderlich, wenn anstelle
des LC-Kreises lediglich ein Widerstand R_E — ohne Kondensator C — vorhanden ist. Die Spannungsverstärkung ist groß
und erreicht den Wert

$$V_u = \frac{S \cdot R_a}{1 + S \cdot R_a}$$

Eine Phasendrehung zwischen U_E und U_A besteht nicht. Die
obere Grenzfrequenz ist höher als bei der Sourceschaltung.

Kaskadenschaltung

Dieses ist keine Sonderschaltung eines FET, sondern verbindet die Vorteile des hochohmigen FET-Eingangs (oder
auch eines bipolaren Transistors) mit der niederohmigen

196

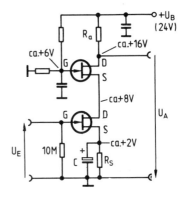

Abb. 2.7.2-18
Kaskadenschaltung mit FETs,
die die Vorteile eines hochohmigen Eingangs mit einem
niederohmigen Ausgang bei
geringer Rückwirkung auf-
weist

Ansteuerung einer Gateschaltung. Dadurch erfolgt eine gute kapazitive Trennung des Eingangssignales vom Ausgangssignal. Des weiteren wird durch die Gateschaltung eine hohe obere Grenzfrequenz erreicht. Die Kaskadenschaltung entspricht in ihren Daten in etwa dem Doppelgatetransistor beim geerdeten zweiten Gate. Die *Abb. 2.7.2-18* zeigt die Schaltung. Die Phasendrehung zwischen U_E und U_A beträgt 180°.

2.7.3 Betrieb als ohmscher Widerstand

Für Schalterbetrieb und für die Anwendung als spannungsgesteuerter Widerstand ist der Widerstand r_{DS} nach Abb. 2.7.1-2 von $U_{DS} = 0$ V bis maximal $U_{DS} = 0,5$ V interessant. Für spannungsgesteuerte Widerstände ist wegen der erforderlichen Linearität der Widerstandsgeraden zu empfehlen, im Bereich $U_{DS} < 0,2$ V zu arbeiten. Als Widerstand $r_{DS\,ein}$ wird dabei derjenige bezeichnet, der sich z.B. bei I_{DS}, also $U_{GS} = 0$ V, nach Abb. 2.7.1-2 ergibt. Nach *Abb. 2.7.3-1* ist zu erkennen, daß der Widerstand r_{DS} mit steigender Spannung U_{GS}

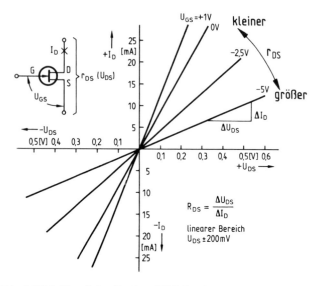

Abb. 2.7.3-1 Kennlinien für einen FET, der als spannungsgesteuerter Widerstand eingesetzt wird

größer wird. Die *Abb. 2.7.3-2* zeigt die Abhängigkeit des Drain-Source-Widerstandes r_{DS} eines IG-MOSFET. Bei MOS-FETs ist je nach Typ ein r_{DS} von ca. $50\ \Omega...> 1\ M\Omega$ nutzbar. Die hier gezeigten Größen der Widerstände gelten wieder im 1. und 3. Quadranten, also bei positiver oder negativer U_{DS}. Zu beachten ist auch hier, daß $U_{DS} < 0{,}2$ V sein sollte (max. 0,5 V mit beginnender Unlinearität).

Eine starke Unlinearität ergibt sich im Bereich nahe U_p. Die Abb. 2.7.3-1 zeigt den Verlauf verschiedener Widerstands-geraden um den Nullpunkt, wobei — wie oben erklärt — diese je nach FET im Bereich bis 200 mV linear nutzbar sind. Eine weitere Linearisierung ist nach *Abb. 2.7.3-3a* und *b* gegeben, wenn ein Teil der Drain-Wechselspannung — besonders wichtig

198

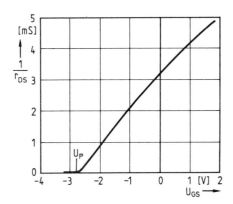

Abb. 2.7.3-2
Leitwert eines
MOSFETs
in Abhängig-
keit der Span-
nung U_{GS}

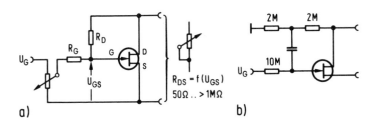

a)

$R_{DS} = f(U_{GS})$
$50\,\Omega .. > 1M\Omega$

b)

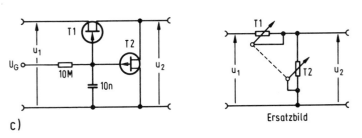

c)

Ersatzbild

Abb. 2.7.3-3 Möglichkeiten zur Linearisierung des Leitwertes von FETs: a) Rückkopplung mit Widerstand, b) Rückkopplung der Wechselspannung mit einem Kondensator, c) Komplementäre FET als Spannungsteiler geschaltet

199

bei hohen Wechselspannungsamplituden U_{DS} — als Gegenkopplung auf das Gate zurückgeführt wird. Hier sollten R_D
und R_G hochohmig (100 kΩ...4,7 MΩ) gewählt werden, um
die Regeleigenschaften r_{DS} nicht zu beeinflussen. Für optimale
Linearisierung wird gewählt: $R_G = R_D$. In *Abb. 2.7.3-3b* ist
die Rückführung als reine Wechselstromkopplung gezeigt.

Die Schaltung in der *Abb. 2.7.3-3c* mit zwei komplemen-
tären Transistoren als Spannungsteiler ergibt noch bessere
Regeleigenschaften, wobei auch hier vom Ausgang auf das
Gate über zwei Widerstände R_D und R_G eine Linearisierung
eingeführt werden kann. Die Größe der Kanalwiderstände im
ohmschen Bereich ergibt sich aus

$$r_{DS} = \frac{1}{S_A} = \frac{U_P}{2 \cdot I_{DS} \left(1 - \dfrac{U_{GS}}{U_P} \right)}$$

Der kleinste Widerstand mit $U_{GS} = 0$ ist gemäß den Ablei-
tungen der Sourceschaltung

$$r_{DS\ ein} = \frac{U_P}{2 \cdot I_{DS}}$$

2.7.4 Praktische Anwendungen

Zum Schluß der Betrachtungen über FETs sollen einige
praktische Schaltungen die vielfältigen Verwendungsmöglich-
keiten aufzeigen. Die *Abb. 2.7.4-1a und b* zeigen Sourcefolger
für Impedanzwandler von Kondensatormikrofonen, *Abb. 2.7.4-1c*
zeigt eine Bootstrapschaltung mit Spannungsverstärkung.

Für die Abb. 2.7.4-1a...c gelten folgende Werte: I_D mit R_S
auf 0,5...1,5 mA einstellen (Forderung: $U_{DS} > 4$ V), für den
Vorverstärker in Abb. 2.7.4-1c gelten die Daten:

$$r_i \approx 5\ M; \quad V_u \approx \frac{R_D}{R_E}, \approx 15\text{fach}; \quad r_a \approx 15\ k\Omega.$$

Ein einfacher Impedanzwandler mit einem MOSFET ist in *Abb. 2.7.4-1d* gezeigt mit den Werten:
$V_u \approx 0,94$; $f_u \approx 5$ Hz; $r_a \approx 750$ Ω.

Abb. 2.7.4-1e zeigt einen Impedanzwandler, aufgebaut mit MOSFET und bipolarem Transistor, der folgende Daten aufweist: $V_u \approx 0,95$; $f_u \approx 5$ Hz; $r_a \approx 30...47$ Ω. Folgende Einstellungen sind vorzunehmen: R einstellen auf I_D mit $0,5...1,5$ mA; $U_{DS} > 4$ V.

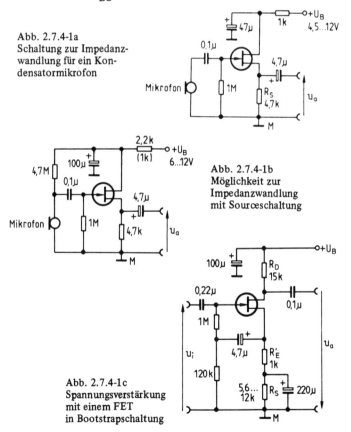

Abb. 2.7.4-1a
Schaltung zur Impedanz-
wandlung für ein Kon-
densatormikrofon

Abb. 2.7.4-1b
Möglichkeit zur
Impedanzwandlung
mit Sourceschaltung

Abb. 2.7.4-1c
Spannungsverstärkung
mit einem FET
in Bootstrapschaltung

201

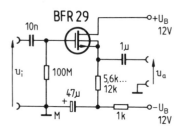

Abb. 2.7.4-1d
MOSFET als Impedanzwandler

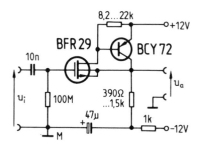

Abb. 2.7.4-1e
Verstärker mit einem
MOSFET und bipolarem
Transistor mit geringem
Ausgangswiderstand

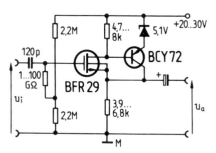

Abb. 2.7.4-1f
Impedanzwandler mit
Bootstrapschaltung mit
extrem hohem Ein-
gangswiderstand

Einen Impedanzwandler mit Bootstrapschaltung und bipolarem Transistor mit extrem hohem Eingangswiderstand zeigt *Abb. 2.7.4-1f.* Die Verstärkung V_u beträgt ca. 0,96. Die *Abb. 2.7.4-1g* zeigt, wie mit einem MOSFET ein Multivibrator für lange Taktzeiten (ca. 1 min) aufgebaut werden kann. Weitere Anwendungen aus der Hf-Technik zeigen die *Abb. 2.7.4-1h...n.*

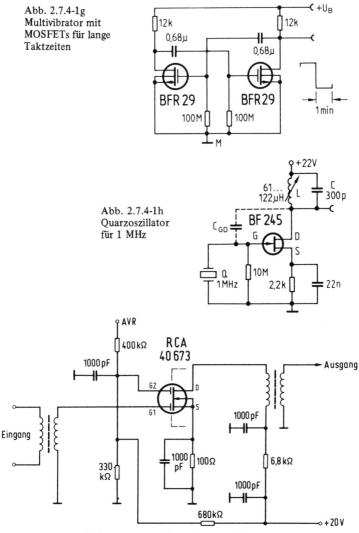

Abb. 2.7.4-1g
Multivibrator mit
MOSFETs für lange
Taktzeiten

Abb. 2.7.4-1h
Quarzoszillator
für 1 MHz

Abb. 2.7.4-1i Hf-Verstärker mit Doppelgatetransistor

203

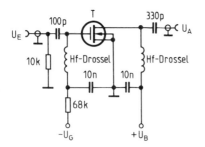

Abb. 2.7.4-1k
Hf-Verstärker in
Sourceschaltung

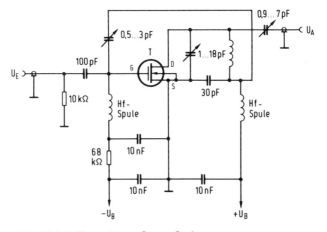

Abb. 2.7.4-11 Neutralisierte Source-Stufe

- Quarzoszillator – 1 MHz –, Abb. 2.7.4-1h
- Hf-Verstärker mit Doppelgatetransistor, Abb. 2.7.4-1i
- Einfacher Source Hf-Verstärker, Abb. 2.7.4-1k
- Neutralisierte Sourcestufe, Abb. 2.7.4-11
- Kaskadenstufe für Breitbandverstärker, Abb. 2.7.4-1m
- Hf-Verstärker – 2 m Band – mit Doppelgatetransistor und
  Verstärkungsregelung über das 2. Gate, Abb. 2.7.4-1n

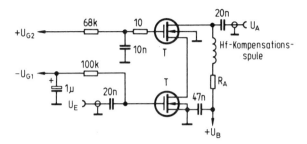

Abb. 2.7.4-1m Kaskadenstufe für einen Breitbandverstärker

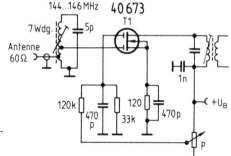

Abb. 2.7.4-1n
Hf-Verstärker für das
2-m-Band mit Verstär-
kungsregelung über
das zweite Gate

Als letztes praktisches Beispiel für die Anwendung von
FETs in der Nf-Technik zeigt *Abb. 2.7.4-2* einen rauscharmen
Vorverstärker. In der Eingangsstufe werden zwei Komple-
mentär-Sperrschicht-FETs eingesetzt, die gegenseitig als
Arbeitswiderstände wirken. Der Arbeitswiderstand wird mit
dem Trimmer P_1 so eingestellt, daß der Klirrgrad auf ein
Minimum sinkt.

Die Anpassung der Schaltung an die Eingangspegel für
Mikrofon, Tonband und magnetischen Tonabnehmer wird
durch Umschaltung der Rückkopplung mit dem Schalter S

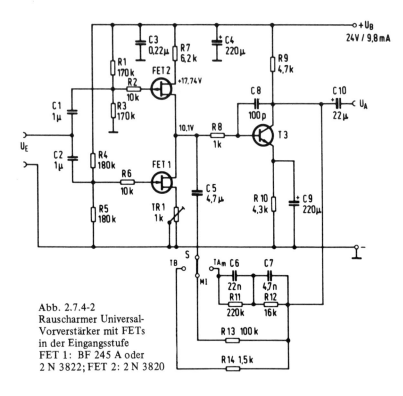

Abb. 2.7.4-2
Rauscharmer Universal-
Vorverstärker mit FETs
in der Eingangsstufe
FET 1: BF 245 A oder
2 N 3822; FET 2: 2 N 3820

vorgenommen. Die Eingangsempfindlichkeiten für die Ausgangsspannung $U_A = 100$ mV sind:

Mikrofon	1 mV
Tonband	35 mV
magn. TA (bei 1000 Hz)	3 mV

Die frequenzabhängige Verstärkung in Schalterstellung TA
entspricht der Entzerrung nach RIAA.

2.8 Der Operationsverstärker

Bei einem Operationsverstärker nach *Abb. 2.8-1* werden
zahlreiche Transistoren auf einem Chip untergebracht. Dabei
können beim FET-Operationsverstärker die Eingangstransistoren durch Feldeffekttransistoren gebildet werden. Die Bezeichnung Operationsverstärker (englisch: Operational Amplifier)
ist aus der Anfangszeit der Operationsverstärker zu verstehen,
als diese noch vorwiegend zur Durchführung von Operationen
der einfachen Arithmetik wie Addieren und Subtrahieren von
Spannungen benutzt wurden. Mittlerweile wird der OP für
viele Aufgaben der Nf- und Hf-Technik eingesetzt. Dabei
liegen die − sinnvollen − Grenzen z.Z. bei 1...5 MHz.
  Operationsverstärker, mit dem Symbol nach Abb. 2.8-2,
bilden einen aktiven Vierpol, wobei für Eingang und Ausgang
das gleiche Massepotential benutzt wird. Ein Operationsverstärker hat nach *Abb. 2.8-2* mindestens fünf Anschlüsse, das
sind:

$+ U_{E1}$ = nicht invertierender Eingang,
$- U_{E2}$ = invertierender Eingang,
U_A = Ausgang,
$+ U_B$ = Anschluß für die positive Betriebsspannung (V_{SS}),
$- U_B$ = Anschluß für die negative Betriebsspannung (V_{EE}).

Darüber hinaus sind in den meisten Fällen noch Anschlüsse
für die Kompensation von Offsetspannungen vorhanden, die
durch unterschiedliche Fehlströme oder Unsymmetrien im
Eingangsverstärker entstehen. Weiter sind bei einigen Typen
noch Anschlüsse für die externe Beschaltung mit RC-Gliedern
für die Frequenzkompensation vorgesehen. Der Ruhestrom −
ohne Ansteuerung − von OPs liegt in der Größenordnung
von 3...5 mA.
  Gemäß der Abb. 2.8-2 sollen jetzt wichtige Eigenschaften
des OP-AMP untersucht werden.

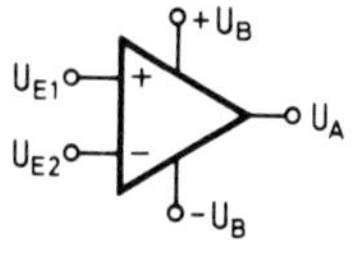

Abb. 2.8-2 Schaltsymbol des Operationsverstärkers mit den wichtigsten Anschlüssen

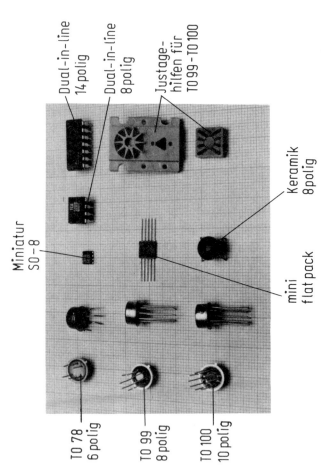

Miniatur
SO - 8

Dual-in-line
14 polig

Dual-in-line
8 polig

Justage-
hilfen für
TO 99 - TO 100

Keramik
8 polig

mini
flat pack

TO 78
6 polig

TO 99
8 polig

TO 100
10 polig

Abb. 2.8-1 Rund 30 Transistoren sind auf dem Chip eines Operationsverstärkers
untergebracht. Das Bild zeigt unterschiedliche Ausführungsformen

2.8.1 Verstärkung und Wahl des Einganges

Ein Operationsverstärker weist — ohne Beschaltung durch
Gegenkopplung — eine Verstärkung auf, die je nach Typ
Werte um 100 000 erreichen kann. Die Aussteuerkennlinie
in *Abb. 2.8.1-1* zeigt ein Beispiel. Hier zeigt sich, daß bei einer
angenommenen Spannungsverstärkung von $V_U = 100\,000$
bereits bei einer Steuerspannung am Eingang von mehr als
150 μV die lineare Aussteuerkennlinie verlassen wird. Diese
Ausnahme erfordert weiter, daß der Arbeitspunkt mit
$U_E = \pm\,0$ V genau gehalten werden muß.

Diese Forderungen nun widersprechen der Praxis und
führen zu Unstabilitäten des Operationsverstärkers. Daß von
der Möglichkeit der hohen Verstärkung in Sonderfällen dennoch Gebrauch gemacht wird — ich nenne hier nur einmal die
komparativen Schmitt-Trigger — soll an anderer Stelle noch
behandelt werden.

Aus den vorgenannten Gründen stellt man in der Praxis
den Operationsverstärker auf genau definierte, der Auslegung
der Schaltung entsprechende Verstärkungswerte ein. Und das
geht recht einfach. Es werden hierfür zwei Widerstände benutzt, die nach *Abb. 2.8.1-2a* und *b* an den invertierenden
Eingang und den Ausgang angeschlossen werden. Dabei fällt
zunächst auf, daß der OP sowohl am nicht invertierenden

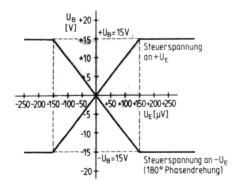

Abb. 2.8.1-1
Ausgangskennlinie
eines nicht gegen-
gekoppelten OPs

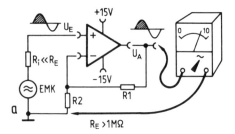

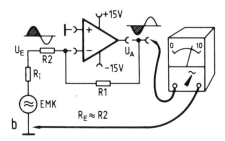

Abb. 2.8.1-2
Wird das Eingangssignal
an den nicht invertieren-
den Eingang gelegt, sind
Ein- und Ausgangssignal
„in Phase" (a). Bei Ein-
speisung des Signals in
den invertierenden Ein-
gang erfolgt eine Dre-
hung des Signals von
180°C (b)

Anschluß (+ U_E) als auch am invertierenden Anschluß (− U_E)
angesteuert werden kann.

Dazu die folgende Erklärung: + U_E Anschluß (nichtinver-
tierender Eingang). Wird eine Eingangsspannung nach
Abb. 2.8.1-2a an den Eingang + U_E geschaltet, ruft sie ein
Ausgangssignal hervor, das in Phase mit der Eingangsspannung liegt. Der Eingangswiderstand R_E entspricht den Datenangaben des Herstellers. Operationsverstärker mit bipolarem
Transistor im Eingang weisen einen $R_E \approx 200$ kΩ... 1 MΩ
auf. Darlingtoneingänge bringen es auf 5 MΩ. Eingänge mit
FETs liegen im Bereich von 10^{10} Ω und mehr.

Die Spannungsverstärkung V_u wird durch R_1 und R_2
eingestellt. Sie wird ermittelt nach Abb. 2.8.1-2a zu

$$V_u = \frac{R_1 + R_2}{R_2} = \frac{R_1}{R_2} + 1$$

ist $R_2 < R_1$, so ist angenähert auch $V_u \approx \dfrac{R_1}{R_2}$.

Dazu ist aus der Praxis heraus zu sagen, daß der Wert von R_2 im Bereich bei 500 Ω... 10 kΩ liegen sollte. Andererseits werden ungern Verstärkungswerte > 500 eingestellt, um Instabilitäten zu vermeiden.

Beispiel: Gefordert ist $V_u = 85$, gewählt $R_2 = 2,2$ kΩ. Dann ist $R_1 = R_2 \cdot (V_u - 1) = 2,2$ k$\Omega \cdot (85 - 1) = 185$ kΩ.

$-U_E$-Anschluß (invertierender Eingang)

Eine Eingangsspannung nach Abb. 2.8.1-2b an den Anschluß $- U_E$ geschaltet, ruft ein Ausgangssignal hervor, das um 180° zum steuernden Eingangssignal gedreht ist. Das geht auch aus der Steuerkennlinie von Abb. 2.8.1-1 hervor. Die Größe des Eingangswiderstandes entspricht hier etwa dem Wert R_2. Wie bekannt, liegt dieser – je nach Wahl – zwischen 500 Ω...10 kΩ. Die Verstärkung errechnet man aus der Gleichung

$$V_u = \frac{R_1}{R_2} .$$

Dabei ist jedoch zu bedenken, daß der Innenwiderstand R_i der steuernden Spannungsquelle sehr viel kleiner sein muß als R_2. Ist das nicht der Fall, so gilt mit der Reihenschaltung von R_i und R_2

$$V_u = \frac{R_1}{R_2 + R_i}$$

Beispiel: Mit Vernachlässigung von R_i soll $R_2 = 2,2$ kΩ sein, es wird ein $V_u = 85$ gefordert. Dann ist

$$R_1 = V_u \cdot R_2 = 2,2 \text{ k}\Omega \cdot 85 = 187 \text{ k}\Omega .$$

2.8.2 Wahl der Betriebsspannung

Operationsverstärker benutzen − bezogen auf den Ausgang −
zwei Betriebsspannungen für ihren positiven und negativen
Anschluß. Je nach Typ und Anwendung darf die Spannung
zwischen dem positiven und negativen Anschluß Werte von
3 V...44 V aufweisen. Das entspricht bei der dualen Spannungsversorgung einem Spannungswert einer Batteriespannung von ± 1,5 V...± 22 V. Im Normalfall werden Werte
zwischen 8 V...15 V pro Spannungsquelle gewählt. Diese duale
Spannungsversorgung läßt nach *Abb. 2.8.2-1a* und *b* zwei
Grundschaltungen zu. Dazu folgende Erklärungen:

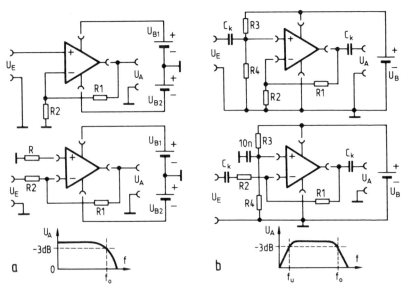

Abb. 2.8.2-1 Symmetrische Spannungsversorgung; (a): oben die
Grundschaltung für nicht invertierenden Betrieb, unten die invertierende Grundschaltung. Unsymmetrische Spannungsversorgung;
(b): oben die nicht invertierende, unten die invertierende Grundschaltung. Für beide ist am Ein- und Ausgang ein Koppelkondensator erforderlich zur Potentialtrennung

212

Zwei Betriebsspannungen nach Abb. 2.8.2-1a

Beide Betriebsspannungen sind (nach Abb. 2.8.2-1a, oben) gleich groß. Die Quellen U_{B1} und U_{B2} erhalten einen Massepunkt, auf den alle Betriebswerte des OP bezogen werden. Der Gegenkopplungsspannungsteiler R_2 wird an Masse gelegt. Die untere Grenzfrequenz ist Null durch die galvanische Kopplung (Gleichspannungsverstärker). Zur thermischen Offsetkompensation ist es sinnvoll, bei Ansteuerung des invertierenden Eingangs (Abb. 2.8.2-1a, unten) den nicht invertierenden Eingang über einen Widerstand R, dessen Größe R_2 entspricht, an Masse zu legen.

Eine Betriebsspannung nach Abb. 2.8.2-1b

In Abb. 2.8.2-1b wird durch den Spannungsteiler R_3/R_4 am nicht invertierenden Eingang ein Spannungsmittelpunkt

$\dfrac{U_B}{2}$ gefunden, wenn $R_3 = R_4$ ist. Es entspricht die Gleich-

spannung an $+U_E$ der Ausgangsspannung U_A.

Beide weisen den Wert $\dfrac{U_B}{2}$ auf. Aus diesem Grunde ist es

erforderlich, sowohl den Eingang als auch den Ausgang galvanisch über den Koppelkondensator C_K zu trennen. Das ergibt eine untere Grenzfrequenz f_u, die sich einerseits aus der Größe von C_K und den nach Masse liegenden Kondensatoren ergibt. Wesentlichen Einfluß hat jedoch auch der Kondensator C_K in Verbindung mit der Größe von R_2.

Das führt dazu, daß bei Gleichspannung die Verstärkung auf $V_u = 1$ absinkt. Es entsteht der sogenannte Spannungsfolger. (In diesem Zusammenhang sei auf das Buch „Operationsverstärker-Praxis", Franzis-Verlag hingewiesen, das sich eingehend mit den Fragen der OP-AMP-Technik befaßt.)

2.8.3 Ausgangsschaltungen von Operationsverstärkern

In den meisten Fällen weisen OPs Ausgangsschaltungen
auf, die mit einer Komplementärendstufe aufgebaut sind.
Die Ausgangsimpedanzen liegen je nach Typ zwischen
50 Ω...600 Ω. Darüber hinaus sind die Ausgänge kurzschlußsicher. Die maximal zulässigen Ausgangsströme betragen in
der Regel bis 25 mA. Wie so oft, gibt es auch hier Ausnahmen.
Einmal sind es die Typen, die einen Kurzschluß am Ausgang
gegen Nullpotential nur für eine vom Hersteller beschränkte
Zeit − meist 5 s − vertragen. Dann gibt es noch Typen mit
offenem Kollektor. Hier ist ein Arbeitswiderstand erforderlich, dessen Wert in der Praxis zwischen 1 kΩ...4,7 kΩ liegt.
Diese Typen − Beispiel TAA 761 − vertragen maximale Ausgangsströme bis 70 mA.
Ruhestrom − Ohne Ansteuerung liegt der Ruhestrom eines
OP-AMP bei 3 mA bis 5 mA.

2.8.4 Offsetkompensation

Gemäß der *Abb. 2.8.4-1* ist es möglich, daß das Produkt
$I_{B1} \cdot R_1 \neq I_{B2} \cdot R_2$ ist. In diesem Falle wird − durch die
herstellungstechnisch bedingten unterschiedlichen Basisströme
I_{B1} und I_{B2} der Eingangstransistoren T1 und T2 − eine
Spannungsdifferenz ΔU_E entstehen. Diese Differenzspannung

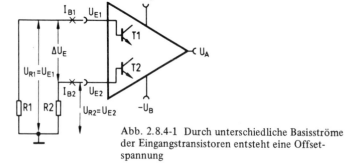

Abb. 2.8.4-1 Durch unterschiedliche Basisströme
der Eingangstransistoren entsteht eine Offset-
spannung

214

verschiebt den Arbeitspunkt des Verstärkers, so daß die Ausgangsspannung U_A ungleich Null ist. Aus diesem Grunde werden Kompensationsschaltungen vorgenommen, die den Fehler aufheben sollen.

Zur Offsetkompensation gibt es zwei Möglichkeiten:

● Der Hersteller gibt eine Kompensationsschaltung an. So z.B. für den Universaltyp 741 nach *Abb. 2.8.4-2.*

● Es erfolgt eine zusätzliche Kompensation der Fehlerströme am Eingang nach *Abb. 2.8.4-3.* Hierfür wird eine mit zwei

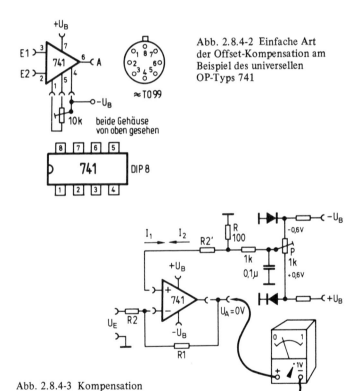

Abb. 2.8.4-2 Einfache Art der Offset-Kompensation am Beispiel des universellen OP-Typs 741

Abb. 2.8.4-3 Kompensation der Fehlströme am Eingang

215

Dioden stabilisierte Kompensationsspannung von ± 0,6 V erzeugt. Das Potentiometer P stellt eine Spannung ein, die in den OP-Eingang einen Strom I_2 fließen läßt, der I_1 ganz oder teilweise kompensiert, so daß am Ausgang die Spannung U_A = 0 ist. Die Größe von R richtet sich nach den Erfordernissen des Kompensationsstromes.

2.8.5 Obere Grenzfrequenz — Slew-Rate

Im allgemeinen werden OPs als Verstärker im Frequenzbereich bis 100 kHz eingesetzt. Ebenfalls ist hier der Bereich zu nennen, in dem rauscharme Typen als Vorverstärker eingesetzt werden. Für dieses Anwendungsgebiet werden OPs mit einer sogenannten Slew Rate bis 1 V/μs benutzt. Für höherfrequente Anwendungen gibt es Sondertypen mit einer Slew Rate von über 100 V/μs.

Unter Slew Rate wird bei extrem schnellen Spannungs-änderungen am Eingang — Rechtecksignal — die dem OP maximal mögliche Änderungsgeschwindigkeit der Ausgangs-spannung verstanden. Dieser Wert wird in Volt pro Mikro-sekunde (V/μs) angegeben. Die *Abb. 2.8.5-1* zeigt die Zu-sammenhänge zwischen Slew Rate, Frequenz und Ausgangs-spannung. Auf der horizontalen Achse ist die Slew Rate und auf der vertikalen Achse der Wert der Ausgangsspannung U_S in V_S angegeben.

Eine Umrechnung auf den Spitzen-Spitzenwert [V_{SS}] kann im Bedarfsfall leicht erfolgen. Dafür ein Beispiel:

Ein OP-AMP hat eine Slew-Rate von 1 V/μs. Gefordert wird bei 100 kHz eine Ausgangsspannung von 1 V_{SS}. Nach Abb. 2.8.5-1 ist das nicht möglich, denn die 1 V_{SS} entsprechen dem Kurvenwert 2 V_S. Bei 1 V/μs sind an dem Diagramm nur etwa 80 kHz als obere Grenzfrequenz möglich. Eine Lö-sung ist nur mit Hilfe eines ‚schnelleren‘ OP-AMP möglich oder aber mit Reduzierung der gewünschten Ausgangsspannung auf z.B. 0,8 V_{SS} $\triangleq$ 1,6 · U_S.

Es ist nach *Abb. 2.8.5-2* möglich, eine Schaltung nach den Erfordernissen optimaler Breitbandübertragung zu kompen-sieren. Dazu dient der Kondensator C_K. Bei fest eingestelltem

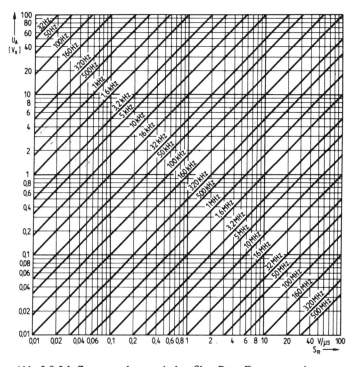

Abb. 2.8.5-1 Zusammenhang zwischen Slew-Rate, Frequenz und Ausgangsspannung beim Operationsverstärker

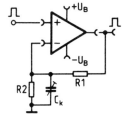

Abb. 2.8.5-2 Erhöhung der Bandbreite durch einen Kompensationskondensator

Spannungsteilverhältnis von R_1 und R_2 wird mit dem Kondensator C_K eine teilweise Aufhebung der Gegenkopplung für hohe Frequenzen erreicht. Das entspricht einer größeren Verstärkung für diesen Frequenzbereich. Der Abgleich erfolgt mit Hilfe eines Oszilloskops auf beste Ausgangsspannungskurvenform.

Die folgende *Tabelle* gibt typische Slew Rate-Werte bekannter OP wieder. Dabei ist in einigen Fällen die Art der vom Hersteller geforderten externen Beschaltung zu berücksichtigen. Die in der Tabelle angegebenen größeren Werte gelten für invertierenden Betrieb.

Betriebsdaten einiger Operationsverstärker

Typ	741	761	NE 530	NE 531	NE 538	LF 355	LF 356	LF 357
Slew Rate (V/μs)	0,5	9/18	25/35	30/35	60	5	12	5
Eingangswiderstand (MΩ)	1	0,2	6	20	6	>10^6	>10^6	>10^6
maximale Betriebsspannung (V)	±18	±18	±18	±22	±18	±18	±18	±18
Ruhestrom (mA)	3	2	3	10	3	4	10	10
FET-Eingang (x)						x	x	x

2.8.6 Schaltungen mit dem Operationsverstärker

Vorverstärker

Die *Abb. 2.8.6-1a* zeigt einen einfachen Mikrofonverstärker mit symmetrischer Betriebsspannung und einer Verstärkung $V_u \approx 100$. Die Ansteuerung erfolgt am invertierenden Eingang. Das ist möglich, wenn z.B. ein niederohmiges Mikrofon — $R_i \approx 200\ \Omega$ — benutzt wird. Die *Abb. 2.8.6-1b* zeigt den

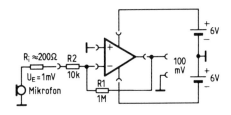

Abb. 2.8.6-1a
Einfache Verstärker-
stufe für ein nieder-
ohmiges Mikrofon

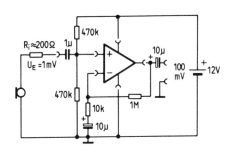

Abb. 2.8.6-1b
Mikrofonverstärker,
betrieben an einer
unsymmetrischen
Versorgungsspannung

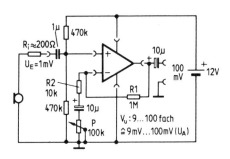

Abb. 2.8.6-1c
Durch hinzufügen
eines Potentiometers
in die Gegenkopplung
läßt sich die Verstär-
kung einstellen

Verstärker mit nur einer (unsymmetrischen) Betriebsspannung
und einer gewählten Ansteuerung am nicht invertierenden
Eingang.

Die *Abb. 2.8.6-1c* bringt die Schaltung von Abb. 2.8.6-1b,
jedoch mit einer Lautstärkeeinstellung über die Gegenkopp-

219

lung. Ist das Potentiometer P auf 0 Ω eingestellt, so entspricht
die Verstärkung dem maximalen Wert:

$$V_u \approx \frac{R1}{R2} = \frac{1 \, M\Omega}{10 \, k\Omega} = 100.$$

Wird jedoch der Wert von P auf 100 kΩ gestellt, so verringert
sich die Verstärkung auf

$$V_u \approx \frac{1 \, M\Omega}{10 \, k\Omega + 100 \, k\Omega} \approx 9.$$

Spannungsfolger (Impedanzwandler), Stabilisator

Wird nach *Abb. 2.8.6-2* der Ausgang mit dem invertierenden
Eingang verbunden, hierzu wird oft ein Schutzwiderstand
$R \approx 1...10 \, k\Omega$ benutzt, so entsteht ein Spannungsfolger.
Die am nicht invertierenden Eingang eingestellte Spannung U_E
findet sich in gleicher Größe am Ausgang als Spannung U_A.
Der Spannungsfolger wird benutzt, um die Spannung einer
hochohmigen Eingangsquelle in eine solche mit niederohmigen
Quellwiderstand zu wandeln (Impedanzwandler). Diese
Schaltungen werden auch als elektronisch stabilisierte Spannungsquellen bezeichnet. So kann die Spannung am Eingang
durch eine Z-Diode festgelegt werden, wodurch eine sehr
stabile Ausgangsspannung entsteht (A mit U_Z verbunden).

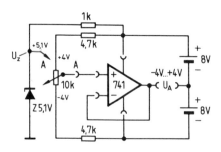

Abb. 2.8.6-2
Operationsverstärker
als Impedanzwandler.
Verbindet man Punkt
A mit der Spannung
U_Z, so erhält man
eine stabile Spannungs-
quelle

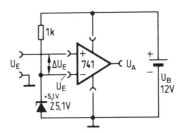

Abb. 2.8.6-3
Schaltungsbeispiel für
einen Komparator,
aufgebaut mit einem
OP

Komparator und Schalter

Läßt man den OP mit seiner vollen Verstärkung arbeiten —
also ohne Gegenkopplungszweig — dann entsteht ein Komparator, der auch als elektronischer Schalter genutzt werden kann,
in Verbindung mit der Kennlinie in Abb. 2.8.1-1 und der
Schaltung von *Abb. 2.8.6-3.* In Sonderfällen wird auch im
Komparatorbetrieb von einer Gegenkopplung Gebrauch gemacht. Dann erfolgt die Umschaltung der Ausgangsspannung
erst bei größeren Werten von ΔU_E. Nach Abb. 2.8.6-3 soll
es verständlich werden, daß die Ausgangsspannung U_A sich
sprunghaft ändert, sobald der Wert ΔU_E Null Volt ist.

Für dieses Beispiel ist U_E' am invertierenden Eingang
willkürlich auf 5,1 V gelegt. Innerhalb des Betriebsspannungs-
bereiches U_B können hier auch andere Werte eingestellt werden. Ebenso ist es möglich, den nicht invertierenden Eingang
mit der Vergleichsspannung U_E zu beaufschlagen und die
Eingangsgröße U_E am invertierenden Eingang anzuschließen.
Es ergeben sich folgende Extremwerte für U_E' = 5,1 V und
$\Delta U_E > 150\,\mu V$ (siehe Kurve Abb. 2.8.1-1):

U_E	ΔU_E	U_A
5,1 V	0	5,1 V
$> 5,1$ V	> 0	$\approx U_B$ (12 V)
$< 5,1$ V	< 0	≈ 0 V

221

Vergrößerung der Ausgangsleistung

Die folgenden Schaltungen sind als Ausnahme sowohl für den Betrieb mit einer, als auch für den Betrieb mit zwei Spannungsquellen (duale Spannungsversorgung) möglich.

Wir haben bereits gelesen, daß die maximale Ausgangsleistung durch den zulässigen Strom des OP begrenzt wird. Dieser Wert liegt in der Regel bei 20 mA. Bei einer Batteriespannung von ± 15 V = 30 V sowie voller Aussteuerung ergibt sich eine maximale Sinusleistung von

$$P_{max} \approx \frac{0.8 \cdot 30 \text{ V} \cdot 20 \text{ mA}}{2 \cdot \sqrt{2}} = 169 \text{ mW.}$$

Der Faktor 0,8 berücksichtigt den verzerrungsfreien Betrieb (Sättigungsspannung des OP).

Drei Grundschaltungen sind für eine Vergrößerung der Leistung möglich.

Die *Abb. 2.8.6-4a* zeigt die Erweiterung durch einen einfachen Emitterfolger. Es können hier Leistungstransistoren benutzt werden, deren Basisstrom kleiner ist als der maximal mögliche Ausgangsstrom des OP. *Abb. 2.8.6-4b* ist ähnlich wie Abb. 2.8.6-4a, jedoch mit Darlingtonausgang. Schließlich zeigt *Abb. 2.8.6-4c* eine Leistungserweiterung durch eine Komplementärendstufe.

In allen Fällen soll der Gegenkopplungswiderstand an den nun geschaffenen Ausgang angeschlossen werden. Es wird dadurch die Ausgangskennlinie weitgehend kompensiert und die Verzerrung gering gehalten. Nähere Angaben zu der Aus-

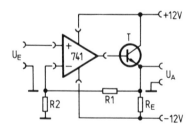

Abb. 2.8.6-4a
Durch Nachschalten
eines Transistors wird
auf einfache Weise die
Ausgangsleistung erhöht

222

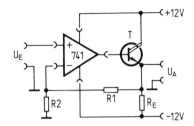

Abb. 2.8.6-4b
Leistungsendstufe mit einem
nachgeschalteten Darlington-
transistor

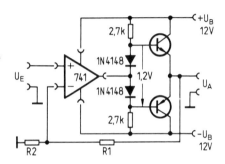

Abb. 2.8.6-4c
Der OP dient zur An-
steuerung einer
Komplementär-Endstufe

gangsbeschaltung sind in dem Buch ,,Operationsverstärker-
Praxis", Franzis-Verlag enthalten.

Im folgenden sollen noch ohne Kommentar einige − von
vielen möglichen − Gebieten gezeigt werden, in denen der OP-
AMP sinnvoll eingesetzt werden kann. Die Abb. 2.8.6-5a-k
zeigt:

a) Motordrehzahlregler
b) Differenzverstärker
c) Quarzoszillator
d) Impulsgenerator
e) Wienbrücke
f) Schmitt-Trigger
g) Meßgleichrichter
h) Konstantstromquelle
i) Konstantspannungsquelle
k) Rechteckgenerator

223

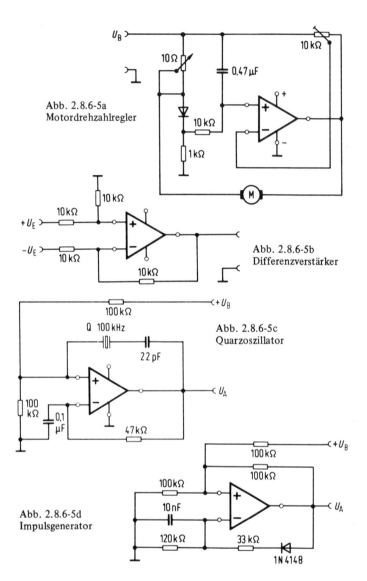

U_B

10 Ω

0,47 µF

10 kΩ

Abb. 2.8.6-5a
Motordrehzahlregler

10 kΩ

1 kΩ

M

10 kΩ

10 kΩ
$+U_E$

$-U_E$
10 kΩ

10 kΩ

Abb. 2.8.6-5b
Differenzverstärker

100 kΩ $+U_B$

Q 100 kHz

22 pF

Abb. 2.8.6-5c
Quarzoszillator

100
kΩ

0,1
µF

U_A

47 kΩ

100 kΩ $+U_B$

100 kΩ

100 kΩ

10 nF

U_A

Abb. 2.8.6-5d
Impulsgenerator

120 kΩ

33 kΩ

1N 4148

224

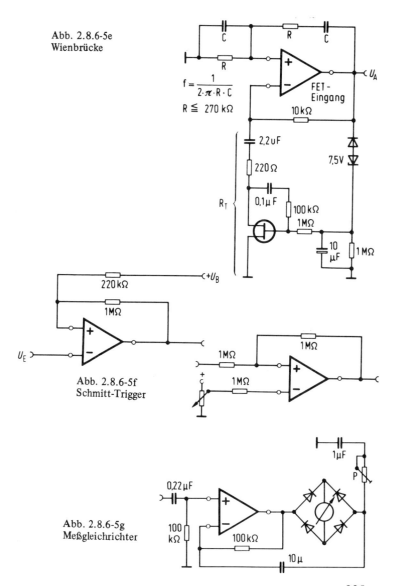

Abb. 2.8.6-5e
Wienbrücke

$$f = \frac{1}{2 \cdot \pi \cdot R \cdot C}$$

$R \leqq 270\ \mathrm{k\Omega}$

FET-Eingang

U_A

R_T

2,2 uF

220 Ω

0,1 μF

100 kΩ

1 MΩ

10 μF

1 MΩ

7,5 V

10 kΩ

$+U_B$

220 kΩ

1 MΩ

U_E

Abb. 2.8.6-5f
Schmitt-Trigger

1 MΩ

1 MΩ

1 MΩ

Abb. 2.8.6-5g
Meßgleichrichter

0,22 μF

100 kΩ

100 kΩ

1 μF

P

10 μ

225

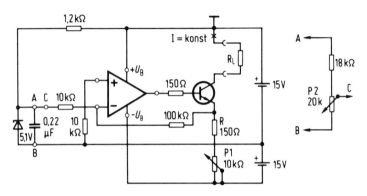

Abb. 2.8.6-5h Konstantstromquelle

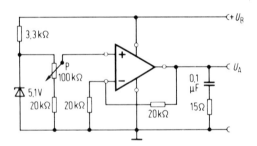

Abb. 2.8.6-5i Konstantspannungsquelle

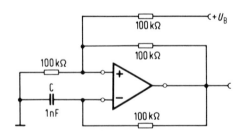

Abb. 2.8.6-5k Rechteckgenerator

2.9 Optoelektronik

Optoelektronische Bauelemente werden für unterschiedlichste Aufgaben in der Elektronik eingesetzt. An dieser Stelle sollen die gebräuchlichsten Bauelemente für die Optoelektronik und einige physikalische Grundbegriffe beschrieben werden:

- Licht und seine Berechnungsgrößen
- Fotowiderstände
- Fotodioden
- Fototransistoren
- Siebensegment-Anzeigen
- Solarzellen — Fotoelemente
- Optokoppler
- Infrarot-Detektoren

2.9.1 Licht und seine Berechnungsgrößen

Das Auge kann elektromagnetische Wellen mit der Wellenlänge 380 nm...780 nm optisch wahrnehmen. Das gesamte Spektrum ist in der *Abb. 2.9.1-1a* zu sehen. Die *Abb. 2.9.1-1b* zeigt die Augenempfindlichkeitskurve des Bereiches von 380 nm bis 780 nm, wobei die maximale Empfindlichkeit im gelbgrünen Bereich bei ca. 550 nm liegt. Interessant sind die eingetragenen Werte für blau (470 nm), grün (535 nm) und rot (610 nm). Es handelt sich hier um die drei Primärfarben für das Farbfernsehen.

, Für die Berechnung und Umrechnung von Größen der Lichttechnik dienen die folgenden beiden Tabellen. Sie helfen, die Angaben in den Datenblättern der optoelektronischen Bauelemente besser zu verstehen.
Für grünes Licht $\approx$ 555 nm (Hellempfinden = 1 = 100 %) ist:
682 1 m $\approx$ 1 W

Diese Angaben sollten im Zusammenhang mit der Tabelle genügen, um die Datentabellen optoelektronischer Bauelemente zu verstehen.

227

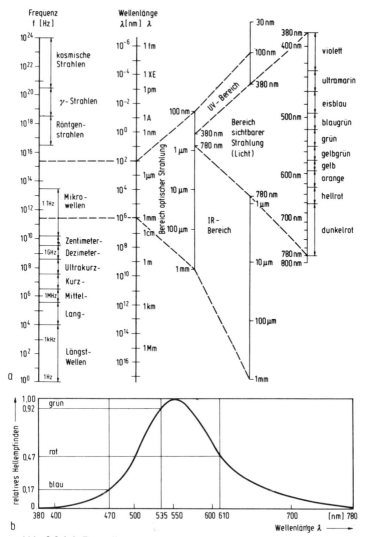

Abb. 2.9.1-1 Darstellung des gesamten Frequenzspektrums;
a) die Bereiche der optischen Strahlung und des sichtbaren Lichtes
sind noch einmal aufgespreizt; b) Helligkeitsempfinden der Farben
für das menschliche Auge

228

Grundeinheiten

strahlungsphysikalische Größen, Symbole und Einheiten			lichttechnische Größen, Symbole und Einheiten			Beziehung	vereinfachte Beziehung
Größe	Symbol	Einheit	Größe	Symbol	Einheit		
Strahlungsenergie	Q_e	Ws	Lichtmenge	Q_v	lms	–	–
Strahlungsfluß	Φ_e	W	Lichtstrom	Φ_v	lm	$\Phi = \dfrac{dQ}{dt}$	$\Phi = \dfrac{Q}{t}$
spezifische Ausstrahlung	M_e	$\dfrac{W}{m^2}$	spezifische Lichtausstrahlung	M_v	$\dfrac{lm}{m^2}$, lx	$M = \dfrac{d\Phi}{dA_1}$	$M = \dfrac{\Phi}{A_1}$
Strahlstärke	I_e	$\dfrac{W}{sr}$	Lichtstärke	I_v	$\dfrac{lm}{sr}$, cd	$I = \dfrac{d\Phi}{d\Omega}$	$I = \dfrac{\Phi}{\Omega}$
Strahldichte	L_e	$\dfrac{W}{m^2 sr}$	Leuchtdichte	L_v	$\dfrac{lm}{sr \cdot m^2}$, $\dfrac{cd}{m^2}$	$L = \dfrac{dI}{dA_1 \cdot \cos\varepsilon}$	$L = \dfrac{I}{A_1 \cdot \cos\varepsilon}$
Bestrahlungsstärke	E_e	$\dfrac{W}{m^2}$	Beleuchtungsstärke	E_v	$\dfrac{lm}{m^2}$, lx	$E = \dfrac{d\Phi}{dA_2}$	$E = \dfrac{\Phi}{A_2}$
Bestrahlung	H_e	$\dfrac{Ws}{m^2}$	Belichtung	H_v	$\dfrac{lm \cdot s}{m^2}$, lx s	$H = \dfrac{dQ}{dA_2}$	$H = \dfrac{Q}{A_2}$

LEUCHTDICHTE – UMRECHNUNGSFAKTOREN

Einheiten		sb	cd/m²	cd/ft²	cd/in²	asb	L	Lm	ftL
Stilb = cd/cm² = sb	=	1	10^4	929	6,45	31 400	3,14	3140	2920
cd/m² = Nit = nt	=	10^{-4}	1	$9,29 \times 10^{-2}$	$6,45 \times 10^{-4}$	3,14	$3,14 \times 10^{-4}$	0,314	0,292
cd/ft²	=	$1,076 \times 10^{-3}$	10,76	1	$6,94 \times 10^{-3}$	33,8	$3,38 \times 10^{-3}$	3,38	3,14
cd/in²	=	0,155	1550	144	1	4870	0,487	487	452
Apostilb = asb	=	$3,18 \times 10^{-6}$	0,318	$2,96 \times 10^{-2}$	$2,05 \times 10^{-4}$	1	10^{-4}	0,1	$9,29 \times 10^{-2}$
Lambert = L oder la	=	0,318	3183	296	2,05	10^4	1	10^3	929
mL oder mla	=	$3,18 \times 10^{-4}$	3,18	0,296	$2,05 \times 10^{-3}$	10	10^{-3}	1	0,929
footlambert äquivalent footcandle apparent footcandle ftL oder ftla	=	$3,43 \times 10^{-4}$	3,43	0,318	$2,21 \times 10^{-3}$	10,76	$1,076 \times 10^{-3}$	1,076	1

Zusätzlich sind folgende Angaben wichtig, die von Herstellern der optoelektronischen Bauelemente oft benutzt werden:

$$100 \text{ mW/}_{cm^2} \stackrel{\wedge}{=} 1 \text{ kW/}_{m^2}$$

$$100\ 000 \text{ Lx} \stackrel{\wedge}{=} 1 \text{ kW/}_{m^2}$$

Für Normlicht ist: $1 \text{ kLx} \approx 4{,}75 \text{ mW/}_{cm^2}$

daraus folgt: $1 \text{ mW/}_{cm^2} \approx 210 \text{ Lx}$

Die Geometrie der Optik

Zur Empfindlichkeitsbeurteilung bei Lichtschranken, Strahlern und Sendern ist es erforderlich, diese Anordnungen den einfachen geometrischen Gesetzen bei der Planung anzupassen.

Einfluß der Entfernung

Nach *Abb. 2.9.1-2a* ist für zwei Flächen (1 und 2) im Abstand r_1 und r_2 der Strahler E zugeordnet. Die Beleuchtungsstärke E_2 in der Entfernung r_2 ist dabei umgekehrt proportional zu dem Quadrat der Entfernung für einen zu betrachtenden Punkt.

Oftmals wird eine Strahlumleitung gefordert. Dabei ist

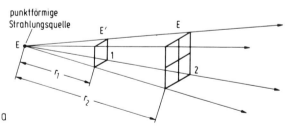

Abb. 2.9.1-2a Abhängigkeit der Beleuchtungsstärke vom Abstand zur Strahlungsquelle

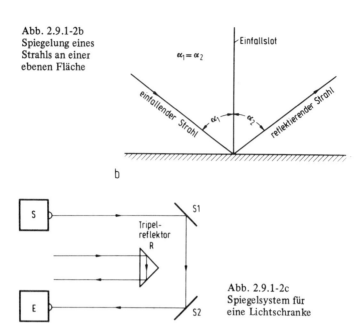

Abb. 2.9.1-2b
Spiegelung eines
Strahls an einer
ebenen Fläche

$\alpha_1 = \alpha_2$

Einfallslot

einfallender Strahl

reflektierender Strahl

α_1 α_2

b

S

Tripel-
reflektor
R

S1

E

S2

Abb. 2.9.1-2c
Spiegelsystem für
eine Lichtschranke

nach *Abb. 2.9.1-2b* bei Spiegelung an einer ebenen Fläche der
Einfallwinkel α_1 gleich dem Ausfallwinkel α_2, bezogen auf
die Senkrechte des Einfallpunktes. Das wird in *Abb. 2.9.1-2c*
ausgenutzt, um eine Lichtschranke mit zwei Spiegeln S1 und
S2 oder einen Tripelreflektor R so aufzubauen, daß durch
geeignete Anordnung eine Raumüberwachung möglich ist.
Von wesentlichem Einfluß auf die Reflexionseigenschaften
sind die Art der Oberflächenstruktur, das Material der Oberfläche sowie Einfallswinkel und Wellenlänge der Strahlung.
Nach *Abb. 2.9.1-2d* ist zu erkennen, wie die Lichtstärke als
Faktor R in Abhängigkeit zu dem Einfallswinkel geschwächt
wird. Dabei ist für das entsprechende Medium der Wert
R = 100 %, für α = 90 % zu sehen.

Man ist daher bestrebt, polierte, glänzende Oberflächen
zu benutzen, um minimale Verluste zu erzielen. Wichtig ist,

bei abgeschirmten Spiegeln ein Beschlagen der Gläser zu verhindern. Hier ist im Freien für eine Beheizung zu sorgen. Die Reflexionsfaktoren verschiedener Materialien zeigt die *Abb. 2.9.1-2e*. Vergoldete Oberflächen haben sich bewährt, da

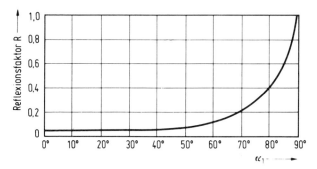

Abb. 2.9.1-2d Mit zunehmendem Einfallswinkel α_1 nimmt der Reflexionsfaktor zu

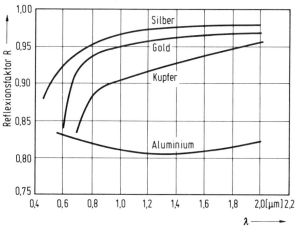

Abb. 2.9.1-2e Der Reflexionsfaktor hängt ab vom Material und von der Wellenlänge des Lichtes

hier gegenüber Silber keine Oxydationsprobleme entstehen. Spiegel müssen justierbar und erschütterungssicher angebracht werden. Blenden sollen vor Fremdlichteinfall schützen.

Linsengesetze

Da die meisten Strahler einen diffusen, ungebündelten Lichtaustritt haben, wird der Wirkungsgrad einer derartigen Anlage entscheidend verbessert, wenn direkt hinter dem Sender und möglichst vor dem Empfänger je eine Linse angeordnet wird. Dabei lauten die Gleichungen für die optische Abbildung eines Gegenstandes:

$$\frac{1}{f} = \frac{1}{g} + \frac{1}{b} \; ; \qquad V_L = \frac{b}{g} = \frac{H_B}{H_G} \; ; \qquad V_F = \frac{A_B}{A_G} = \left(\frac{b}{g}\right)^2$$

g = Gegenstandsweite
b = Bildweite
f = Brennweite

H_B= Bildhöhe
H_G= Gegenstandshöhe

V_L= Linearvergrößerung
V_F= Flächenvergrößerung

A_B = Bildfläche
A_G= Gegenstandsfläche

Die Angaben sind auf die *Abb. 2.9.1-3a* bezogen, wo u.a. auch die Anwendung eines Hohlspiegels gezeigt ist. Da oftmals mit vorgegebenen Linsen gearbeitet werden muß, deren Brennweite f nicht bekannt ist, läßt sich diese durch einen Versuchsaufbau nach Abb. 2.9.1-3a leicht errechnen. Für den Abgleich einer optoelektronischen Mechanik ist es sinnvoll, eine punktförmige, kleine Glühbirne anstelle des Senders anzuordnen und diese durch eine oder mehrere Linsen, gegebenenfalls ein Spiegelsystem, scharf auf der Empfängerebene — plane Fläche — abzubilden. Das geschieht durch entsprechende Änderungen der Gegenstands- und/oder Bildweiten. Bei Empfängern kann durch zusätzliche Linsenanordnung mit einer konkaven oder konvexen Linse ein paralleler Lichteintritt erreicht werden,

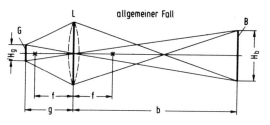

L   allgemeiner Fall   B

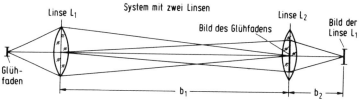

Linse L₁   System mit zwei Linsen   Linse L₂

Bild des Glühfadens

Bild der Linse L₁

Glühfaden

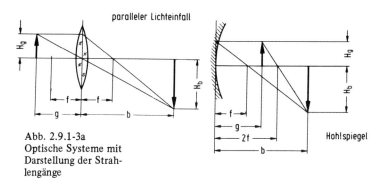

paralleler Lichteinfall

Hohlspiegel

Abb. 2.9.1-3a
Optische Systeme mit
Darstellung der Strahlengänge

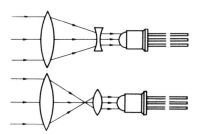

Abb. 2.9.1-3b
Auswirkung von Vorsatzlinsen auf den
Wirkungsgrad von
optischen Systemen

235

der durch Ausnutzung der gesamten empfindlichen Emp-
fängerfläche einen großen Wirkungsgrad gewährleistet
(Abb. 2.9.1-3b).

2.9.2 Der Fotowiderstand

Fotowiderstände sind Halbleiterbauelemente, deren Widerstand bei Lichteinfall abnimmt. Sie arbeiten stromrichtungsun-
abhängig und können somit sowohl für Gleichstrom als auch
für Wechselstrom benutzt werden. Eine Auswahl von Fotowiderständen zeigt das Foto *Abb. 2.9.2-1.*
Allen Einsatzgebieten ist die Schaltung nach *Abb. 2.9.2-2a*
oder *b* gemeinsam. Der Fotowiderstand R_F wird als Spannungsteiler mit einem Widerstand R zusammengeschaltet.
Dabei wird die erhaltene lichtabhängige Steuerspannung U_L
in der Schaltung a kleiner und in der Schaltung b größer bei
Lichteinfall. Das kennzeichnet die beiden möglichen Ausgangs-
spannungslagen. Der Widerstand R ist entsprechend der maxi-

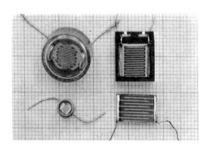

Abb. 2.9.2-1
Bauformen gebräuch-
licher Fotowiderstände

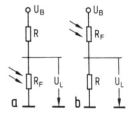

Abb. 2.9.2-2 Anordnung von Fotowiderständen in Spannungsteilern

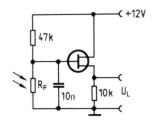

Abb. 2.9.2-3 Durch Nachschalten
eines FETs erhält man eine niederohmige Ausgangs-Steuerspannung

malen Leistung im Hinblick auf U_B sowie den Dynamikbereich
des Lichtes zu berechnen. Da Fotowiderstände in hoch-
ohmigen Gebieten arbeiten ($100\ \Omega ... > 100\ k\Omega$), ist es immer
zu empfehlen, an die Ausgangsspannung U_L einen Impedanzwandler mit hochohmigem Eingangswiderstand anzuschließen.
Das zeigt die *Abb. 2.9.2-3*.

Folgende Daten sind für den Entwurf mit Fotowiderständen zu berücksichtigen:

Spektrale Empfindlichkeit

Außer bei speziellen Infrarotdetektoren ist der Empfindlich-
keitsbereich zwischen 500 nm...750 nm zu finden, wobei
das Maximum bei üblichen Bauteilen bei 600 nm, also im
gelborangen Bereich, liegt.

Zulässige Verlustleistung

Die maximale zulässige Temperatur des Fotowiderstandes
liegt bei 70°C. Dementsprechend ist die zugeführte Verlustleistung und Umgebungstemperatur nach den Angaben der
Hersteller in einer Reduktionskurve zu berücksichtigen. Nach
Abb. 2.9.2-2a oder b ist die maximale Verlustleistung gegeben,
wenn $R = R_F$ ist, dann wird

$$P_{max} = \frac{U_B{}^2}{4\,R}$$

Zulässige Werte für die Fotowiderstände liegen bei
50 mW...200 mW.

Betriebsspannung

Es gibt Fotowiderstände, die im Bereich bis zu 220 V
Wechselspannung arbeiten. In allen Fällen ist die Kontrolle
der maximalen Verlustleistung unerläßlich. Fotowiderstände
werden in Gruppen zwischen 20 V...> 300 V geliefert.

Dunkelwiderstand

Darunter wird der hochohmige Widerstand verstanden, der
sich bei völliger Dunkelheit und nach t > 30 Minuten einstellt.
Er erreicht Werte bis > 200 MΩ. Zu beachten ist, daß der
Widerstand des Bauelements nach Abschalten des Strahlers
während der ersten 10...30 Sekunden sehr schnell ansteigt.

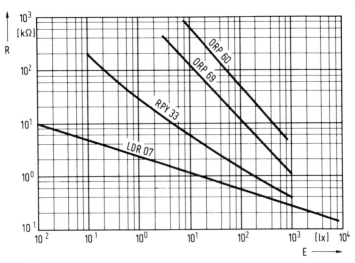

Abb. 2.9.2-4 Kennlinien unterschiedlicher Fotowiderstände

238

Hellwiderstand

Damit wird der Widerstand bei Beleuchtung mit einer vorgegebenen Lichtquelle bezeichnet. Auch hier ist mit einer gewissen Trägheit bis zum Erreichen des minimalen Wertes zu rechnen. Hellwiderstände bei 1000 Lux erreichen Werte zwischen 50 Ω...400 Ω. Typische Werte bei 50 Lux liegen zwischen 500 Ω...75 kΩ je nach Typ *(Abb. 2.9.2-4)*.

Trägheit

Fotowiderstände haben eine nicht zu vernachlässigende Zeitkonstante τ in Abhängigkeit von Lichtstromänderungen. Dem muß besonders bei Impulsbetrieb Rechnung getragen werden. Hier ist für eine hochohmige, kapazitätsarme Ankopplung zu sorgen.

Temperaturkoeffizient

Darunter ist die Änderung des Widerstandes bei gegebener Beleuchtung in Abhängigkeit von Temperaturschwankungen zu verstehen. Diese liegt bei 0,2...0,5 %/K.

2.9.3 Fotodioden

Im Gegensatz zu den Fotowiderständen sind Fotodioden mit definiertem PN-Übergang stromrichtungsorientierte Bauelemente. Sie werden in Sperrichtung betrieben. Die anwendungstypische Schaltung ist in der *Abb. 2.9.3-1* gezeigt. Fotodioden können für sehr schnelle Signalübertra-

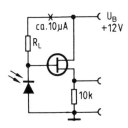

Abb. 2.9.3-1 Fotodiode mit FET als
Impedanzwandler

gung benutzt werden. Sie haben nach *Abb. 2.9.3-2* ein Glas-
fenster für den Lichteintritt.

Spektrale Empfindlichkeit

Dies ist nach *Abb. 2.9.3-3a* nur in Teilbereichen innerhalb
des sichtbaren Lichtes zu finden. Daraus resultiert bereits
die bevorzugte Anwendung für die Infrarottechnik.

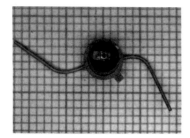

Abb. 2.9.3-2
So sieht eine Fotodiode aus

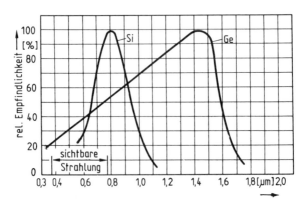

Abb. 2.9.3-3a Spektrale Empfindlichkeit von Si- und Ge-Fotodioden

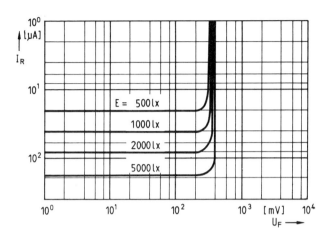

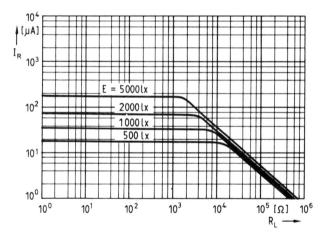

Abb. 2.9.3-3b Kennlinien für die Fotodiode BPX 98

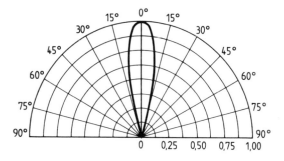

Abb. 2.9.3-3c Richtungsabhängige Empfindlichkeit durch eine Vorsatzlinse

Zulässige Verlustleistung

Je nach Typ liegt die maximale Verlustleistung typisch zwischen 20...300 mW in Durchlaßrichtung. Da die Höhe der Arbeitsspannung den Sperrstrom I_R kaum beeinflußt *(Abb. 2.9.3-4)*, kann die Fotodiode bei konstantem Lichteinfall als Konstantstromquelle betrachtet werden. Kleine Dunkelströme sind entscheidend, um ein gutes Signal-/Rauschverhältnis zu erreichen.

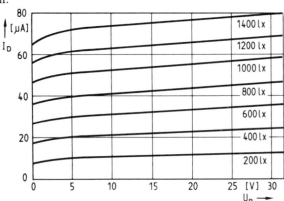

Abb. 2.9.3-4 Sperrstrom einer Fotodiode in Abhängigkeit von der Arbeitsspannung für verschiedene Beleuchtungsstärken

Arbeitsbereich

Der Arbeitsbereich wird am besten anhand einer Kennlinie nach *Abb. 2.9.3-3b* für den Typ BPX 98 beschrieben. Dabei ist unter I_R der Sperrstrom, unter U_F die Spannung in Durchlaßrichtung sowie unter R_L der Arbeitswiderstand R nach Abb. 2.9.3-1 zu verstehen.

Hier sei noch hinzugefügt, daß Fotodioden — sowie auch Fototransistoren — oftmals an der Lichteintrittsöffnung bereits eine optische Linse aufweisen, die zu einer erheblichen Empfindlichkeitssteigerung führt. Dieses fordert jedoch andererseits nach *Abb. 2.9.3-3c* eine exakt ausgerichtete Strahlzuführung hinsichtlich des Öffnungswinkels.

Ergänzend ist zu Abb. 2.9.3-3b zu sagen, daß der positive Spannungsbereich bis ca. 0,2 V noch ausgenutzt werden kann, bevor der Durchlaßstrom einsetzt.

Trägheit

Gegenüber Fotowiderständen haben Fotodioden eine erheblich geringere Trägheit. Es kann hier im Impulsbetrieb mit Schaltzeiten (10 %...90 % der Flanke) < 5 μs gerechnet werden. Somit lassen sich Fotodioden als Impulslichtschranken oder zur Lichttelefonie benutzen. Für extrem kurze Schaltzeiten zeichnet sich die Foto-PIN-Diode aus. Hier werden Ansprech-(Schalt)-Zeiten zwischen 1,5 und 5 ns erreicht.

Weitere Daten für den Typ BPW 24 sind: Dunkelsperrstrom 1...5 nA, Hellstrom 25...45 μA, Sperrkapazität bei -5 V entsprechend 40 pF, bei -20 V entsprechend 6 pF.

Da die Fotodiode im hochohmigen Sperrbereich arbeitet, ist eine geringe kapazitive und andererseits hochohmige Ankopplung (Sourcefolger) erforderlich, um kurze Schaltzeiten zu übertragen. Fotodioden können je nach Typ bei $U_D = 0$ V Kapazitäten über 200 pF, z.B. 1 nF, erreichen, bei Sperrspannung > 20 V werden selten 20 pF unterschritten. Lediglich PIN- und Avalanche-Dioden können Werte von einigen pF erreichen. Diese Kapazität ist bei der Auslegung breitbandiger Impulsschaltungen für die obere Grenzfrequenz zu berücksichtigen.

243

Temperaturabhängigkeit

Der Temperaturkoeffizient der Diodenspannung beträgt
ca. $-2,6$ mV/K und der des Stromes ca. $0,1...0,2$ %/K.

2.9.4 Fototransistoren

Ähnlich wie bei einer Fotodiode wird beim Fototransistor
nach *Abb. 2.9.4-1* durch eine Lichteintrittsöffnung die Basis-
Kollektorstrecke (Sperrichtung) durch Aufprallen von Photonen beeinflußt. Dadurch ändert sich der Kollektorreststrom.
Größere Helligkeit ergibt ein Ansteigen von I_C. Fototransistoren haben eine $100...700$mal so große Empfindlichkeit wie
Fotodioden, jedoch eine weitaus niedrigere Grenzfrequenz.
Daraus folgt, daß für schnelle Anwendungen die Fotodiode
immer vorgezogen wird. Ebenfalls ist zu bedenken, daß bei
Forderungen an die Linearität der Lichtübertragung die Fotodiode dem unlinearen Verhalten des Fototransistors vorzu-
ziehen ist.

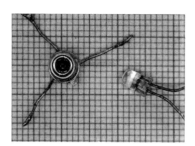

Abb. 2.9.4-1
Zwei Beispiele für
Fototransistoren

Basisanschluß

Nach *Abb. 2.9.4-2* und Abb. 2.9.4-1 werden Fototransistoren
mit Basis-, jedoch auch ohne Basisanschluß geliefert. Fototransistoren können immer mit offener Basis angeschlossen werden. Dieser Betriebszustand ergibt die höchste Empfindlichkeit.
Jedoch sinkt hier die obere Grenzfrequenz. Es ist sinnvoll, den

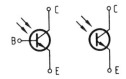

Abb. 2.9.4-2 Der Fototransistor
mit (links) und ohne (rechts)
herausgeführten Basisanschluß

Basisanschluß anzuschließen, wenn ein stabiler Arbeitspunkt
eingestellt werden soll, besonders bei unterschiedlichen Tem-
peratureinflüssen. Durch entsprechende Vorspannung kann der
Fototransistor gesperrt werden, wodurch sich Koinzidenz-
schaltungen verwirklichen lassen.

Spektrale Empfindlichkeit

Das Maximum der Empfindlichkeit von Si-Fototransistoren
liegt im Infrarotbereich bei ca. 800 nm. Ge-Fototransistoren
zeigen schon bei großen Wellenlängen von etwa 1500 nm ihre
größte Empfindlichkeit.

Signal – Rauschverhältnis

Da der Sperrstrom der Kollektor-Basis-Strecke ebenso verstärkt wird wie der Fotostrom der Basisdiode, ergibt sich
gegenüber der Fotodiode kein günstigeres Signal-/Rausch-
verhältnis.

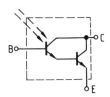

Abb. 2.9.4-3
So wird die Empfindlichkeit gesteigert

Fotodarlingtontransistoren

Hier handelt es sich um einen Fototransistor, dem ein
weiterer Transistor in Darlingtonschaltung nachgeschaltet ist.
Hierdurch wird die Empfindlichkeit (Verstärkung) erhöht,
jedoch sinkt andererseits die obere Grenzfrequenz. Das Prinzip
zeigt die *Abb. 2.9.4-3*.

245

Kollektor-Hellstrom

Bei rund 1000 Lx ist mit einem Kollektorstrom von ca. 1...2 mA zu rechnen. Dieser geht mit 100 kΩ Basiswiderstandbeschaltung auf ca. 0,5...1 mA zurück und erreicht bei 47 kΩ rund 150 μA. Fototransistoren werden in Empfindlichkeitsgruppen A...D geliefert, die bei definiertem Lichteinfall einen bestimmten Kollektorstrom bezeichnen. Die folgende *Tabelle* gibt die Werte für den Fototransistor BP 102 an:

Tabelle der Empfindlichkeitsgruppen von Fototransistoren

Gruppe	1 (A)	2 (B)	3 (C)	4 (D)
Fotostrom bei 1000 Lx in mA	0,16...0,32	0,25...0,5	0,4...0,8	0,63...1,25
Stromverstärkung $\dfrac{I_C}{I_B}$ ca.	200	320	500	800

Kollektordunkelstrom

Nach *Abb. 2.9.4-4a und b* ist zu erkennen, daß der Kollektordunkelstrom sowohl von der Höhe der Kollektorspannung als auch von der Kristalltemperatur direkt beeinflußt wird. In einem vorherigen Abschnitt wurde bereits auf eine mögliche Transistorsperrung mit Basisvorspannung hingewiesen.

Impulsverhalten und Basiskapazität

Fototransistoren weisen ein bis zu drei Zehnerpotenzen schlechteres Schaltverhalten hinsichtlich der oberen Grenzfrequenz gegenüber der Fotodiode auf. Die Schaltzeit läßt

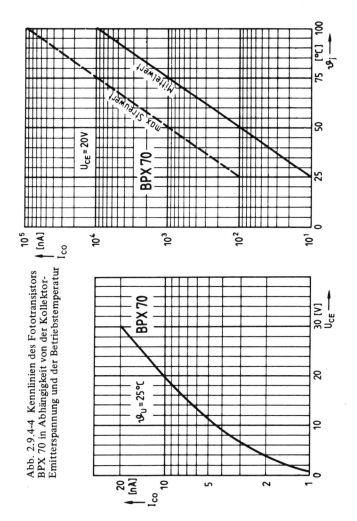

Abb. 2.9.4.4 Kennlinien des Fototransistors
BPX 70 in Abhängigkeit von der Kollektor-
Emitterspannung und der Betriebstemperatur

247

sich durch Einfügen eines Basis-Emitter-Widerstandes verkürzen, wodurch jedoch die Empfindlichkeit sinkt. Ebenfalls kann durch Wahl des Arbeitspunktes − Basisspannungsteiler − das Verhalten des Fototransistors weitgehend angepaßt werden, was besonders beim Empfang modulierter Strahlung von Bedeutung ist. Die Schaltzeiten liegen bei ca. 40...300 ns. Hier ist ein Basisruhestrom von 1...5 µA zu wählen.

Üblicherweise ist mit einer Kollektorkapazität C_C von 3...5 pF zu rechnen, die um den Millereffekt (Rückwirkungskapazität zwischen Kollektor und Basis) verstärkt an der Basis mit folgender Kapazität C_B erscheint:

$$C_B = (V_u + 1) \cdot C_C$$

Ist die Spannungsverstärkung $V_u = 100$ und $C_C = 4$ pF groß, so wird $C_B \approx 400$ pF, woran sich bereits das Verhalten bei hohen Frequenzen erkennen läßt. Durch Erhöhen der Kollektorspannung kann diese Kapazität ebenfalls beeinflußt werden nach der Gleichung

$$C_B \approx \sqrt{\frac{1}{U_C}},$$

also führt eine Erhöhung der Kollektorspannung zu einer Verringerung der Basiskapazität.

Kennlinienfeld

Das grundlegende Kennlinienfeld ist für den Fototransistor BPX 70 (Valvo) in der *Abb. 2.9.4-5* gezeigt. Wichtig ist auch hier, daß die maximal angegebene Verlustleistung nicht überschritten wird. In der Abb. 2.9.4-5 ist für R_L ein Wert von 6 kΩ angenommen. Die Betriebsspannung U_B ist 12 V groß. Die Verlustleistungshyperbel ist in das Kennlinienfeld nicht eingezeichnet, da für den BPX 70 mit $P_{max} = 180$ mW diese weit außerhalb der im Kennlinienfeld angegebenen Werte liegen. Die eingezeichnete Arbeitsgerade ergibt sich durch Widerstand R_L der Schaltung von 6 kΩ.

248

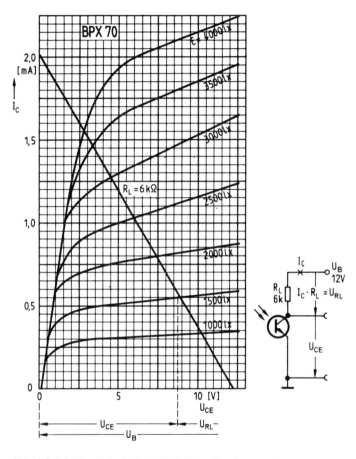

Abb. 2.9.4-5 Kennlinienfeld des BPX 70 zur Bestimmung des Widerstandes R_L

Praktische Schaltungen mit Fototransistoren

In den folgenden Schaltungen sind einige typische Anwendungsgebiete gezeigt. Ein einfaches Luxmeter zeigt *Abb. 2.9.4-6a*. Der Kollektorhellstrom des Fototransistors BPX 25 wird im nachfolgenden Transistor verstärkt. Der Vollausschlag des Drehspuleninstruments läßt sich mit einer Beleuchtungsstärke von 1000 Lx erreichen.

Abb. 2.9.4-6b zeigt eine bistabile Kippstufe. Sie liefert am Ausgang bei einer Spannung von 8 V einen Strom von 8 mA. Bei Beleuchtungsstärken $E_V > 50$ Lx kippt die Stufe, und der Ausgang wird stromlos. Die Grenzfrequenz liegt bei 6 kHz.

Eine empfindliche Relais-Schaltung ist in *Abb. 2.9.4-6c* gezeigt. Ohne Belichtung ist der Endtransistor gesperrt, und am Ausgang liegt praktisch die volle Betriebsspannung. Übersteigt die Beleuchtungsstärke einen Schwellenwert von etwa 10 Lx, geht der Endtransistor in den leitenden Zustand über und U_0 sinkt von 24 V auf 4,5 V ab. $\vartheta_U = $ max. 50°C.

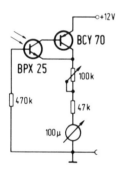

Abb. 2.9.4-6a Anwendung des Fototransistors in einem Luxmeter

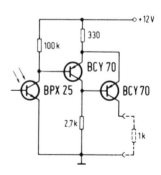

Abb. 2.9.4-6b Bistabile Kippstufe, angesteuert von einem Fototransistor

250

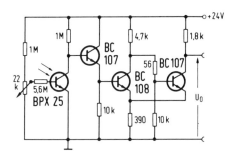

Abb. 2.9.4-6c
Lichtempfindliche
Relaisschaltung

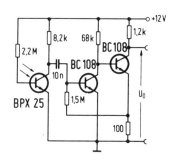

Abb. 2.9.4-6d
Empfänger für eine modulierte
Infrarotstrahlung

Bei dem Empfänger für modulierte Infrarotstrahlung
(Abb. 2.9.4-6d) erfolgt mit Hilfe des 2,2-MΩ-Widerstandes
die für modulierten Empfang erforderliche optimale Arbeitspunkteinstellung des Fototransistors BPX 25. Der nachfol-
gende zweistufige Verstärker ist kapazitiv angekoppelt; über
den 1,5-MΩ-Widerstand werden die Arbeitspunkte der beiden
BC 108 eingestellt und stabilisiert, auch wird der Verstärker-
eingangswiderstand herabgesetzt.

2.9.5 Fotoelemente und Solarzellen

Die *Abb. 2.9.5-1a* zeigt ein Fotoelement.
Fotoelemente unterscheiden sich im Prinzip nicht von den
Fotodioden. Sie besitzen wie diese eine meistens durch Dif-

251

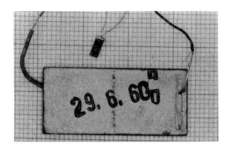

Abb. 2.9.5-1a
So sieht ein
Fotoelement aus

Abb. 2.9.5-1b Schaltsymbol für
ein Fotoelement nach
DIN 40 700 Bl. 8

fusion erzeugte Sperrschicht dicht unter der Kristalloberfläche, in der durch Photonenabsorption Ladungsträgerpaare erzeugt und unter dem Einfluß des inneren elektrischen Feldes getrennt werden. Im Gegensatz zu den Fotodioden betreibt man Fotoelemente ohne eine äußere Spannung.

Fotoelemente werden fast ausschließlich auf Silizium-Basis hergestellt, wobei man von N-dotierten Si-Kristallen ausgeht, in die eine 1,5 μm dicke P-Zone eindiffundiert wird. In *Abb. 2.9.5-1b* ist das genannte Symbol für ein Fotoelement gezeigt.

Praktische Hinweise

Bei Beleuchtung der Kristalloberfläche tritt an den offenen Anschlußklemmen, also im Leerlauf, eine Spannung U_L auf, die mit zunehmender Beleuchtungsstärke logarithmisch ansteigt. U_L ist nur von den Materialeigenschaften und der Temperatur abhängig und erreicht bei Zimmertemperaturen je nach Bestrahlungsstärke bis zu 550 mV. Bei kurzgeschlossenen Anschlußklemmen fließt ein Strom I_K, der mit der Beleuchtungsstärke linear ansteigt. Er ist bei gleicher Beleuchtungsstärke der Größe der lichtempfindlichen Kristall-

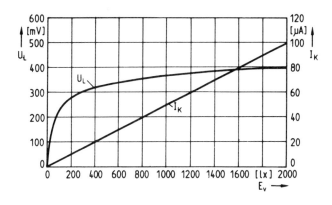

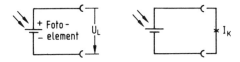

Abb. 2.9.5-2 Diagramm für den Leerlauf- und Kurzschlußfall
eines Fotoelementes

oberfläche proportional. Die *Abb. 2.9.5-2* zeigt als Beispiel
den Verlauf der Leerlaufspannung U_L und des Kurzschlußstromes I_K in Abhängigkeit von der Beleuchtungsstärke bei
einem kleinflächigen Silizium-Fotoelement.

Zellenkapazität

Fotoelemente weisen eine hohe Kapazität und auch große
Sperrströme auf. Ein Fotoelement mit einer Fläche von ca.
2 cm² hat eine Kapazität von ca. 20 nF. Allgemein kann mit
ca. $C \approx 100$ pF pro mm² gerechnet werden. Aus den oben er-
läuterten Werten ist ein Impulsbetrieb bis zu einigen kHz
praktikabel. Der Wert ist stark von R_L abhängig.

$$f_o \approx \frac{1}{2 \cdot \pi \cdot C \cdot R_L}$$

Sperrspannung

Die maximale zulässige Sperrspannung liegt bei ca. 1 V. Es muß daher bei Serienschaltung mehrerer Fotoelemente darauf geachtet werden, daß alle der gleichen Bestrahlung ausgesetzt werden. Werden z.B. vier Zellen in Serie geschaltet und eine davon abgedunkelt, erreicht die Sperrspannung den Wert $U_R \approx 3 \times 550$ mV = 1,65 V. Die vierte Zelle kann dadurch beschädigt werden.

Spektrale Empfindlichkeit

Die spektrale Empfindlichkeit für die gängigsten Zellen kann der *Abb. 2.9.5-3* entnommen werden.

Daten von Fotoelementen

In der folgenden Tabelle werden die Daten einiger Foto-elemente aufgeführt. Diese Daten sind angenäherte Werte und unterliegen wie bei allen Halbleitern den Exemplarstreuungen.

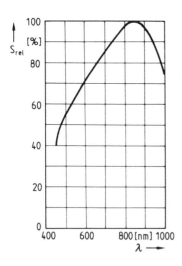

Abb. 2.9.5-3
Spektrale Empfind-
lichkeit einer
Fotozelle

Typ	Spektrales Maximum λ [nm]	Leerlaufspannung [mV] bei 100 lx	1000 lx	10000 lx	Kurzschlußstrom I_K bei 1000 lx
BP 100	850	170	300		25 μA
BPY 11P	850	310	410		50 μA
BPY 47P	850	300	410	>450	13 μA
TP 60	850	300	410	>440	0,7 mA

Typ	Kapazität [nF]	Dunkelstrom [μA] bei $U_R = 1$ V	U_R max. [V]
BP 100	1	3	1
BPY 11P	1	1	1
BPY 47P	16	25	1
TP 60	16	25	1

Praktische Anwendung

Die *Abb. 2.9.5-4* zeigt eine Schaltung für die Fernauslösung von Fotoblitzgeräten. Hier werden zwei in Serie geschaltete Fotoelemente von einem Primärblitz bestrahlt. Diese zünden über den Thyristor den Sekundärblitz.

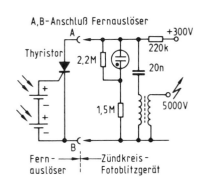

Abb. 2.9.5-4
Praktischer Einsatz einer
Fotozelle zur Auslösung
eines Tochterblitzgerätes

255

Solarzellen

Solarzellen sind Fotoelemente, für welche die allgemeinen Daten des Fotoelementes ebenfalls gelten. Solarzellen werden speziell zur Umwandlung der Sonnenstrahlung in elektrische Energie eingesetzt. Als Ausgangsmaterial dienen fast ausschließlich P-dotierte, einkristalline Siliziumstäbe mit einem Durchmesser von 50 bis 70 mm und einem Leitwert von einigen Ω/cm. Die Stäbe werden in 200...300 μm dicke Scheiben geschnitten, die mit ihrer vollen Fläche die späteren Solarzellen bilden. Für Sonderzwecke stehen aber auch kleinflächigere Solarzellen in verschiedenen Formen und Abmessungen zur Verfügung.

Von der einen Kristalloberfläche her wird mit Hilfe eines Diffusionsvorganges eine sehr dünne N-leitende Schicht erzeugt. Die Kontaktierung dieser Schicht erfolgt unter Aufdampfen einer Reihe schmaler, kammartig angeordneter Metallstreifen (Titan-Silber), die alle miteinander verbunden sind und den einen Anschluß der Solarzellen bilden (siehe *Abb. 2.9.5-5*).

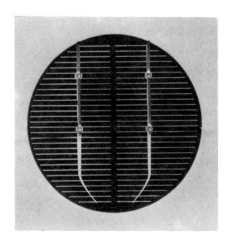

Abb. 2.9.5-5
Kammstruktur
einer Solarzelle

Der zweite Anschluß befindet sich auf der ganzflächig metallisierten Rückseite der Kristallscheiben.

Die stark temperaturabhängige Leerlaufspannung einer bestrahlten Solarzelle beträgt bei $\vartheta = 25°C$ etwa 550 mV; sie sinkt bei Entnahme der maximalen Leistung auf etwa 450 mV ab. Höhere Spannungen kann man nur durch eine Serienschaltung entsprechend vieler Solarzellen erzielen.

Der mit der Bestrahlungsstärke E_e linear ansteigende Kurzschlußstrom beträgt bei $E_e = 1$ kW/m² etwa 25 mA pro cm² Kristallfläche. Als Beispiel zeigt die *Abb. 2.9.5-6* die Strom-Spannungsabhängigkeit einer 4 cm² großen Solarzelle.

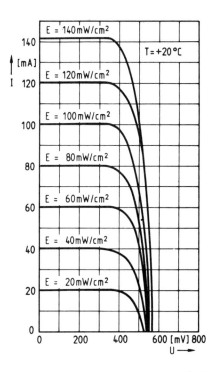

Abb. 2.9.5-6
Strom-Spannungs-
kurven von Solarzellen
bei unterschiedlichen
Beleuchtungsstärken

Die mechanische und elektrische Zusammenfassung vieler Solarzellen zu einer Einheit wird als Solarbatterie bezeichnet. Derartige Batterien sind für verschiedene Spannungen und Ströme erhältlich und können ihrerseits wieder durch entsprechende Parallel- und Serienschaltungen zu noch größeren Einheiten kombiniert werden.

Die verfügbare Globalstrahlung in unseren Breitengraden kann in den Sommermonaten mit durchschnittlich 650...1000 W pro m² angenommen werden. Bei leicht bedecktem Himmel reduzieren sich die Werte auf ca. 350...650 W pro m². Bei starker Bewölkung sind es nur noch ca. 100...300 W pro m². Für die Monate November bis Februar tritt eine weitere Reduzierung um ca. 50 % ein. Die jährliche Sonnenscheindauer wird für das Gebiet unserer Breiten mit durchschnittlich 1600 Stunden (1400 Minimum, 1900 Maximum) angesetzt. Die Intensität ist von der Tageszeit abhängig und in der *Abb. 2.9.5-7* veranschaulicht. Der dort angegebene Faktor α kennzeichnet die durchschnittliche Sonnenwahrscheinlichkeit in Prozenten, bezogen auf die möglichen Stunden in unseren Breiten.

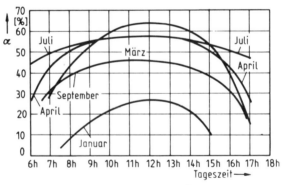

Abb. 2.9.5-7 Intensität der zu erwartenden Sonneneinstrahlung in unseren Breiten

Daten von Solarzellen

Im professionellen Bereich werden keine Einzelelemente, sondern oftmals die Zusammenschaltung als sogenannte Solarbatterie angeboten. Durch Parallel- und/oder Serienschaltung wird die erforderliche Leistung erbracht. Dabei werden vorzugsweise Solarbatterien zur Pufferung (Aufladung) von 6-V und 12-V-Akkumulatoren benutzt. Die technischen Daten einer Einzelzelle sind in der Leistungsbilanz bereits in der Abb. 2.9.5-6 gezeigt. Die *Abb. 2.9.5-8* zeigt das prinzipielle Verhalten einer Zelle. Dabei werden technische Aufgaben auf den Leerlauffall a), den Kurzschlußbetrieb b) und den eigentlichen Lastbetrieb c) gemacht. Daß die Arbeitsspannung stark temperaturabhängig ist, wurde bereits erklärt. Es kann mit einem Temperaturkoeffizienten von ca. −70 mV/K gerechnet

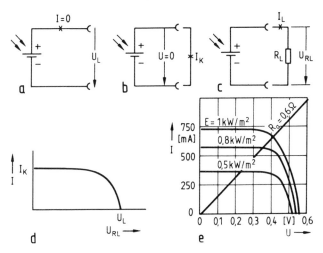

Abb. 2.9.5-8 Verhalten einer Solarzelle; a) bei Leerlauf; b) bei Kurzschluß; c) im Belastungsfall; d) Verlauf der Stromkurve zwischen Kurzschluß- und Leerlauffall; e) Kennlinien für unterschiedliche Beleuchtungsstärken bei gleicher Last

werden. Der Temperaturkoeffizient des Kurzschlußstromes kann mit 0,64 mA/K angenommen werden. In *Abb. 2.9.5-8d* ist der prinzipielle Verlauf der Stromkurve für den Lastfall c) gezeigt.

Hält man die Bestrahlung konstant und variiert R_L, dann läßt sich U zwischen U = 0 (Kurzschlußfall) und $U = U_L$ (Leerlauffall) ändern. In *Abb. 2.9.5-8e* erkennen wir die Abhängigkeit des Stroms von der Spannung für verschiedene Bestrahlungsstärken bei einer Solarzelle (Sperrschichttemperatur $t_u = 60^{\circ}C$). Der Lastwiderstand wurde zu 0,6 Ω gewählt. Er ist damit etwa gleich dem für eine Bestrahlungsstärke von E = 1 kW/m² wirksamen Innenwiderstand. Die maximale elektrische Leistung beträgt 0,285 W. Durch die eingezeichnete Lastgerade lassen sich Zellenspannung und Zellenstrom in Abhängigkeit von der jeweiligen Bestrahlungsstärke ablesen. Die Schnittpunkte der Kurven mit der Spannungs-Achse kennzeichnen die Leerlaufspannungen der Zelle bei der jeweiligen Bestrahlungsstärke.

Serienschaltung von Solarzellen

Werden nach *Abb. 2.9.5-9* drei Solarzellen D1...D3 in Reihe geschaltet, so kann günstigstenfalls mit einer Serienspannung von ca. 1,5 V gerechnet werden. Tritt nun der Fall ein, daß die Zelle D3 keine Lichtstrahlung – oder eine zu geringe – erhält, so kehrt sich die Zellenspannung D3 durch den fließenden Strom – R_L – um. Die Zelle wird in Sperrichtung betrieben. Das kann – besonders bei Serienschaltung mehrerer Zellen – zu einer Zerstörung führen. Aus diesem Grund ist es sinnvoll, antiparallel geschaltete Schutzdioden zu benutzen, wobei in diesem konkreten Fall der Strom I_D über die Diode D6 fließt und somit die Zelle D3 entlastet.

Parallelschaltung von Solarzellen

Nach *Abb. 2.9.5-10* können zwei oder mehrere Solarzellen sowohl in Serie als auch parallel geschaltet werden. In diesem

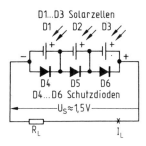

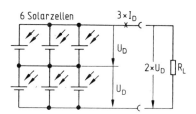

Abb. 2.9.5-9 Die Serien-
schaltung von Solarzellen
ist möglich

Abb. 2.9.5-10 Auch Kombinatio-
nen von Serien- und Parallelschaltung sind bei Solarzellen möglich

Beispiel ist für die Ermittlung der Ausgangsleistung
$P = 2 \cdot U_D \cdot 3 \times I_D$ heranzuziehen. Bei der Parallelschaltung
sind keine Probleme zu erwarten, wenn eine der Zellen keinen
Lichteinfall erhält. Probleme können erst dann auftreten,
wenn bei sehr hohen Bestrahlungsstärken Zellenspannungen
auftreten, welche die abgeschaltete Zelle in den Durchlaßbereich bringen, so daß hier ein starker Durchlaßstrom fließt.

Optimaler Lastwiderstand

Für die optimale Ausgangsleistung muß $R_L = R_i$ gewählt
werden. Da R_i jedoch nicht konstant ist — Funktion der Beleuchtungsstärke — muß ein mittlerer Wert gewählt werden,
der den elektrischen Daten des am häufigsten einfallenden
Lichtstromes entspricht. Angenäherte Werte von R_i einer
Zelle liegen zwischen 1 Ω...0,3 Ω.

Ladebetrieb am Akku

In *Abb. 2.9.5-11* ist der einfache Fall eines Akku-Ladebetrie-
bes gezeigt. Das ist zur Zeit die häufigste Anwendung von
Solarbatterien. Wichtig ist hier die Schutzdiode D. Diese

261

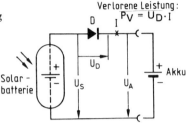

Abb. 2.9.5-11
Solarbatterie zur Akku-Ladung

Verlorene Leistung:
$P_V = U_D \cdot I$

Solar-
batterie

U_D

U_S

U_A

Akku

sorgt für eine Trennung, wenn die Spannung der Solarbatterie U_S unter die Spannung U_A des Akkus sinkt. Sinnvoller Einsatz wird durch elektronische Ladegeräte gegeben, die den Spannungseinsatz überwachen und regeln.

2.9.6 LED-Lumineszenz-Dioden

Als Lumineszenz-Dioden bezeichnet man Dioden, die beim Anlegen einer in Durchlaßrichtung gepolten Spannung Strahlung emittieren. Die *Abb. 2.9.6-1* erklärt die Bauformen. Die Wellenlänge des Strahlungsmaximums ist von der Art des für die Diode verwendeten Halbleitermaterials abhängig. Es gibt Lumineszenz-Dioden für den Bereich sichtbarer Strahlung mit den Farben Grün, Gelb oder Rot sowie solche, die im kurzwelligen Teil des Infrarot-Bereichs Strahlung emittieren.

Fließt durch eine Halbleiterdiode ein Strom in Durchlaßrichtung, dann werden sowohl Elektronen vom N-Gebiet in das P-Gebiet, als auch Löcher vom P-Gebiet in das N-Gebiet injiziert. Verwendet man, wie es bei den Lumineszenz-Dioden der Fall ist, für das N-Gebiet eine sehr hohe, für das P-Gebiet hingegen eine relativ niedrige Dotierungskonzentration, dann wird der Strom über den PN-Übergang nahezu vollständig von Elektronen getragen. Die in das P-Gebiet injizierten Elektronen rekombinieren mit den Löchern. Unter Benutzung des Bändermodells bedeutet dieser Vorgang, daß die Elektronen aus dem

262

Abb. 2.9.6-1
Eine Auswahl von LEDs

Leitungsband (Energie E_C) in energetisch niedriger liegende
Niveaus, im allgemeinen in das Valenzband (Energie E_V),
übergehen. Bei diesen Rekombinationsvorgängen geben die
Elektronen einen Teil ihrer Energie in Form elektromagne-
tischer Strahlung ab.

Wirkungsgrad

Bezieht man die Strahlungsleistung auf die von der Diode
aufgenommene elektrische Leistung, so erhält man, je nach
Diodentyp, einen Wirkungsgrad von etwa 0,5 bis 5 %. Von
diesem an sich schon kleinen Anteil steht wiederum nur ein
kleiner Teil als Nutzstrahlung zur Verfügung, während der
weitaus größere Anteil durch Absorption verlorengeht.

Die hohen Absorptionsverluste sind hauptsächlich durch
die Totalreflexionen der Photonen an den Grenzflächen des
Kristalls bedingt. Erst durch eine geeignete Wölbung der
Plastikoberfläche lassen sich die Totalreflexion und damit die
Absorptionsverluste soweit herabsetzen, daß der Vorteil der
Kunststoffumhüllung als merklich vergrößerte nutzbare
Strahlungsleistung in Erscheinung tritt.

Um die Absorptionsverluste möglichst klein zu halten,
wird bei GaP- und GaAsP-Dioden das P-Gebiet, in dem die
Photonen erzeugt werden, als nur wenige μm dicke, direkt an

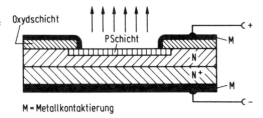

Abb. 2.9.6-2
Der prinzipielle
Aufbau einer
LED

M = Metallkontaktierung

der Oberfläche liegende Schicht ausgebildet. Die *Abb. 2.9.6-2*
zeigt den prinzipiellen Aufbau solcher Lumineszenz-Dioden.

Anwendungsbereiche

Aufgrund des kompakten Aufbaues ergeben sich bei dem
Einsatz von Lumineszenz-Dioden Vorteile wie kleine Abmes-
sungen, robuster Aufbau, sehr große Lebensdauer, kleine
Betriebsspannung und -ströme, nahezu monochromatische
Strahlung und sehr kurze Anstiegs- und Abfallzeiten.

Daraus resultieren die folgenden Einsatzgebiete:

- Anzeige von Ziffern, Zeichen und Buchstaben
- Signallampen in Geräten und Anlagen
- Aufbau von Skalen
- Abtasten von Lochkarten und -streifen
- Zustandsanzeige von logischen Ausgängen
- Lichtschranke
- zur optoelektronischen Übertragung von analogen und
  digitalen Informationen.

Lebensdauer

Lumineszenz-Dioden haben eine Lebensdauererwartung, die
bei Normalbetrieb die Lebensdauer der Anlagen und Geräte, in
denen sie verwendet werden, um ein Mehrfaches übertrifft.
Sieht man als Ende der Lebensdauer den Zustand an, bei dem
die Strahlstärke der Lumineszenz-Diode auf 50 % des An-

fangswertes abgesunken ist, so erhält man folgende typische Werte:

Bei Dauerbetrieb einer normalen Lumineszenz-Diode mit einem Durchlaßstrom, der 40 % des maximal zulässigen Durchlaßstroms beträgt, ist die Lebensdauererwartung 10^6 Stunden (114 Jahre). Selbst bei Dauerbetrieb mit dem maximal zulässigen Durchlaßstrom ergeben sich immer noch über 10^5 Stunden.

Betriebswerte – Durchlaßstrom

Lumineszenz-Dioden werden in Durchlaßrichtung nach *Abb. 2.9.6-3* betrieben. Außer bei I_R-Dioden, bei denen der Durchlaßstrom Werte bis 100 mA erhalten darf, ist der Durchlaßstrom bei Lumineszenz-Dioden (rot-gelb-grün) auf Werte bis maximal 50 mA begrenzt. Im praktischen Gebrauch ist ein Strom von 20 mA zu empfehlen. Aus diesem Grund muß in praktisch allen Fällen ein Strombegrenzungswiderstand R eingeschaltet werden. Je nach Größe und Spannung U_D, die – je nach LED-Typ – Werte zwischen 1,4 V...2,8 V erreichen kann, ist für den allgemeinen Fall mit Vorschaltwiderstand R und Betriebsspannung U_B

$$R = \frac{U_B - U_D}{I_D} \quad [\Omega; V; A]$$

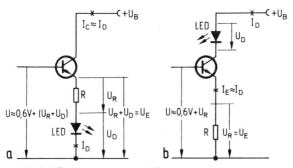

Abb. 2.9.6-3 LEDs – geschaltet mit Transistoren

Für praktische Anwendung genügt bei Spannungen $U_B > 6$ V
die vereinfachte Gleichung:

$$R \approx \frac{U_B - 2\,V}{0{,}02\,A} \quad [\Omega;\,V;\,A]$$

Bei der Ansteuerung durch Treibertransistoren sind nach
Abb. 2.9.6-3a und b zwei Möglichkeiten gegeben. Beide Schaltungen eignen sich gleich gut für eine Übertragung modulierter Lichtsignale oder für stationäre Signalgebung. Bei der Schaltung nach Abb. 2.9.6-3a ist die Diode im Emitterkreis (Emitterfolger) angeordnet. Die Basis erhält eine Spannung U, die
etwa dem Wert $\dfrac{U_B}{2}$ entspricht. Die Spannung U_E ist um den
Betrag 0,6 V niedriger als U. Somit kann dann nach der vorherigen Gleichung

$$R = \frac{U - 0{,}6\,V - U_D}{I_D}$$

der Strombegrenzungswiderstand ausgerechnet werden.
Dabei ist I_D mit 10...50 mA anzusetzen, je nach Anwendung
und Transistor.

In der Schaltung Abb. 2.9.6-3b ist die Diode im Kollektor-
kreis angeordnet. Der mittlere Ruhestrom ist durch R_E
zwischen 10...50 mA einzustellen.

Durchlaßspannung

Die Größe der Durchlaßspannung von Lumineszenz-Dioden
ist von der Materialzusammensetzung abhängig. Im allgemeinen sind folgende Werte gültig:

Typ	Farbe	U_D [V]
GaAs	IR-A-Gebiet	1,2...1,5
GaAsP	Rot	1,4...1,8
GaAsP	Gelb	2,0...2,5
GaP	Grün	2,0...2,8

Abb. 2.9.6-4
U_D/I_D-Kennlinie einer LED

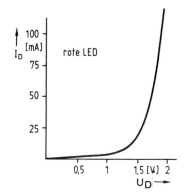

In der *Abb. 2.9.6-4* sehen wir den typischen Verlauf der Durchlaßspannung U_D. Die Durchlaßkurve verschiebt sich mit steigender Temperatur nach links. Bei Nennstrom haben IR-Dioden ein $T_K \approx -1{,}5$ mV/K und Dioden im sichtbaren Strahlungsbereich ein $T_K \approx -1{,}6$ mV/K.

Sperrspannung

Die Sperrspannung von Lumineszenz-Dioden liegt je nach Typ mit $U_R = 3...5$ V sehr niedrig. Es ist dafür zu sorgen, daß diese Werte auch bei Impulssteuerung nicht überschritten werden. Sperrströme liegen im Bereich von 0,01 μA...50 μA.

Schaltungstechnik: Serienschaltung von Lumineszenz-Dioden — Abb. 2.9.6-5

Eine Serienschaltung ist möglich, da die Streuwerte hier keine Rolle spielen *(Abb. 2.9.6-5)*. Der gemeinsame Strom bestimmt das Arbeitsverhalten der Schaltung. Vorsicht ist jedoch im Sperrbetrieb geboten. Hier ist zu berücksichtigen, daß bei unterschiedlichen Sperrströmen die Spannung an den einzel-

267

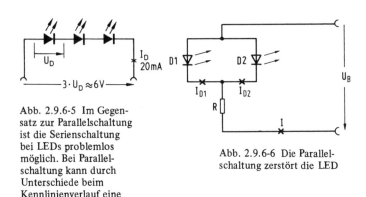

Abb. 2.9.6-5 Im Gegensatz zur Parallelschaltung ist die Serienschaltung bei LEDs problemlos möglich. Bei Parallelschaltung kann durch Unterschiede beim Kennlinienverlauf eine Diode überlastet werden

Abb. 2.9.6-6 Die Parallelschaltung zerstört die LED

nen Dioden sich soweit erhöhen kann, daß die Grenzwerte überschritten werden. In solchen Fällen ist eine Antiparallelschaltung kleiner Siliziumdioden erforderlich.

Parallelschaltung von Lumineszenz-Dioden − Abb. 2.9.6-6

Lumineszenz-Dioden dürfen nicht parallelgeschaltet werden. Aufgrund der unterschiedlichen Spannungswerte bei einem Arbeitspunkt kann eine Überlastung der Diode auftreten, die den kleineren Spannungswert U_D hat.

Diode im Schalterbetrieb − Abb. 2.9.6-7

Eine LED kann, parallel zu einem Transistor geschaltet *(Abb. 2.9.6-7)*, den jeweiligen Ein-Aus-Zustand signalisieren. Der Widerstand R_V ist so zu bemessen, daß bei der gegebenen Betriebsspannung der Diodenstrom I_D den zugelassenen Wert von z.B. 20 mA nicht überschreitet.

Betrieb an Wechselspannung − Abb. 2.9.6-8

Lumineszenz-Dioden können nach *Abb. 2.9.6-8* an Wechselspannung betrieben werden, wenn bei der Halbwelle, die zur

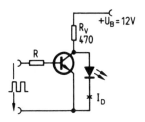

Abb. 2.9.6-7
LED zur Anzeige des
Transistorzustandes

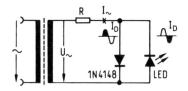

Abb. 2.9.6-8 Bei Wechselspan-
nungsbetrieb ist eine Schutzdiode
antiparallel zur LED zu schalten,
damit die Sperrspannung nicht
überschritten wird

Sperrung der Diode führt, eine antiparallelgeschaltete Diode
die Sperrspannung auf 0,6 V begrenzt. Der Widerstand R ist so
zu bemessen, daß für seine Berechnung der Effektivwert der
Wechselspannung herangezogen wird. Bei der Spitzenspannung
des Wechselstromes ist der Diodenspitzenstrom etwa um den
Faktor 1,4 größer, was zu tolerieren ist.

Betrieb an Wechselspannunng – Abb. 2.9.6-9

Die Schaltung nach *Abb. 2.9.6-9* unterscheidet sich von der
vorigen dadurch, daß die antiparallel geschaltete Diode ebenfalls eine LED ist. Dadurch ist auch hier gewährleistet, daß der
Bereich der Sperrspannung für keine der beiden Dioden erreicht wird. Die beiden LEDs leuchten wechselseitig bei jeder
Halbwelle auf. Der Widerstand R ist so zu bemessen, als ob nur
eine Diode vorhanden ist.

Abb. 2.9.6-9 Bei Betrieb
an Wechselspannung kann
auch eine zweite LED zur
Begrenzung der Sperrspan-
nung verwendet werden

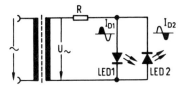

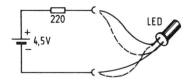

Abb. 2.9.6-10
Möglichkeit zum Feststellen
der Durchlaßrichtung einer
LED

Anschlüsse

In den meisten Fällen ist der längere Anschlußdraht die
Anode. Die Polung läßt sich mit einer 3...4,5-V-Batterie und
einem 220-Ω-Schutzwiderstand in Serienschaltung leicht
feststellen. Siehe hierzu *Abb. 2.9.6-10*.

2.9.7 Sieben-Segment-Anzeigen und Rastermatrix

Zur Anzeige von Ziffern, Zeichen und Symbolen lassen sich
Einzeldioden zu Displays zusammensetzen. Das zeigt
Abb. 2.9.7-1. Üblich sind heute Siebensegment-Anzeigen
nach *Abb. 2.9.7-2a*.

 Kleinere Segment-Anzeigeelemente lassen sich monolithisch
herstellen. Dies gilt für Anzeigehöhen von 3 mm bis 5 mm, wie
sie z.B. in Taschenrechnern vorliegen. Größere Anzeigeele-

Abb. 2.9.7-1
Vier Siebensegment-
Anzeigen mit
Treiber-IC

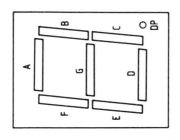

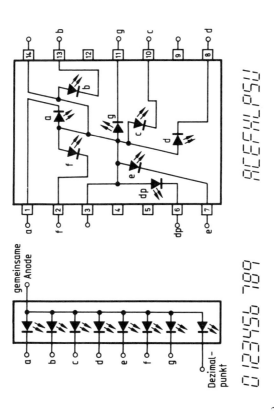

Abb. 2.9.7-2a Anordnung der einzelnen Dioden in einer Siebensegment-Anzeige

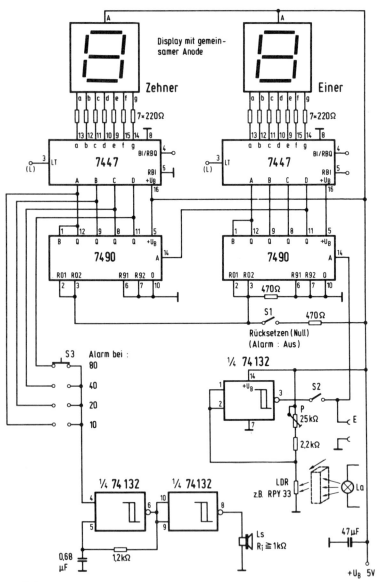

Abb. 2.9.7-2b Ein Zähler für viele Zwecke

mente bis zu 20 mm Anzeigehöhe werden aus Einzelkristallen in Verbindung mit Lichtleitern aufgebaut. Hierbei werden die leuchtenden Kristallflächen, die eine Größe von etwa 0,3 mm x 0,3 mm haben, mit Hilfe keilförmiger Kunststofflichtleiter auf maximal 9 mm x 1 mm gestreckt.

Es gibt die einzelnen Anzeigeblöcke mit und ohne Dezimalpunkt. Dieser kann je nach Ausführung vor oder nach dem Zahlenbild liegen. Bei kleineren Schrifthöhen wird pro Segment eine LED angeordnet, wobei über ein keilförmiges optisches Prisma ein Strich (Segment) simuliert wird. Bei größeren Schrifthöhen werden für die dabei entstehenden längeren Einzelsegmente auch zwei Dioden benutzt. Sieben-Segment-Anzeigen sind in rot-, grün- und gelbleuchtenden Segmenten erhältlich.

Daten

Die Daten entsprechen grundsätzlich den Angaben von LEDs. Wegen der hohen erforderlichen Lichtintensität wird oftmals pro Diode auch mit einem Segmentstrom von 20...25 mA gearbeitet. Das kann dazu führen, daß eine Anzeigeeinheit mit 8 Dioden (Dezimalpunkt) bis zu 200 mA Strombedarf fordert. Die Anzeigeeinheiten werden über einen entsprechenden Decoder und Lampentreiber angesteuert.

Anwendungsschaltung

Die Schaltung in der *Abb. 2.9.7-2b* zeigt einen universellen Ereigniszähler mit zwei Sieben-Segment-Displays. Er eignet sich nicht nur für optoelektronisches Zählen – z.B. Lichtschranke – mit dem LDR – es kann auch der Schalter S2 geöffnet werden, wodurch der Eingang E für Zählimpulse beliebiger Art frei wird. Voraussetzung ist allerdings ein TTL-Signal.

Der Triggerbaustein 74132 enthält 4 Schmitt-Trigger. Davon werden weitere zwei für einen Tongenerator und Buffer genutzt. In der Schaltung Abb. 2.9.7-2b sind mit dem Schalter S3 die Signale $Q_A...Q_D$ des Zehnerzählers herausgeführt. Das hat den Vorteil, daß je bei einem H-Sprung, also bei $10 - 20 - 40 - 80$ der Pin 4 des Tongenerators ein H-Pegel erhält und somit der Tongenerator arbeitet. Löschen ist möglich mit der gemeinsamen Rücksetztaste S1.

Sockelbilder

Ein typisches Sockelbild ist bereits in der Abb. 2.9.7-2 gezeigt, wobei ebenfalls die mit dem 7-Segment-Display möglichen Darstellungsformen von alphanumerischen Zeichen angegeben sind.

Matrix-Anzeigefelder

Am häufigsten anzutreffen ist die sogenannte 5 x 7-Punkt-Matrix *(Abb. 2.9.7-3)* für die Darstellung von Ziffern und

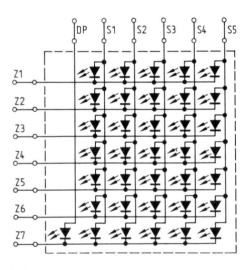

Abb. 2.9.7-3
Aufbau einer
5 x 7-Punkt-
Matrix

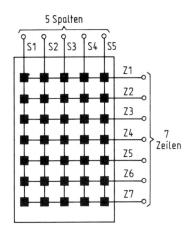

Abb. 2.9.7-3
Aufbau einer
5 × 7-Punkt-
Matrix

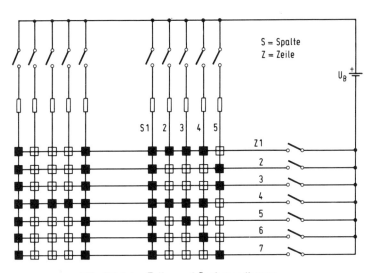

Abb. 2.9.7-4   Zeilen und Spaltencodierung

Großbuchstaben. Eine erweiterte 7 x 9-Punkt-Matrix gestattet auch noch die Anzeige von Kleinbuchstaben und Sonderzeichen. Zum Decodieren werden fünf Spaltenanschlüsse und sieben Zeilenanschlüsse herausgeführt. Somit kann nach *Abb. 2.9.7-4* mit einem sequentiellen Abtastverfahren über die entsprechenden, elektronisch betätigten „Schalter" ein H oder R abgebildet werden. Für die elektrischen Werte eines Anzeigepunktes sind – wenn vom Hersteller nicht anders angegeben – im allgemeinen die Datenwerte einer LED anzusetzen.

2.9.8 Optokoppler

Optokoppler sind elektronische Bauelemente, die meist in einem DIP-6- oder DIP-8-Gehäuse *(Abb. 2.9.8-1)* einen optoelektronischen Sender – z.B. LED- und gleichzeitig den Empfänger – z.B. einen Fototransistor oder eine Fotodiode – gemeinsam untergebracht sind. Sinn dieser Anordnung ist es, zwischen Empfängerseite und Senderseite eine galvanische Trennung zu erreichen. Somit lassen sich bei der Übertragung elektrischer Signale auf lange Leitungen undefinierte Erdungsverhältnisse umgehen, Kreise mit verschiedenen Potentialen lassen sich trennen.

In der Digitaltechnik sind so leicht galvanisch getrennte Pegelumsetzer möglich. Als Übertragungselement dient das Licht. Optokoppler gibt es mit Isolationsspannungen zwischen Empfänger und Sender von einigen 100 V bis zu 5 kV. Gehäuseformen reichen vom TO-100 Metallgehäuse, Plastik-Dual-in-Line, Mini-Dip bis zum Keramikgehäuse.

Abb. 2.9.8-1 So sieht ein Optokoppler im DIP-Gehäuse aus

Funktion

Bei einer optoelektronischen Signalübertragung führt man das zu übertragende analoge oder digitale Signal einer Strahlungsquelle zu, die diese Information als modulierte optische Strahlung aussendet. In einem Fotoempfänger erfolgt dann die Rückwandlung des aufgenommenen optischen Signals in ein entsprechendes elektrisches Signal.

Die Mehrzahl der zur Zeit verwendeten optoelektronischen Koppelemente arbeitet mit einer GaAs-Lumineszenz-Diode als Sender und einem NPN-Si-Fototransistor als Empfänger. Diese Kombination wird bevorzugt, weil die Wellenlänge der von der Diode emittierten Strahlung in den Bereich der maximalen spektralen Empfindlichkeit des Transistors fällt und damit eine gute optische Anpassung erreicht wird.

Das Medium zwischen Sender und Empfänger könnte grundsätzlich aus einem Gas bestehen; aus Gründen einer höheren Spannungsfestigkeit wird jedoch meistens ein transparenter Kunststoff verwendet. Es gibt in dieser Weise aufgebaute Optokoppler mit zugelassenen Potentialdifferenzen von einigen kV und Isolationswiderständen $> 10^{11}$ Ω zwischen Eingang und Ausgang.

Um den Einfluß von Fremdstrahlungen auszuschalten, verwendet man für die Umhüllung einen strahlungsundurchlässigen Kunststoff. Einige Optokoppler sind auch mit einem hermetisch verschlossenen Metallgehäuse ausgestattet.

Stromübertragungsverhältnis

Ein wichtiger Kennwert bei optoelektronischen Koppelelementen ist das Stromübertragungsverhältnis (Current Transfer Ration „CIR"). Hierbei handelt es sich um den Quotienten I_D/I_F, wenn auf der Empfängerseite eine Fotodiode verwendet wird, und um den Quotienten I_D/I_F' wenn ein Fototransistor nach *Abb. 2.9.8-2* vorliegt.

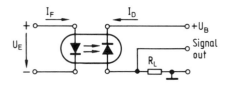

Abb. 2.9.8-2
Aufbau eines Opto-
kopplers;
oben: mit LED und
Fotodiode;
unten: mit LED und
Fototransistor

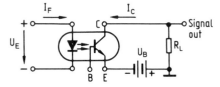

Hierbei ist

I_F = Durchlaßstrom der Lumineszenz-Diode
I_D = Strom durch die Fotodiode bei Belichtung
I_C = Kollektorstrom des Fototransistors bei Belichtung

Der Quotient I_D/I_F liegt in der Größenordnung von 0,002
(0,2 %), was bedeutet, daß beispielsweise bei einem LED-
Strom I_F = 10 mA ein Fotodiodenstrom von 20 μA fließen
würde. Das äußerst kleine Stromübertragungsverhältnis hat
seine Ursache hauptsächlich in dem niedrigen Wirkungsgrad
der Lumineszenz-Diode.

Enthält der Optokoppler einen Fototransistor, dann erhöht
sich das Übertragungsverhältnis entsprechend der Stromverstärkung des Transistors. Hierbei kann man für einfache Fototransistoren Verstärkungswerte von 100 bis 500 und für Dar-
lington-Fototransistoren solche von 5000 bis 10 000 an-
nehmen. Diese Werte würden zu Übertragungsverhältnissen
von 0,1 bis 1,0 (10 bis 100 %) bzw. 2 bis 20 (200 % bis
2000 %) führen.

Die Abhängigkeit des Stromübertragungsverhältnisses
vom Arbeitspunkt, also vom Strom I_F, ist hauptsächlich
durch die Abhängigkeit der Stromverstärkung des Transistors

278

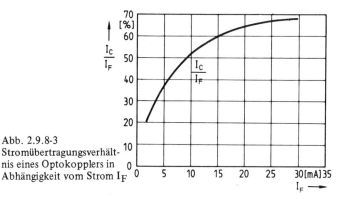

Abb. 2.9.8-3
Stromübertragungsverhältnis eines Optokopplers in Abhängigkeit vom Strom I_F

vom Kollektorstrom gegeben. Die *Abb. 2.9.8-3* zeigt den typischen Verlauf des I_C/I_F-Verhältnisses in Abhängigkeit vom Strom I_F.

Übertragungskennlinie

Die Übertragungskennlinie eines optoelektronischen Koppelelements gibt die Abhängigkeit des Ausgangsstroms I_C oder I_D vom Eingangsstrom I_F wieder. Die *Abb. 2.9.8-4* zeigt als Beispiel den Kennlinienverlauf eines Koppelelements mit einem Fototransistor als Empfänger.

Wird das optoelektronische Koppelelement zum Übertragen digitaler Signale verwendet, spielt das Auftreten von Verzerrungen, hervorgerufen durch Krümmungen in der Übertragungskennlinie, nur eine untergeordnete Rolle. Anders bei der Übertragung analoger Signale: Hier ist ein möglichst kleiner Klirrgrad erwünscht. Dieses Ziel läßt sich durch eine sorgfältige Arbeitspunkteinstellung, und zwar durch geeignete Wahl des Diodengleichstromes I_F erreichen. Darüber hinaus kann der Klirrgrad durch schaltungstechnische Maßnahmen – z.B. Gegenkopplung – verkleinert werden. Diese Möglichkeiten setzen allerdings voraus, daß die Basis des Fototran-

279

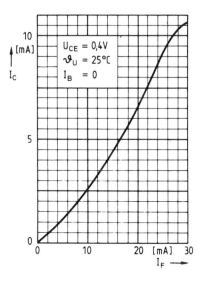

Abb. 2.9.8-4
Kennlinie I_C/I_F eines
Optokopplers mit
Fototransistor

sistors zugänglich ist. Besonders hochwertige analoge Übertragungen lassen sich erreichen, wenn als Empfänger eine Diode oder ein als Diode arbeitender Transistor verwendet wird. Es entfällt dann die Nichtlinearität, die durch die Abhängigkeit der Stromverstärkung des Fototransistors vom Kollektorstrom hervorgerufen wird.

Schaltzeiten

Die Schaltzeiten von optoelektronischen Koppelelementen, die einen Fototransistor als Empfänger haben, werden in der Regel durch die Schalteigenschaften des Fototransistors bestimmt, da die Schaltzeiten der Lumineszenz-Diode normalerweise wesentlich niedriger liegen.

In den Datenblättern von optoelektronischen Koppelelementen mit Fototransistoren werden für die Schaltzeiten Werte von einigen Mikrosekunden genannt. Diese Schaltzeiten wurden bei bestimmten, in den Datenblättern angegebenen

Bedingungen ermittelt. In praktischen Schaltungen sind diese Werte jedoch häufig nicht zu realisieren. Die Ursache liegt hauptsächlich in der sich bei Ausnutzung der Verstärkereigenschaften des Fototransistors stark vergrößernden Miller-Kapazität.

Die kürzesten Schaltzeiten lassen sich erzielen, wenn man die Kollektor-Basis-Diode des Transistors als Fotodiode benutzt. Die auf diese Weise erzielbaren Schaltzeiten gleichen denen von Optokopplern mit einer Fotodiode als Empfänger. Das Stromübertragungsverhältnis geht jedoch auf die Werte unter 1 % zurück, so daß eine breitbandige Verstärkung des Ausgangssignals erforderlich wird.

Anwendungsschaltung

Die *Abb. 2.9.8-5* zeigt eine Anwendungsschaltung für einen Optokoppler. Hier wird er zur galvanischen Trennung eines SW-Videosignales benutzt. Das solchermaßen entkoppelte BAS-Signal wird für den Eingang des Videorecorders benötigt. Das Eingangssignal in Höhe von 230 V wird auf einen Pegel von 31 V umgesetzt. Wichtig ist hier eine hohe Isolationsspannung.

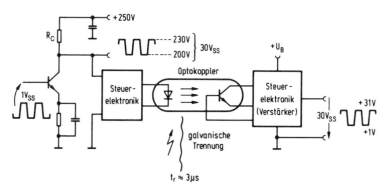

Abb. 2.9.8-5 Der Optokoppler in der Anwendung

2.9.9 Infrarot-Detektoren (IR-Detectors)

Infrarot-Detektoren, bestehend aus Fotowiderständen oder keramischen Teilen, sind eine Art von Fotozellen, deren spektrale Empfindlichkeit im tiefen IR-Bereich — > 1 µm < 20 µm — liegt. Während bei Indiumantimonid (InSb) die Empfindlichkeit noch etwa bei 500 nm (0,5 µm), also im sichtbaren Lichtbereich beginnt, liegt der typische Spektralbereich der für Bewegungsdetektoren üblichen keramischen pyroelektrischen IR-Detektoren am kurzwelligen Ende bei ca. 1 µm bis max. 6,5 µm und am langwelligen Ende bei ca. 15 µm. Die Werte sind typenabhängig. Triglyzinsulfat-(LATGS-, DLATGS-)Elemente liegen im Bereich zwischen 1 ... 20 µm oder 1 ... 70 µm.

IR-Detektoren werden benutzt, um Wärmequellen aufzuspüren und diese auch in ihrer Intensität zu bestimmen. Durch Linsen (Teleobjektive) ist es möglich, Wärmequellen auf mehrere hundert Meter Entfernung festzustellen. Wellenfilter aus dafür vorgesehenem Glas können hier schmalbandige Gebiete erfassen, so daß zwischen verschiedenen Temperaturen (Objekten) noch unterschieden werden kann. Das sagt weiter aus, daß die Empfindlichkeit (Spannungsausbeute) am Spektralbereichsende nicht mehr von der Intensität des Strahlers abhängt.

IR-Detektoren werden häufig als Bewegungsmelder angewendet. Wird vor einen IR-Empfänger eine Fresnellinse geschaltet, oder liegt der Detektor im Focus eines derartigen Spiegels, so wird die Betrachtungsebene in verschiedene Sektoren unterteilt. Wandert die Wärmequelle von einem Bereich in den nächsten, so entsteht eine kurze Unterbrechung, die einen entsprechenden Spannungsimpuls am Detektorausgang zur Folge hat. Über derartige Linsensysteme werden Bewegungen im Bereich von 5 m ... 35 m erfaßt. Bei Telelinsen ergeben sich entsprechend größere Werte, z.B. bis 75 Meter. Hier werden vorzugsweise auf Keramikbasis arbeitende Detektoren benutzt, die nur bei Strahlungsintensitätsänderung einen Spannungsimpuls liefern und somit für stationäre Wärmemessung nicht geeignet sind, es sei denn, die Wärmestrahlung wird über eine rotierende Lochscheibe rhythmisch unterbrochen, so daß auf diese Art die erforderlichen Wärmeimpulse gebildet werden.

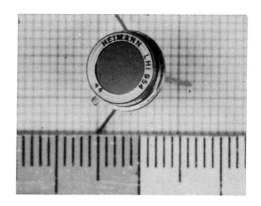

Abb. 2.9.9-1

Das typische Aussehen eines keramischen IR-Detektors mit integriertem FET ist der *Abb. 2.9.9-1* zu entnehmen. Der hier gezeigte, von der Firma Heimann (Siemens) gefertigte Baustein im TO-39-ähnlichen Gehäuse wird ebenfalls im entsprechenden Typenspektrum der Firma Valvo angeboten.

Wellenlänge der Wärmestrahlung — Betriebstemperatur

Für den Einsatz der IR-Detektoren ist es wichtig zu wissen, in welchem Wellenlängenbereich die Wärmestrahlung auftritt. Aus der Gleichung

$$\lambda \approx \frac{2900}{T} \quad (\mu m; K)$$

läßt sich die Arbeitswellenlänge ermitteln.

Beispiel: Liegt eine Wärmequelle von 30 °C vor (menschlicher Körper), so ist

$$\lambda \approx \frac{2900}{273° + 30°} = \frac{2900}{303°} = 9,57 \ \mu m.$$

IR-Typen für hochprofessionellen Einsatz erreichen ihren maximalen Wirkungsgrad bei extrem tiefen Temperaturen, die mit flüssigem Stickstoff oder einem Joule-Thomson-Kühler erreicht

283

werden. Die Mehrzahl der Bewegungsmelder arbeiten bei Temperaturen zwischen $-40\,°C \dots +70\,°C$.

Empfindlichkeit

Die Empfindlichkeit ist direkt abhängig von der Differenz der Fühlertemperatur (Arbeits-Umgebungstemperatur) und der Temperatur des Wärmestrahlers, soweit dieser eine Wellenlänge aufweist, die im Spektralbereich des Strahlers liegt. Weiter ist bei keramischen Sensoren die Spannungsausbeute von der Änderungsgeschwindigkeit des Strahlers abhängig. Typische Empfindlichkeiten derartiger IR-Detektoren liegen zwischen $0,1 \dots 20$ Hz (z.B. RPY 97). Bei speziellen Typen reicht die obere Grenzfrequenz bis 1000 Hz (z.B. P 2105 mit $10 \dots 100$ Hz). Eine typische Empfindlichkeitskurve ist in der *Abb. 2.9.9-2* zu sehen.

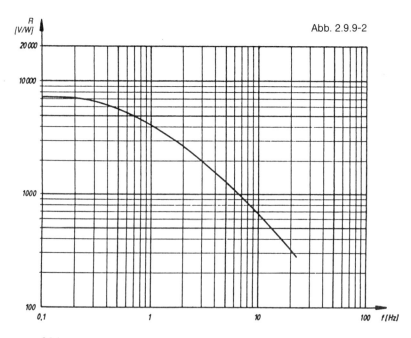

Abb. 2.9.9-2

Die Empfindlichkeit R [V/W] (Responsivity) ist dort in Abhängigkeit von der Arbeitsfrequenz gezeigt. Hier ist V als Ausgangsspannung des Elementes und W als Wärmeeingangsleistung des Strahlers zu verstehen. Um davon eine Vorstellung zu erhalten, dient die folgende Tabelle.

Strahler	Temperatur °C	gesamte Wärmeleistung [W/m²]	Strahlung bis 5 µm [W/m²]
Eis	0°	320	2,2
Raumtemperatur	22°	430	5,2
menschlicher			
Körper	35°	510	7,8
Gegenstand	≈ 65°	710	25

Begriffserläuterung

Bei IR-Detektoren werden häufig die folgenden Begriffe benutzt:

N.E.P. (noise equivalent power)

Der in der deutschen Übersetzung mit „äquivalente Rauschleistung" bezeichnete N.E.P.-Wert ist definiert als der Effektivwert des auf den Detektor fallenden sinusförmig modulierten Strahlungsflusses Φ_e, der am Ausgang des Detektors eine der Rauschspannung U_R äquivalente Signalspannung U_S erzeugen würde (U_S, U_R in Effektivwerten).

Die Angabe eines N.E.P.-Wertes erfordert stets eine Bezugnahme auf die Bedingungen, unter denen die Messung erfolgt ist. Wurde sie mit einer monochromatischen Strahlung durchgeführt, dann wird deren Wellenlänge angegeben, während man sich bei Verwendung eines schwarzen Strahlers auf dessen Temperatur bezieht. Außerdem müssen zur Beurteilung des N.E.P.-Wertes die Bandbreite des Meßverstärkers und die Chopperfrequenz bekannt sein.

Da der N.E.P.-Wert von der Betriebstemperatur des Detektorelements abhängig ist, muß eine Temperaturangabe vorliegen; manchmal gibt man die Funktion N.E.P. = f (ϑ) in Form eines Diagramms an.

Der N.E.P.-Wert wird experimentell ermittelt. Hierbei bestrahlt man den Detektor über einen Chopper, berechnet die einfallende Strahlungsleistung Φ_e und mißt die auftretende Signalspannung U_S. Außerdem wird die ohne Bestrahlung vorliegende Rauschspannung U_R gemessen.

Den N.E.P.-Wert erhält man dann mittels der Gleichung

$$\text{N.E.P.} = \frac{\Phi_e}{\sqrt{B}} \cdot \frac{U_R}{U_S} \quad [\text{W}/\sqrt{\text{Hz}}]$$

Hierin ist:

Φ_e Effektivwert des einfallenden Strahlungsflusses

B   Bandbreite des Verstärkers

U_R Effektivwert der Rauschspannung bei der Bandbreite B

U_S Effektivwert der Signalspannung.

Es sei noch erwähnt, daß der N.E.P.-Wert eines Detektors der Wurzel aus der strahlungsempfindlichen Fläche A proportional ist: N.E.P. $\sim \sqrt{A}$.

Detektivität

Die Detektivität D stellt eine Qualitätskennzeichnung — eine Art Gütezahl — für Infrarot-Detektoren dar. Sie ermöglicht den Vergleich unterschiedlicher Detektor-Arten und -Typen. Man erhält D aus dem reziproken N.E.P.-Wert multipliziert mit der Wurzel aus der Detektorfläche A. Es ist

$$D = \frac{\sqrt{A}}{\text{N.E.P.}} = \frac{\sqrt{A} \cdot \sqrt{B}}{\Phi_e} \cdot \frac{U_S}{U_R} \quad \left[\frac{\text{cm} \cdot \sqrt{\text{Hz}}}{\text{W}} \right]$$

D ist damit das Signal/Rauschspannungsverhältnis, das man erhalten würde, wenn ein Strahlungsfluß Φ_e von 1 W auf die 1 cm^2 große Fläche eines Detektors fällt und die Spannungsmessungen bei einer Bandbreite von 1 Hz vorgenommen werden.

Empfindlichkeit (R oder S)

Die Empfindlichkeit S ist definiert als der Quotient aus den Effektivwerten von Signalspannung U_S und einfallendem Strahlungsfluß Φ_e. Es ist

$$S = \frac{U_S}{\Phi_e} \quad [\text{V/W}]$$

Diese Angabe wird meistens auf die Temperatur eines schwarzen Strahlers von 500 K als Strahlungsquelle bezogen. Gibt man jedoch die Empfindlichkeit für eine monochromatische Strahlung bestimmter Wellenlänge an (Bezeichnung S_λ), dann wird in der Regel die Wellenlänge zugrundegelegt und angegeben, bei der der Detektor seine größte Empfindlichkeit hat.

Zwischen S, dem N.E.P.-Wert und dem D-Wert besteht die Beziehung

$$S = \frac{U_R}{N.E.P. \cdot \sqrt{B}} = \frac{D \cdot U_R}{\sqrt{A} \cdot \sqrt{B}}.$$

Relative Empfindlichkeit

Die Empfindlichkeit S eines Infrarot-Detektors ist von verschiedenen Größen — u.a. von der Wellenlänge λ, der Chopperfrequenz f, dem Detektorstrom I und der Temperatur ϑ — abhängig. Für die Beurteilung derartiger Abhängigkeiten, insbesondere bei einem Vergleich verschiedener Detektoren, ist es häufig zweckmäßiger, nicht mit der absoluten Empfindlichkeit S, sondern mit der relativen Empfindlichkeit S_{rel} zu arbeiten. Es ist

$$S_{rel} = \frac{S}{S_{max}}$$

oder, wenn S_{rel} in Prozenten angegeben wird,

$$S_{rel} = \frac{S \cdot 100}{S_{max}};$$

S_{max} ist dabei der für die betreffende Funktion maximale Wert.

Technische Daten

In der folgenden Tabelle sind die technischen Daten wichtiger pyroelektrischer IR-Detektoren mit integriertem FET-Vorverstärker angegeben. Weiterführende Unterlagen sind über die Firmen Valvo (Philips-Mullard) und Heimann (Siemens) erhältlich.

Keramische pyroelektrische IR-Detektoren mit eingebautem FET-Vorverstärker

Typ	Spektral-Bereich µm	Betriebs-temperatur K	strahlungs-empfindliche Fläche mm × mm	Empfind-lichkeit V/W	Rauschen W/√Hz	bei	Ausgangs-spannung Spitzenwert bei 1 Hz µV	Rauschen Spitze-Spitze (Bandbreite 0,5...5 Hz)	Sichtfeld (x-x) Grad	(y-y) Grad	Betriebs-spannung V	optimaler Betriebs-frequenz-bereich Hz	Maßbild
P 2105	1...25	298	2 × 2	90	$1,4 \cdot 10^{-9}$	10 µm			60	60	3...10	10...100	a
RPY 97	6,5 ± 0,5...>14	298	(2×)2,1 × 0,9	150	$2,5 \cdot 10^{-9}$	10 µm	460	20 µV	130		3...10	0,1...20	b
RPY 100	6,5 ± 0,5...>14	298	2 × 1	150	$2,5 \cdot 10^{-9}$	10 µm	460	20 µV	110	110	3...10	0,1...20	c
RPY 101	6,5 ± 0,5...>14	298	2 × 1,5	150	$3,8 \cdot 10^{-9}$	10 µm	460	18 µV	110	110	3...10	0,1...20	d
RPY 102	6,5 ± 0,5...>14	298	2 × 2	75	$5 \cdot 10^{-9}$	10 µm	460	15 µV	110	110	3...10	0,1...20	e
RPY 103	6,5 ± 0,5...>14	298	(2×)2 × 1	150	$2,2 \cdot 10^{-9}$	10 µm	460	15 µV	130	>85	3...10	0,1...20	b
RPY 107	1,0...>15	298	2 × 1	130	$3,0 \cdot 10^{-9}$	10 µm	385	20 µV	110	110	3...10	0,1...20	c
RPY 109	1,0...>15	298	2 × 2	65	$6 \cdot 10^{-9}$	10 µm	385	15 µV	110	110	3...10	0,1...20	e

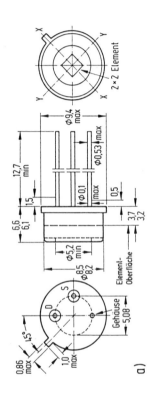

a)

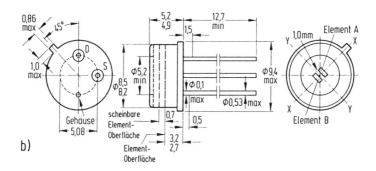

b)

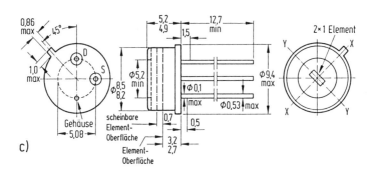

c)

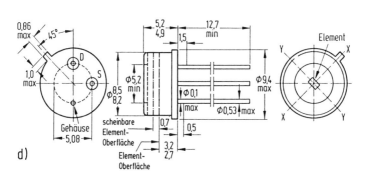

d)

289

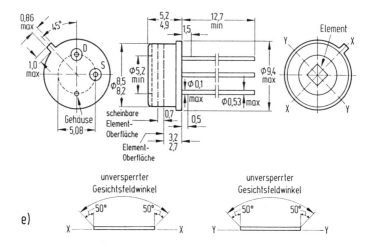

Die Diagramme der *Abb. 2.9.9-3 a ... m* erläutern das elektrische Verhalten der Detektoren wie folgt:

Abb. 2.9.3-3 a und b:
Die Kurve b) läßt die Empfindlichkeit der Zelle in Abhängigkeit von der Frequenz einer Strahlungsänderung erkennen. Daraus ergeben sich die Kurvenverformungen der Ausgangssignale der Abb. a). Der Detektor wirkt als Tiefpaß mit einer oberen Grenzfrequenz f_o.

Abb. 2.9.9-3 c:
Je nach integriertem Filter vor dem eigentlichen Element, es handelt sich hier um ein spezielles Glas mit einer Fläche von ca. 4 × 5 mm, wird das höherwellige Licht unterdrückt. Dadurch wird das Element unempfindlich gegenüber dem sichtbaren Licht bis zum nahen IR-Bereich bei 1000 nm (1 μm).

Abb. 2.9.9-3 d und e:
Die Kurven geben die Keule des empfangenen Strahlungsbereiches in horizontaler und vertikaler Richtung wieder. Aus der Abb. d) ist eine Unsymmetrie zu erkennen, die typisch für Detektoren mit zwei Elementen ist.

290

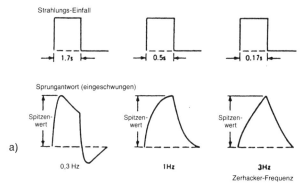

Abb. 2.9.9-3 Typische Antwort bei gegebener Zerhacker-Frequenz

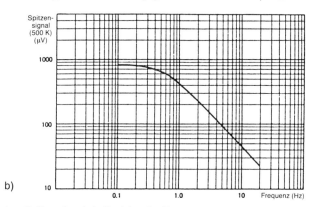

Typisches Spitzensignal als Funktion der Frequenz
(Energie-Pegel 25 µWcm^{-2} auf den Detektor, ein Element beleuchtet)

Abb. 2.9.9-3 f:
Rauschspannungen liegen im Bereich bis ca. 25 µV$_{ss}$. Über einen nachgeschalteten RC-Filter ist eine Absenkung um einige dB möglich. Oft wird am Ausgang ein Kondensator 1 ... 10 nF gegen Masse geschaltet.

Abb. 2.9.9-3 g: Diese Empfindlichkeitskurve entspricht der Kurve Abb. b).

291

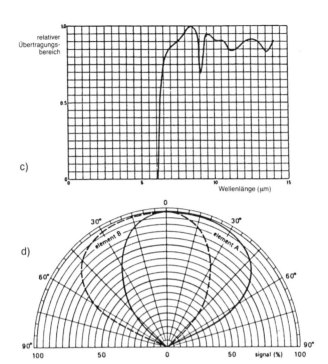

c)

relativer
Übertragungs-
bereich

Wellenlänge (µm)

d)

0

30° 30°

element B element A

60° 60°

90° 90°

100 50 0 50 signal (%) 100

Typisches Feld in horizontaler Ebene

Abb. 2.9.9-3

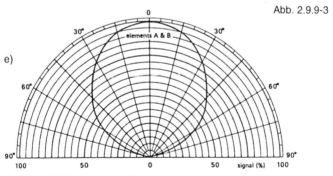

e)

0

30° 30°

elements A & B

60° 60°

90° 90°

100 50 0 50 signal (%) 100

Typisches Feld in vertikaler Ebene

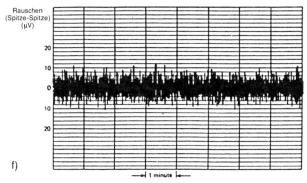

f)

Typisches Rauschen als Funktion der Zeit
(Filter-Bandbreite 0,5 Hz bis 5 Hz)

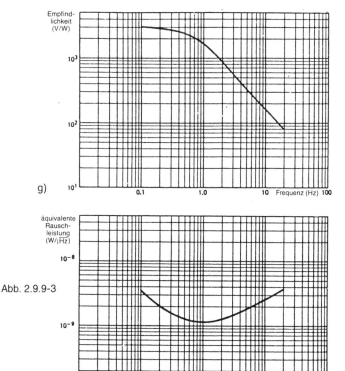

g)

Abb. 2.9.9-3

h)

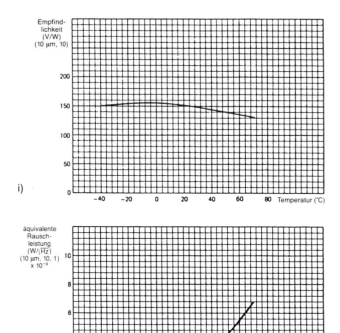

i)

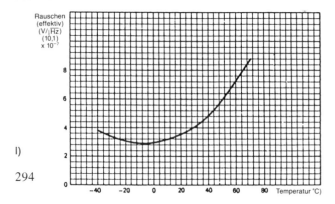

k)

Abb. 2.9.9-3

l)

294

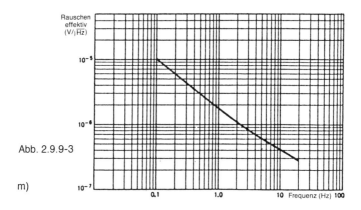

Abb. 2.9.9-3

m)

Abb. 2.9.9-3 h … m:
Diese Kurven dienen der optimalen Arbeitspunktfindung. Es ist
zu erkennen, daß der Temperaturbereich von −20°C … +20°C
sowie ein Strahlungswechsel im Bereich von 1 Hz optimale Werte
ergibt.

Linsensysteme für IR-Bewegungsmelder

Während für den professionellen Einsatz von IR-Detektoren
hochwertige Linsensysteme benutzt werden, die im Telebereich
IR-Strahlungen bis zu mehreren 100 m aufspüren helfen, werden
für IR-Bewegungsmelder für den Nahbereich, 10 … 30 m, einfa-
chere Linsen benutzt. Diese bestehen nach Foto *2.9.9-4* entwe-

Abb. 2.9.9-4

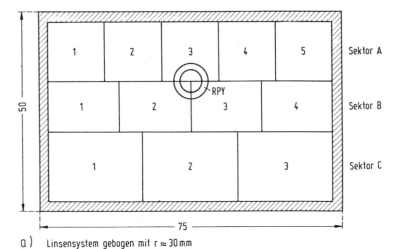

Sektor A

Sektor B

Sektor C

50

75

a) Linsensystem gebogen mit r ≈ 30 mm

Abb. 2.9.9-5a

der aus einem facettenartig angeordneten Hohlspiegel, der den betrachteten Bereich in mehrere Sektoren zerlegt, oder nach *Abb. 2.9.9-5a* aus einer aus ca. 1 mm starken Plastik gefertigten Fresnellinse, die mehrere Sektoren bildet. Die Linse ist, im Halbkreis angeordnet, vor das Element geschaltet. Durch entsprechende geometrische Anordnung der Linse werden zunächst die drei Zonen A, B und C gebildet, die wiederum in einzelne Sektoren zerlegt sind. Dadurch entsteht das horizontale Empfindlichkeitsdiagramm der *Abb. 2.9.9-5b* sowie das horizontale Diagramm der *Abb. 2.9.9-5c*.

Derartige Linsensysteme werden je nach Anwendungsfall unterschiedlich hergestellt. Sie sind für spezielle Weitwinkelbetrachtungen mit ca. 110° bei ca. 5 m Randempfindlichkeit und etwa 12 m Mittenempfindlichkeit genauso gebräuchlich wie solche, die in dem schmalen Telebereich von ca. 25° bis etwa 70 m eingesetzt werden.

Alle Linsensysteme für diesen IR-Typ von Bewegungsmeldern haben gemeinsam eine Linsenaufteilung in möglichst viele Sekto-

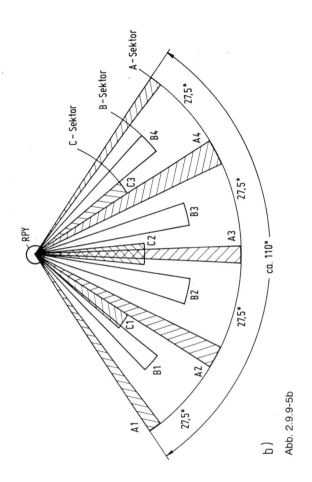

b)

Abb. 2.9.9-5b

ren. Das ist erforderlich, da dieser keramische IR-Detektor keine stationäre Wärmestrahlung mißt, sondern lediglich Intensitätsänderungen einer Strahlung feststellt. Das wird durch die Sektoraufteilung der Betrachtungsebene erreicht, wenn die sich bewegende Wärmequelle von der Grenze eines Sektors in die des nächsten wechselt.

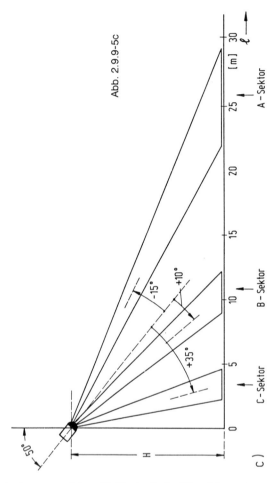

Abb. 2.9.9-5c

Schaltungs- und Anschlußtechnik der Einzelelemente

Wie im Abschnitt D beschrieben, werden die Empfänger in einem TO 39-ähnlichen Gehäuse (TO 5) mit einseitig optisch offenem Gehäuse geliefert. Nach *Abb. 2.9.9-6 a … c* sind drei verschiedene Detektorsysteme erhältlich.

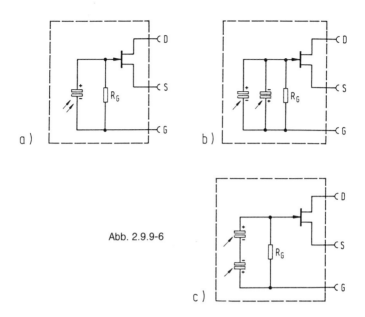

a)

b)

Abb. 2.9.9-6

c)

Abb. 2.9.9-6a: Ein Element, zentral angeordnet.

Abb. 2.9.9-6b:
Zwei Elemente, gegenpolig parallel geschaltet. Durch diese Maßnahme wird erreicht, daß langsame Temperaturänderungen im Gehäusebereich ausgeglichen werden.

Abb. 2.9.9-6c:
Ähnlich Abb. b) sind hier die beiden Elemente in Serie geschaltet. Dieses ist die häufigste Form des „störungsfreien" Detektors.
Der IR-Detektor kann somit nach Abb. 2.9.9-6 a ... c oder
Abb. 2.9.9-7 als Gate-beschalteter FET aufgefaßt werden.

Er kann sowohl als Sourcefolger mit R_L von 1 kΩ ... 100 kΩ, typisch 47 kΩ, oder als Verstärker mit einem Arbeitswiderstand im Drainkreis betrieben werden. Kennzeichnend sind die geringen Arbeitsströme bis ca. 150 μA (typisch 10 ... 50 μA). Die Be-

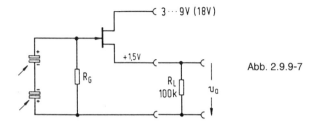

Abb. 2.9.9-7

triebsspannung ist nach Herstellerangaben unterschiedlich mit 3 V ... 18 V vorzusehen.

Die Spannungsverstärkung des Sourcefolgers in der Abb. 2.9.9-7 ist

$$V_u = \frac{R_L}{R_L + 1/S} \ .$$

Daraus ergibt sich die bekannte Tatsache, daß $V_u < 1$ sein muß. Um $V_u \approx 1$ zu erhalten, ist es erforderlich, daß $R_L \gg 1/S$ wird. Das ist in der *Abb. 2.9.9-8* dargestellt, wo mit R_{L1} der Lastwiderstand gegen Masse und mit R_{L2} das Beispiel mit einer negativen Fußpunktspannung gegeben ist.

Beispiel R_{L1}:

Mit $U_{G_0} = 1$ V und $I_{D_0} = 50$ µA ist $R_{L1} = \dfrac{1 \text{ V}}{50 \text{ µA}} = 20$ kΩ oder

Beispiel R_{L2}:

Mit $U_{G_0} = 1$ V sowie $-U_B = 6$ V und

$$I_{D_0} = 50 \text{ µA ist } R_{L2} = \frac{1 \text{ V} + 6 \text{ V}}{50 \text{ µA}} = 140 \text{ kΩ}.$$

Daraus ergibt sich mit der oben angeführten Gleichung eine Spannungsverstärkung, die fast den Wert von 1 hat.

Die Schaltung Abb. 2.9.9-7 kann nach *Abb. 2.9.9-9* mit einem rauscharmen Transistor optimiert werden.

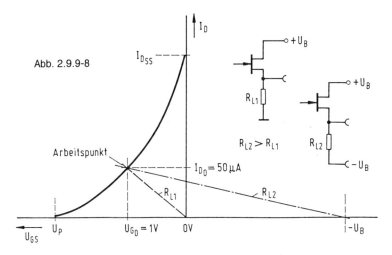

Abb. 2.9.9-8

$R_{L2} > R_{L1}$

Die Verstärkung der Anordnung gegenüber einem einfachen Sourcefolger ist

$$V_u \approx 1 + \frac{R_C}{R_S}.$$

In dem vorliegenden Beispiel der Abb. 2.9.9-9 ist

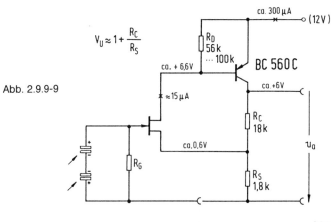

$V_U \approx 1 + \frac{R_C}{R_S}$

Abb. 2.9.9-9

301

$$V_u \approx 1 + \frac{18 \text{ k}\Omega}{1,8 \text{ k}\Omega} = 11.$$

Dem FET-IR-Sensor wird in der Praxis zur Aufbereitung eines entsprechend großen Steuersignales — Relaisspulenansteuerung — ein aus mehreren OPs bestehender Verstärker nachgeschaltet. Dieser hat bestimmte Dimensionierungsanforderungen:

● Rauscharmer Vorverstärker ● richtige Bemessung der oberen und unteren Grenzfrequenz im Hinblick auf die optimale IR-Arbeitsfrequenz ● ausreichende Verstärkung und Stabilität. Diese Forderungen lassen sich mit den Prinzipschaltungen der *Abb. 2.9.9-10 a … c* erreichen.

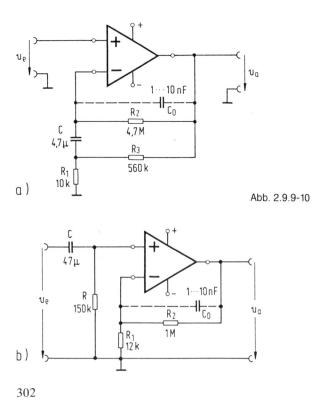

Abb. 2.9.9-10

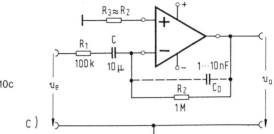

Abb. 2.9.9-10c

c)

Abb. 2.9.9-10a:
Verstärker mit geringem Störsignal im unteren Frequenzbereich, bedingt durch R_2. Die obere Grenzfrequenz wird mit den Bauelementen R_1 und C bestimmt. Im tiefen Frequenzbereich ist $V_u \approx 1$, bedingt durch R_2 (Spannungsfolger). Die Arbeitsverstärkung wird mit

$$V_u \approx \frac{R_3 + R_1}{R_1}$$ bestimmt. Die untere Grenzfrequenz ist

$$f_u = \frac{1}{2 \cdot \pi \cdot R_1 \cdot C}.$$

Der Kondensator $C_o \approx 1 \dots 10$ nF dämpft das Rauschsignal.

Abb. 2.9.9-10b:
Dieser Verstärker bildet eine untere Grenzfrequenz mit

$$f_u \approx \frac{1}{2 \cdot \pi \cdot R \cdot C}.$$ Seine Verstärkung ist $V_u = \frac{R_1 + R_2}{R_2}$.

Für C_o siehe Abb. a).

Abb. 2.9.9-10c:
Die Einspeisung erfolgt hier im invertierenden Eingang. Es ist

$$V_u = \frac{R_2}{R_1} \quad \text{und} \quad f_u = \frac{1}{2 \cdot \pi \cdot R_1 \cdot C}.$$

2.10 Thyristoren und Triacs

Es soll hier darauf hingewiesen werden, daß vom gleichen Autor im Franzis-Verlag im Band 2 der „Professionellen Schaltungstechnik" in den Kapiteln 5, 8 und 9 verschiedene Schaltungen mit Thyristoren und Triacs beschrieben sind.

2.10.1 Schutz gegen Überspannungen und Überströme

Überspannungen sind kurzzeitig auftretende Spannungsspitzen, deren Wert höher ist als die negative Stoßspitzenspannung bzw. die Null-Kippspannung des Thyristors. Die Möglichkeiten der Entstehung von Überspannungen lassen sich in zwei Gruppen einteilen:

Überspannungen, die durch den Betrieb des Thyristors selbst entstehen (TSE-Überspannungen) und Überspannungen, die aus dem Netz oder der Anlage auf den Thyristor gelangen.

TSE-Überspannungen (Trägerstaueffekt)

Beim Übergang eines Thyristors vom leitenden in den sperrenden Zustand muß der mittlere PN-Übergang von Ladungsträgern geräumt werden. Dies geschieht aufgrund der Trägerlebensdauer mit einer zeitlichen Verzögerung (Trägerstau), so daß der Thyristor unmittelbar nach dem Nulldurchgang des Stromes noch nicht sperren kann. Daher fließt über diesen Thyristor ein Kommutierungsstrom als Rückstrom, der schlagartig abreißt, sobald nach wenigen Mikrosekunden die mittlere Sperrschicht ausgeräumt ist. Durch diese steile Stromänderung werden in den meist vorhandenen Induktivitäten des Kommutierungskreises Spannungsspitzen erzeugt, die sich der anliegenden Sperrspannung überlagern. Zur Begrenzung dieser Spannungsspitzen auf Werte unterhalb der zulässigen Stoßspitzenspannung schaltet man parallel zum Thyristor ein induktivitätsarmes Serien-RC-Glied, *Abb. 2.10.1-1*, das zusammen mit den Induktivitäten des Kommutierungskreises einen Schwingkreis bildet. Dieser Schwingkreis wird angestoßen, sobald der Rückstrom abreißt, und bestimmt durch sein Einschwingen die Spannung am Thyristor. Typische Werte von Kondensator und Widerstand der Trägerstaueffekt-

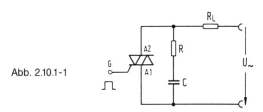

Abb. 2.10.1-1

Beschaltung (kurz: TSE-Beschaltung) in den gebräuchlichen
Stromrichter-Schaltungen sind nachstehend für 50-Hz-Betrieb
angegeben.

RC-Kombinationen für 50-Hz-Betrieb

Anschlußspannung U_{eff}/V	Widerstand R/Ω	P/W	Kondensator $C/\mu F$	U_{eff}/V
30	3,3	0,5	0,1	70
45	4,7	0,5	0,1	90
60	6,8	0,5	0,1	120
125	15	0,5	0,1	190
220	27	1	0,1	330
220 bei größerer Leistung	27	5	0,33	330

Überspannungen aus dem Netz

Im Netz können Überspannungen entstehen durch Schaltvorgän-
ge, wie Leerabschaltungen von Transformatoren, Zu- oder Abschaltung von Kondensatoren, durch Ansprechen von Sicherungen mit hoher Lichtbogenspannung oder durch Blitzeinschläge.
(Blitzeinschläge können Spannungen von über 2500 V auf einer
Lichtleitung verursachen.) Eine allgemeingültige Schutzbeschaltung kann nicht angegeben werden. In der Praxis wird man für jeden Anwendungsfall die nötige Schutzbeschaltung gesondert di-
mensionieren. Dazu werden nachfolgend einige mögliche Maßnahmen genannt.

305

Zunächst wird der Sicherheitsfaktor zur Auswahl der Spannungsklasse der Thyristoren entsprechend den zu erwartenden Spannungsspitzen ausgewählt, wobei jedoch aus wirtschaftlichen Gründen die obere Grenze bei 2 bis 2,5 liegt, d.h., die Null-Kippspannung sollte ca. 2 ... 2,5mal größer als die Betriebsspannung sein. Weiterhin schützt die TSE-Beschaltung den Thyristor auch bei energiearmen Spannungsspitzen aus dem Netz. Energiereichere Spitzen werden durch eine RC-Beschaltung des Transformators oder durch eine Zellenbeschaltung mit spannungsabhängigen Widerständen, Selenableitern oder schnellen Katodenfallableitern begrenzt. Die Kombination mehrerer Schutzmaßnahmen erlaubt eine Optimierung für jeden Anwendungsfall. Eine steile Spannungsspitze kann nach *Abb. 2.10.1-2* in ihrer Anstiegszeit mit den Bauelementen L und C verringert werden. Dabei kann der Kondensator aus der TSE-Beschaltung benutzt werden. Die Anstiegszeit ist

$$t_1 \approx \frac{t_o}{\sqrt{L \cdot C}}.$$ Dabei ist t_o die Anstiegszeit des Netzimpulses

in V/µs, sowie t_1 die dann am Thyristor gemessene Anstiegszeit der Störspannung.

Beispiel: $t_o = 1200$ V/µs; $L = 150$ µH; $C = 0,1$ µF. Dann ist

$$t_1 \approx \frac{1200 \text{ V/µs}}{150 \text{ µH} \cdot 0,1 \text{ µF}} = 310 \text{ V/µs}.$$

Schutz gegen Überströme

Wegen der geringen Wärmekapazität der Thyristoren werden bei Kurzschlüssen schnell sehr hohe Sperrschichttemperaturen er-

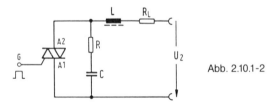

Abb. 2.10.1-2

reicht. Zum Schutz der Thyristoren sind daher Sicherungen erforderlich, die sehr schnell abschalten. Man unterscheidet zwischen einem Kurzschlußschutz und einem Vollschutz. Für den Kurzschlußschutz muß die Sicherung bei sehr hohen Strömen strombegrenzend wirken; der $\int I^2\,dt$-Wert der Sicherung muß dem Grenzlastintegral des Thyristors ($\int I^2\,dt$) angepaßt sein.

Für einen Vollschutz muß die Sicherung außerdem für Zeiten > 10 ms der Grenzstromkennlinie des Thyristors angepaßt sein. Der Nennwert der Sicherung ist höher als der Nennstrom des Thyristors zu wählen. Die Grenzstromkennlinien bzw. Grenzkennlinien zur Auslegung der Schutzeinrichtung sind, wenn nicht anders angegeben, auf Nennbetrieb mit den vorgesehenen Kühlkörpern bezogen und gelten für Stromflußwinkel von 180° (volle Halbwellen). Daraus ergibt sich, daß die Thyristoren bei kleinen Stromflußwinkeln u. U. nicht voll ausgenutzt werden können, da hier der Formfaktor des Durchlaßstromes größer wird und die Sicherungen demzufolge bereits bei niedrigeren arithmetischen Mittelwerten des Durchlaßstromes abschalten.

Zu beachten ist, daß die Sicherungskennlinien meistens in Effektivwerten angegeben sind, während die Grenzstromkennlinien der Thyristoren als Scheitelwert sinusförmiger Stromhalbwellen dargestellt werden. Die Sicherungen müssen den an den Absicherungsstellen auftretenden Spannungen angepaßt sein.

2.10.2 Entstörung von Wechselstromstellern

Für die Entstörung werden nach den *Abb. 2.10.2-1 a und b* L-C-Glieder benutzt. Kondensatorwerte liegen im Bereich zwischen 0,1 μF ... 0,47 μF. Es ist aus Sicherheitsgründen darauf zu achten, daß netzseitig eine Kondensator-Dauerlast vorliegt, so daß gegebenenfalls für eine Abschaltung zu sorgen ist. Während in der Abb. a) mit einer Drossel gearbeitet wird, ist in der Abb. b) eine stromkompensierte Ausführung mit L1 und L2 auf einen Kern vorgesehen.

Die *Abb. 2.10.2-2* zeigt folgende Drosseln:

1: Stromkompensierte Drossel (Siemens) für große Ströme; 260 μH je Induktivität

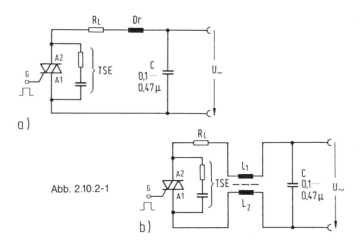

Abb. 2.10.2-1

a)

b)

2 oben: Stromkompensierte Drossel für Schwachstrom; 13 mH
je Induktivität
2 unten: Drossel für große Ströme; 45 µH
3 oben: Stromkompensierte Drossel; 20 µH je Induktivität

Abb. 2.10.2-2

308

2.10.3 Prinzipielle Zünd- und Prüfschaltungen

Einfache Prüfschaltung

In der *Abb. 2.10.3-1* ist eine einfache Prüfschaltung angegeben. Im vorliegenden Fall ist diese für den Thyristor gedacht; bei entsprechender Umpolung der Batterie ist die Schaltung ebenfalls für den Triac geeignet. Die Lampe L soll als 6-V-Typ dem Laststrom des Thyristors angepaßt sein; ebenfalls der Widerstand R (hier mit 1 kΩ gewählt), er begrenzt den Gatestrom auf einen zulässigen Wert des jeweiligen Typs. Bei geöffnetem Schalter S 2 wird der Schalter S 1 in die Stellung A gebracht. Der Thyristor zündet, die Lampe L leuchtet auch, wenn anschließend der Schalter S 1 in die Stellung B gebracht wird. Der Ausschaltzustand wird mit eingeschaltetem Schalter S 2 geprüft. Wird dieser kurzgeschlossen, so muß auch bei anschließend geöffnetem Schalter S 2 die Lampe L keinen Strom erhalten.

Einfache Zündschaltungen

Es können drei grundlegende Möglichkeiten der Zündung eines Thyristors unterschieden werden. Je nach der Form des an die Steuerelektrode angelegten Signals erfolgt die Zündung mit einer Gleichspannung, einer Wechselspannung oder einer impulsförmigen Spannung.

Gleichspannungs-Zündung

Bei der Zündung des Thyristors mit einer Gleichspannung wird, wie aus der *Abb. 2.10.3-2* ersichtlich, die Zündgleichspannung durch Betätigung des Schalters über einen Begrenzerwiderstand R direkt an die Steuerelektrode des Thyristors gelegt. Der Wider-

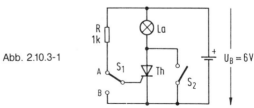

Abb. 2.10.3-1

309

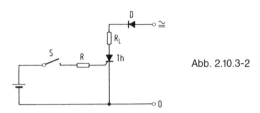

Abb. 2.10.3-2

stand R begrenzt dabei den Zündstrom auf den erforderlichen
Wert. Der Thyristor liegt in Reihe mit einem Lastwiderstand an
der Versorgungsspannung, die eine Gleichspannung oder eine
Wechselspannung sein kann. Bei Gleichstrombetrieb kann die
Diode entfallen, bei Wechselstrombetrieb verhindert sie jedoch,
daß während der negativen Halbwelle der Versorgungsspannung
Steuerspannung und Sperrspannung gleichzeitig am Thyristor
anliegen.

Bei Wechselstrombetrieb wird der Lastwiderstand von einem
Halbwellenstrom durchflossen, und seine Leistungsaufnahme ist
entsprechend 50 % der maximal möglichen Leistung. Ein Öffnen
des Schalters hat eine Unterbrechung des Stromes im Lastwiderstand beim nächsten Nulldurchgang zur Folge. Bei Gleichstrombetrieb erhält der Lastwiderstand volle Leistung, nach Öffnen
des Schalters fließt der Strom in ihm weiter, bis — z.B. durch Unterbrechen der Versorgungsspannung — der Haltestrom des Thyristors unterschritten wird; also kurz vor dem Nulldurchgang zur
negativen Halbwelle.

Für die Schaltung in *Abb. 2.10.3-3,* die mit einem Triac aufgebaut ist, kommt nur ein Wechselstrombetrieb in Betracht, da der
Einsatz eines Triacs bei Gleichstrom keinen Vorteil gegenüber
dem Thyristor hätte. Bei geschlossenem Schalter zündet der
Triac zu Beginn jeder Halbwelle der Vorsorgungsspannung, und
durch den Lastwiderstand fließt ein Vollwellen-Wechselstrom.
Das Öffnen des Schalters hat eine Unterbrechung des Stromes im
Lastwiderstand beim nächsten Nulldurchgang zur Folge. Da, wie
schon erläutert, der Triac mit Steuersignalen beider Polarität gezündet werden kann, ist es im Prinzip gleichgültig, welche Polarität die Steuerspannungsquelle in Abb. 2.10.3-2 hat. Allerdings ist
im Betrieb im 4. Quadranten (Hauptanschluß 2 negativ, Gate po-

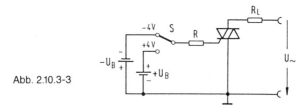

Abb. 2.10.3-3

sitiv) ein größerer Steuerstrom als in den anderen Quadranten erforderlich.

Die Schaltung in Abb. 2.10.3-3 ist eine häufig benutzte Triac-Schaltung. Sie wird dort eingesetzt, wo durch eine Steuerelektronik, z.B. mit TTL- oder MOS-Schaltungen, ein Wechselstromverbraucher aus- und eingeschaltet werden muß. So können z.B. in elektronisch gesteuerten Waschmaschinen Heizung, Hauptmotor, Laugenpumpe und Magnetventile durch Triacs geschaltet werden. In der Beleuchtungstechnik können über Sensoren mit einem Triac nach Abb. 2.10.3-3 Lampen eingeschaltet werden.

Wechselspannungs-Zündung

Bei der Zündung des Thyristors mit einer Wechselspannung kann die Steuerspannung entweder über einen Trenntransformator nach *Abb. 2.10.3-4a* dem Steuerkreis zugeführt werden oder direkt über einen Begrenzerwiderstand R und eine Diode von der Versorgungsspannung abgenommen werden, wie es die *Abb.*

Abb. 2.10.3-4

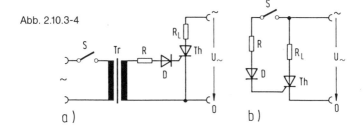

a)   b)

311

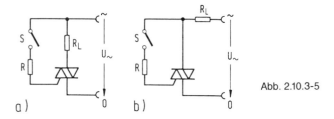

a)   b)

Abb. 2.10.3-5

2.10.3-4b zeigt. Die Diode vor der Steuerelektrode verhindert in beiden Fällen, daß die negative Halbwelle der Steuerspannung an das Gate gelangt. Der Thyristor wird bei dieser Art der Ansteuerung jeweils kurz nach Beginn der positiven Halbwelle gezündet. Auch hier fließt, ähnlich wie in Abb. 2.10.3-2, ein Halbwellenstrom durch den Lastwiderstand, bei entsprechend halber Leistungsaufnahme aus dem Netz. Die *Abb. 2.10.3-5a* zeigt die zu den Abb. 2.10.3-5 und -7 äquivalente Triac-Schaltung. Der Unterschied zwischen den Abb. 2.10.3-5 a und b liegt im Anschluß des Zündkreises. Schließt man diesen wie in Abb. b) nach dem Lastwiderstand an, so fließt nur bis zum Zünden des Triacs ein nennenswerter Gatestrom, und der Vorwiderstand R kann für eine kleinere Leistung bemessen werden.

Die Wechselspannungs-Ansteuerung bietet schon die einfachste Möglichkeit für eine Phasenanschnittsteuerung durch entsprechende Auslegung des Vorwiderstandes R. Mit größer werdendem Widerstand R wird der Steuerstrom verkleinert und somit der Wert des erforderlichen Zündstromes erst zu einem späteren Zeitpunkt während des Anstiegs der positiven Spannungshalbwelle erreicht. Es kann dadurch eine Verschiebung des Zündeinsatzes bis zu einem Winkel von 90° erreicht werden. Der Kurvenverlauf in *Abb. 2.10.3-6* erläutert den Zusammenhang zwischen Zündzeitpunkt und Vorwiderstand in der Schaltung nach Abb. 2.10.3-4. Mit dem Widerstand R 1 im Zündkreis schaltet der Thyristor nach der Zeit t_1 durch; wird der Widerstand auf R 2 vergrößert, erfolgt die Zündung zum späteren Zeitpunkt t_2. Ist ein Vorwiderstand der Größe R 3 vorhanden, so erreicht der Zündstrom gerade noch im Scheitelpunkt der Halbwelle den zur Zündung erforderlichen Wert. Das bedeutet, daß

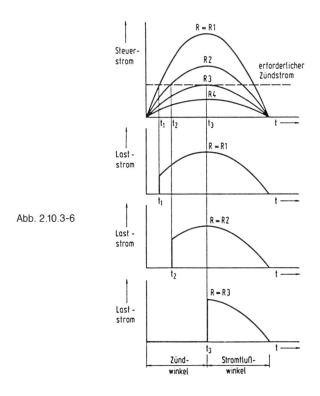

Abb. 2.10.3-6

der Thyristor gerade noch bei 90° zündet. Bei größeren Werten, wie z.B. R · 4, bleibt der Thyristor während der ganzen Halbwelle gesperrt. Da die Zündstromwerte einzelner Exemplare streuen, gehen bei dieser Schaltung unterschiedliche Werte des Zündstromes in den Zündzeitpunkt ein. Außerdem sind mit dieser einfachen Schaltung nur Stromflußwinkel zwischen 180° und 90° möglich, d.h. es ist ein Zündwinkel zwischen 0° und 90° einstellbar.

Eine zweckmäßigere Schaltung zum Verändern des Zündzeitpunktes liegt vor, wenn nicht die Amplitude des Steuerstromes geändert wird, sondern seine Phasenlage in bezug auf die Haupt-

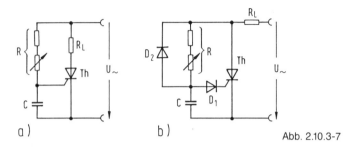

a)   b)   Abb. 2.10.3-7

spannung. Das ist relativ einfach durch ein variables RC-Glied
möglich, wie das in der Prinzipschaltung in *Abb. 2.10.3-7a* angedeutet ist. Diese einfache Schaltung arbeitet nicht hysteresefrei
und überlastet evtl. das Gate, so daß sich die erweiterte Schaltung *Abb. 2.10.3-7b* empfiehlt. Ähnlich wie in Abb. 2.10.3-4
schützt hier die Diode D 1 das Gate vor unzulässiger negativer
Spannung. Die Diode D 2 lädt in der negativen Halbwelle der
Netzspannung den Kondensator negativ auf, und in der positiven
Halbwelle wird der Kondensator umgeladen, bis die erreichte
Spannung hoch genug ist, um den benötigten Zündstrom über die
Diode D 1 in das Gate des Thyristors fließen zu lassen (etwa 2 …
5 V). Neu ist an der Schaltung Abb. 2.10.3-7 b weiter, daß der
Steuerkreis hinter dem Lastwiderstand angeschlossen ist, wo-
durch der Steuerkreis nach dem Zünden stromlos wird. Mit die-
ser Schaltung läßt sich der Stromflußwinkel bis gegen 0° verklei-
nern, entsprechend einem Zündwinkel von maximal 180°. Die
Schaltung arbeitet weitgehend hysteresefrei.

Unter Hysterese versteht man bei Thyristorschaltungen folgenden Effekt. Wird der Widerstand im Triggerkreis verkleinert, bis
der Thyristor periodisch zu zünden beginnt (kleiner Stromflußwinkel), so kann man anschließend den Widerstand wieder um
einiges vergrößern, ehe der Thyristor nicht mehr zündet. Dieses
Verhalten entsteht, weil das Gate dem Kondensator nur in einer
Richtung Strom entnimmt. Dadurch ergibt sich eine Richtspannung am Kondensator, welche als Vorspannung den Triggerpegel
verschiebt. Die Hysterese führt zu Instabilität bei kleinem Stromflußwinkel, da ein kurzer Spannungseinbruch im Netz zum
Löschen des Thyristors führt und somit den gewünschten und

314

eingestellten Strom unterbricht. In der Schaltung nach Abb. 2.10.3-7b wird der Kondensator in jeder negativen Netzhalbwelle auf den Scheitelwert der Netzspannung geladen, so daß keine zündwinkelabhängige Richtspannung am Kondensator entsteht.

Impulszündung

Die Zündung des Thyristors durch Impulse gewährleistet eine sichere und zuverlässige Zündung exakt zum gewünschten Zeitpunkt. Exemplarstreuungen der Zündkennlinie können sich nicht mehr auswirken. Durch Wahl einer möglichst großen Impulsamplitude wird erreicht, daß ein möglichst großer Flächenteil der Sperrschicht sofort leitend wird, wodurch die Schaltverluste P_T klein gehalten werden.

Die vorher beschriebenen Wechselspannungs-Zündschaltungen haben einen Nachteil. Der Höchstwert des Widerstandes aus dem R-C-Glied darf einen bestimmten Wert nicht überschreiten, um den erforderlichen Zündstrom nicht zu unterschreiten. Der R_{max}-Wert ist somit abhängig von der betrachteten Netzamplitude und dem gewünschten Zündstrom. Daraus resultiert meist ein sehr niederohmiges RC-Glied mit erheblicher Leistungsaufnahme. Wirtschaftlicher läßt sich das RC-Glied bemessen, wenn man vor das Gate des Thyristors oder Triacs ein Triggerelement mit negativer Kennlinie schaltet, wodurch der Übergang zur Impulszündung vollzogen wird. Außerdem wird durch die Impulszündung der Einfluß der Zündcharakteristik des Thyristors auf den Zündzeitpunkt praktisch zu Null, es ist ein großer Zündstrom möglich, der den Thyristor schnell und schonend zündet.

In *Abb. 2.10.3-8a* ist eine Transistor-Impulszündschaltung gezeigt. Charakteristisch ist die RC-Brücke als zeitbestimmtes Glied, in deren Diogonale als Triggerelement eine Verstärkeranordnung liegt, die Kippverhalten hat und die etwa beim Nulldurchgang der Brückendiagonalspannung anspricht. Je nach Größe des Widerstandes R eilt die Spannung am Emitter des PNP-Transistors der Spannung an seiner Basis mehr oder weniger nach. Zunächst ist die Emitterdiode des PNP-Transistors durch die Polarität der Brückendiagonalspannung in Sperrichtung vorgespannt. In der zweiten Hälfte der Halbwelle, das ist dargestellt im Diagramm der *Abb. 2.10.3-8b*, kommt dann der

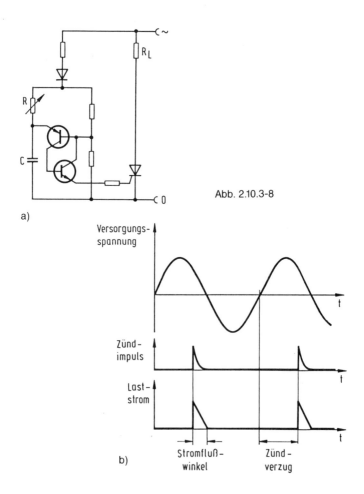

Abb. 2.10.3-8

a)

b)

Zeitpunkt, zu dem die Brückenspannung durch Null geht und ihre Polarität umkehrt, worauf Basisstrom im PNP-Transistor zu fließen beginnt. Die Kombination der beiden Transistoren zeigt Kippverhalten, beide Transistoren werden bis in die Sättigung übersteuert. Der Kondensator C entlädt sich über einen strombegrenzenden Widerstand und das Gate des Thyristors, worauf dieser zündet und für die Zeit des Stromflußwinkels leitend bleibt, so daß Strom im Lastwiderstand fließt. Am Ende der positiven Halbwelle wird der Haltestrom des Thyristors unterschritten, und der Thyristor löscht. Die Schaltungen in Abb. 2.10.3-8 sind geeignet für Stromflußwinkel zwischen 90° und 180°.

Die vorherigen Schaltungen mit einem Thyristor sind Halbwellenschaltungen, bei denen am Lastwiderstand bei vollem Stromflußwinkel von 180° nur die halbe Leistung gegenüber direktem Anschluß am Netz zur Verfügung steht. Somit sind diese Schaltungen z. B. für Helligkeitsregler, sogenannte Light-Dimmer, nicht brauchbar, weil sich die volle Helligkeit der Lampen nicht einstellen läßt — es sei denn, man verwendet Glühlampen mit einer Nennspannung, die bei 70% der vorhandenen Netzspannung liegt. Bei elektrischen Heizungen ist eine solche Anpassung u.U. möglich, bei Lampen kaum, weil bei dem Halbwellenstrom ein bereits merkbarer Flackereffekt auftritt. Um einen zweiten Thyristor zu sparen, kann man auch einen Thyristor in Verbindung mit einer Gleichrichterbrücke als Vollwellenschaltung betreiben. Das ist in *Abb. 2.10.3-9a* gezeigt. Diese Schaltung ist durch die Ent-

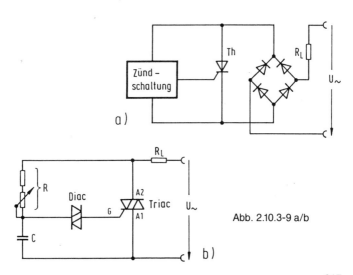

Abb. 2.10.3-9 a/b

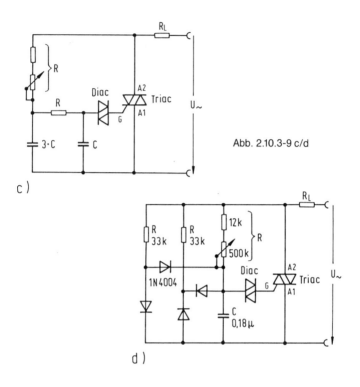

Abb. 2.10.3-9 c/d

c)

d)

wicklung des Triacs weitgehend überholt, und eine Vollwellenschaltung ist äußerst einfach, wie es die *Abb. 2.10.3-9b* zeigt. Für
diese Schaltung ist der Diac ein spezielles, schaltungsvereinfa-
chendes Triggerelement. Hier wird dem Zündkondensator C,
nachdem der Triac gezündet und der Diac wieder gelöscht ist,
aus dem Kondensator 3 · C der größte Teil der durch den Zünd-
vorgang entzogenen Ladung wieder zugeführt und so die Hysterese wesentlich verkleinert. Eine Verringerung der Hysterese ist
nach *Abb. 2.10.3-9c* möglich.

Völlig hysteresefrei arbeitet die Zündschaltung nach *Abb.*
2.10.3-9d. Ähnlich wie bei der Zündschaltung nach Abb. 2.10.3-7
wird hier durch das Diodennetzwerk der Kondensator am Ende

318

jeder Netzhalbwelle entladen, so daß die Aufladung des Kondensators am Anfang jeder Halbwelle bei Null beginnt.

2.10.4 Parallel- und Serienschaltung von Thyristoren und Triacs

Parallelschaltung

Eine Parallelschaltung von Thyristoren ist grundsätzlich zulässig, jedoch wegen der, wenn auch geringen, Streuung der Durchlaß- und Sperrkennlinien nur dann zu empfehlen, wenn nicht auf einen größeren Thyristortyp ausgewichen werden kann.

Folgendes ist bei der Parallelschaltung von Thyristoren zu beachten: Der Aufbau der Verdrahtung soll symmetrisch sein, damit ungleichmäßig verteilte Leitungsinduktivitäten vermieden werden. Die Thyristoren sollten auf ein gemeinsames Kühlblech oder einen gemeinsamen Kühlkörper gesetzt werden, damit gleiche Gehäusetemperaturen erreicht werden (gute „thermische Kopplung"). Der Durchlaßstrom der einzelnen Thyristoren soll um etwa 20 % herabgesetzt werden. Wenn eine Selektion der Thyristoren auf Durchlaßspannung vorgenommen wird, reicht eine geringere Reduktion aus. Eine weitere Möglichkeit der besseren Anpassung für gleichmäßige Stromverteilung kann nach *Abb. 2.10.4-1* durch die Serienschaltung von niederohmigen Widerständen R_N erfolgen. Diese verschlechtern naturgemäß die Schaltspannung von $U_T \approx 2$ V auf höhere Werte. Die Widerstände R_N liegen je nach Anodenstrom im Bereich von 0,1 Ω ... 1 Ω. Eine Parallelschaltung von Kleinsignalthyristoren ist nicht sinnvoll.

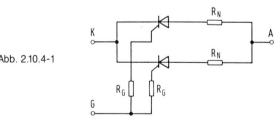

Abb. 2.10.4-1

Die Thyristoren sollen mit steilen und energiereichen Impulsen gezündet werden, damit die Streuung der Zündzeiten klein gehalten wird. Es ist zweckmäßig, für die Thyristoren getrennte Gatewiderstände vorzusehen, dadurch wird eine gleichmäßigere Zündung aller Thyristoren erreicht. Auch sollte man die Zündimpulse länger andauern lassen als bei Einzelexemplaren.

Für den Einsatz als Wechselstromsteller kann bei induktiver Belastung die Antiparallelschaltung von zwei Thyristoren zweckmäßiger als ein Triac sein, weil dadurch die nur bei Triacs auftretenden Probleme der kritischen Spannungssteilheit nach der Kommutierung vermieden werden können.

Serienschaltung

Reihenschaltung von Thyristoren:

Reicht die Spannungsfestigkeit eines einzelnen Thyristors nicht aus, so können mehrere Thyristoren in Reihe geschaltet werden. Die Sperrspannungsaufteilung im statischen wie auch im dynamischen Zustand muß möglichst gleichmäßig sein, damit eine spannungsmäßige Überlastung der in Reihe geschalteten Thyristoren vermieden wird. Steile und energiereiche Zündimpulse sorgen für ein schnelles Zünden aller Thyristoren. Die Exemplare sollten gleiche Null-Kippspannung und Sperrspannung aufweisen.

Bei Reihenschaltung von Thyristoren und Triacs ohne jegliche Beschaltung werden sich die Spannungen an den einzelnen Bauelementen im statischen Sperrzustand entsprechend der Streuung der Sperrcharakteristiken in positiver bzw. negativer Richtung aufbauen. Während der Kommutierung bestimmt das durch die Typstreuung etwas unterschiedliche Einschalt- und Rückstromverhalten der Zellen die Spannungsaufteilung. Die Spannungen an den einzelnen Zellen können beträchtlich voneinander abweichen. Es ist deshalb eine zwangsweise Spannungsaufteilung durch die Beschaltung notwendig.

Bei der Reihenschaltung sind, wie bei der Parallelschaltung, alle in Reihe geschalteten Thyristoren bzw. Triacs gleichzeitig durch einen Zündimpuls anzusteuern, der mit einer Steilheit von mindestens 1 A/µs auf den drei- bis fünffachen oberen Zündstrom ansteigt. Schaltet der erste Thyristor oder Triac ein, so muß die Sperrspannung von den restlichen in Reihe liegenden Bauelementen aufgenommen werden. Die TSE-Beschaltung verhindert durch die RC-Zeitkonstante eine schnelle Spannungsänderung. Durch den steilen Zündimpuls wird die Einschaltzeitstreuung gering gehalten, so daß die Spannungsüberhöhung an den später einschaltenden Bauelementen vernachlässigt werden kann.

Nach der Stromführungszeit fließen die Ladungsträger durch einen kurzzeitigen Rückstrom ab. Rückstrom und Sperrverzögerungsladung weisen gewisse Fertigungsstreuungen auf. Einzelne Triacs oder Thyristoren einer Reihenschaltung sperren deshalb früher als andere (mit höherer Sperrverzögerungsladung). Die auftretende Überspannung setzt sich deshalb aus einem Anteil, hervorgerufen durch unterschiedliche Sperrverzögerungsladungen der einzelnen Bauelemente, und einem zweiten Anteil, hervorgerufen durch den abklingenden Rückstrom im Kommutierungskreis, zusammen.

Für die Thyristoren und Triacs sind im allgemeinen zur Reihenschaltung RC-Glieder mit Kondensatoren des doppelten Kapazitätswertes, wie für die TSE-Beschaltung angegeben, ausreichend.

Eine gleichmäßige, statische Sperrspannungsaufteilung wird durch Parallelwiderstände R_P erreicht, die etwa den 5 … 10fachen Sperrstrom des Einzel-Thyristors führen müssen. Die erforderliche Anzahl der in Reihe zu schaltenden Thyristoren läßt sich dann wie folgt ermitteln:

$$n \geq 1 + \frac{U_{RWMges} - U_{RWM}}{U_{RWM}} \cdot \frac{1 + \alpha\,(1 + \beta)}{\alpha\,(1 - \beta)} \text{ mit}$$

n: Anzahl der in Reihe zu schaltenden Thyristoren
U_{RWMges}: Scheitelwert der Gesamt-Sperrspannung
U_{RWM}:   Scheitelwert der Sperrspannung eines Thyristors
α: Symmetriefaktor R_{Rmin}/R_P bzw. C_P/C_{max}
β: Toleranz des Parallelwiderstandes bzw. -kondensators

Eine gleichmäßige dynamische Sperrspannungsaufteilung wird durch Parallelkondensatoren erzielt. Damit der höchstzulässige periodische Spitzenstrom des Thyristors nicht überschritten

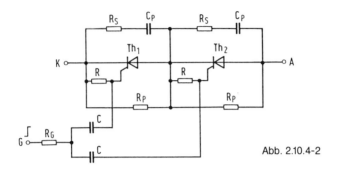

Abb. 2.10.4-2

wird, muß ein Widerstand R_S in Reihe mit dem Kondensator C_P nach *Abb. 2.10.4-2* eingefügt werden. Es ist

$R_P \approx (0,1 \dots 0,2) \cdot R_R$ sowie

$R_S \approx \dfrac{U_{RWM}}{I_{TRM}}$ und $C_P \approx \alpha \cdot C_{max}$.

Darin sind:
R_R: Sperrwiderstand des Thyristors
C_{max}: Sperrschichtkapazität des Thyristors, oberer Streuwert.

Es können dabei folgende Richtwerte angenommen werden:
C_{max} = 100 pF für Thyristoren mit Dauergrenzströmen < 25 A,
C_{max} = 400 pF für Thyristoren mit Dauergrenzströmen > 25 A.

Auch bei Thyristoren mit stoßspitzensperrspannungsfestem Durchbruch sind die Parallelwiderstände und -kondensatoren erforderlich.

2.10.5 Gleichstromschaltungen

Gleichstromschaltungen mit Thyristoren werden in Elektronikschaltungen oft eingesetzt, um bei bestimmten (gefährdeten) Betriebszuständen Schaltungsteile kurzzuschließen. Die *Abb. 2.10.5-1a* zeigt die Arbeitsweise des Thyristors als Gleichstromschalter mit Kontaktsteuerung. In dieser Schaltung liegt der Thyristor als Schalter in Reihe mit dem ohmschen Lastwiderstand

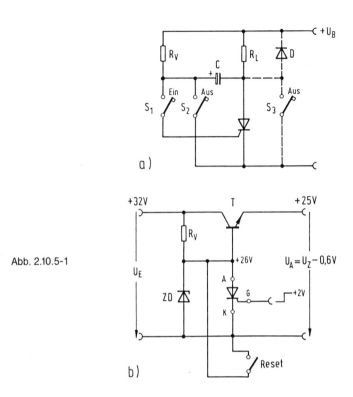

Abb. 2.10.5-1

R_L. Bei induktiver Last ist eine Freilaufdiode D parallel zur Last vorzusehen. Bei Drücken der EIN-Taste S 1 fließt ein durch den Widerstand R_V begrenzter Zündstrom in das Gate des Thyristors. Der Thyristor zündet, und es fließt der Laststrom im Anodenkreis. Der Thyristor bleibt auch im AUS-Zustand der EIN-Taste leitend.

Die erste Möglichkeit, den Thyristor zu löschen, besteht darin, den Anodenstrom durch einen Schalter zu unterbrechen. Die zweite, meist angewendete Löschmethode bedient sich eines Löschkondensators (Umkehr der Anodenspannung). Der Löschkondensator wird, während der Thyristor leitend ist, über den

Widerstand R_V auf die Versorgungsspannung aufgeladen. Bei Drücken der AUS-Taste S 2 wird die Kondensatorladung mit negativer Polarität an der Anode wirksam. Damit ist die Anode des Thyristors negativ gegenüber der Katode. Der Kondensator entlädt sich über den Thyristor, und dieser wird durch den fließenden Kommutierungsstrom gelöscht.

Die zweite Möglichkeit der Ausschaltung ist durch den Taster S 3 gegeben, der wie S 2 die Anodenspannung kurzschließt. Eine typische Schaltung als Anwendung ist in der *Abb. 2.10.5-1 b* zu sehen. Die Betriebsspannung von 25 V wird über eine Zenerschaltung mit Längstransistor gewonnen. Wird das Gate positiv vorgespannt, zündet der Thyristor und schaltet die Basisspannung auf $\approx + 2$ V. Dadurch liegt die Ausgangsspannung bei ca. $+ 1$ V. Ein Rückschalten ist möglich durch Ändern der Spannung U_E auf Null oder durch den Reset-Schalter, der als Taster die Spannung U_{AK} (2 V) kurzschließt. Danach ist der Thyristor wieder gesperrt. In derartigen Schaltungen müssen der Widerstand R_V und der maximal mögliche Thyristorstrom aufeinander abgestimmt sein.

2.10.6 Gleichrichterschaltungen

Mit Thyristoren lassen sich gesteuerte Gleichrichterschaltungen leicht aufbauen. Maßgebend für die Festlegung der Betriebsspannung bzw. für die Auswahl des Thyristortyps sind die Sperreigenschaften des Thyristortyps und der Sicherheitsabstand für auftretende Überspannungen. Für Stromrichterbetrieb bei normalen Netzverhältnissen sollte der Sicherheitsabstand zwischen Grenz- und Betriebswerten den Faktor 2 nicht unterschreiten. Wesentlich ist hierbei auch die Art der Schutzbeschaltung sowie die Frage, ob und in welchem Umfang unbeabsichtigte Zündungen des Thyristors für den Verbraucher zumutbar sind. Für alle anderen Schaltungsarten sind die eben beschriebenen Gesichtspunkte ebenfalls möglich.

In den Datenblättern der Hersteller werden Ausgangsstrom-Grenzwerte für die gängigen Schaltungen bei verschiedenen Kühlungsbedingungen angegeben. Diese Ausgangsstrom-Grenzwerte gelten für ohmsche Last und ohne Phasenanschnitt. Für andere

Betriebsbedingungen bzw. Betriebsarten kann der höchstzulässige Durchlaßstrom je Bauelement aus dem Grenzbelastungsdiagramm entnommen werden. Die Betriebswerte sollen ca. 20 % unter den jeweiligen Grenzwerten liegen. Nachfolgend sind Spannungs- und Strom-Verhältnisse für die gängigsten Schaltungen tabellarisch zusammengestellt.

SCHALTUNG	EINWEG (E)
SPANNUNGSVERLAUF	
Transformatorspannung, Effektivwert	$U_{tr\ RMS} = 2,22\ U_{0\ AV}$
Ausgangsspannung, Mittelwert	$U_{0\ AV} = 0,45\ U_{tr\ RMS}$
Ausgangsspannung, Effektivwert	$U_{0\ RMS} = 1,57\ U_{0\ AV}$
Ausgangsspannung, Scheitelwert	$U_{0\ M} = 2,00\ U_{0\ RMS}$ $U_{0\ M} = 3,14\ U_{0\ AV}$
Scheitelsperrspannung	$U_{R\ W\ M} = 3,14\ U_{0\ AV}$
Welligkeit der Ausgangsspannung [1])	$w = 121\ \%$
Thyristorstrom, Mittelwert	$I_{T\ AV} = 1,0\ I_{0\ AV}$
Thyristorstrom, Effektivwert	$I_{T\ RMS} = 1,57\ I_{0\ AV}$
Thyristorstrom, Scheitelwert	$I_{T\ R\ M} = 3,14\ I_{0\ AV}$
Ausgangsstrom, Effektivwert	$I_{0\ RMS} = 1,57\ I_{T\ AV}$
Formfaktoren $F_0 = I_{0\ RMS} : I_{0\ AV}$ $F_T = I_{T\ RMS} : I_{T\ AV}$	$F_0 = 1,57$ $F_T = 1,57$
[1]) $w = U_{w\ rms} / U_{0\ AV}$	

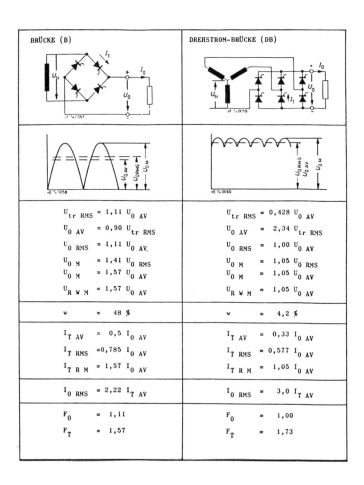

BRÜCKE (B)	DREHSTROM-BRÜCKE (DB)
$U_{tr\ RMS} = 1,11\ U_{0\ AV}$	$U_{tr\ RMS} = 0,428\ U_{0\ AV}$
$U_{0\ AV} = 0,90\ U_{tr\ RMS}$	$U_{0\ AV} = 2,34\ U_{tr\ RMS}$
$U_{0\ RMS} = 1,11\ U_{0\ AV.}$	$U_{0\ RMS} = 1,00\ U_{0\ AV}$
$U_{0\ M} = 1,41\ U_{0\ RMS}$	$U_{0\ M} = 1,05\ U_{0\ RMS}$
$U_{0\ M} = 1,57\ U_{0\ AV}$	$U_{0\ M} = 1,05\ U_{0\ AV}$
$U_{R\ W\ M} = 1,57\ U_{0\ AV}$	$U_{R\ W\ M} = 1,05\ U_{0\ AV}$
$w = 48\ \%$	$w = 4,2\ \%$
$I_{T\ AV} = 0,5\ I_{0\ AV}$	$I_{T\ AV} = 0,33\ I_{0\ AV}$
$I_{T\ RMS} = 0,785\ I_{0\ AV}$	$I_{T\ RMS} = 0,577\ I_{0\ AV}$
$I_{T\ R\ M} = 1,57\ I_{0\ AV}$	$I_{T\ R\ M} = 1,05\ I_{0\ AV}$
$I_{0\ RMS} = 2,22\ I_{T\ AV}$	$I_{0\ RMS} = 3,0\ I_{T\ AV}$
$F_0 = 1,11$	$F_0 = 1,00$
$F_T = 1,57$	$F_T = 1,73$

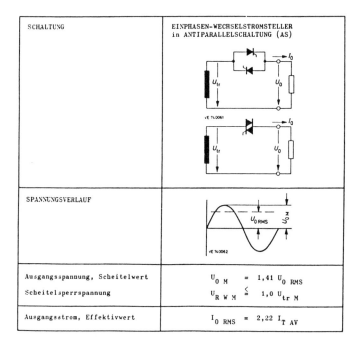

SCHALTUNG	EINPHASEN-WECHSELSTROMSTELLER in ANTIPARALLELSCHALTUNG (AS)
SPANNUNGSVERLAUF	
Ausgangsspannung, Scheitelwert Scheitelsperrspannung	$U_{0\,M} = 1,41\;U_{0\,RMS}$ $U_{R\,W\,M} \overset{\scriptstyle <}{\scriptstyle =} 1,0\;U_{tr\,M}$
Ausgangsstrom, Effektivwert	$I_{0\,RMS} = 2,22\;I_{T\,AV}$

2.10.7 Schaltungsbeispiele

Ansteuerung von Thyristoren mit Optokopplern

Zündempfindliche Thyristoren haben bei Dauergrenzströmen zwischen 4 und 10 A besonders kleine Zündströme (zwischen 0,5 und 3 mA).

Die *Abb. 2.10.7-1a* zeigt eine einfache Ansteuerschaltung für einen Thyristor über einen Optokoppler. Zur Ansteuerung können je nach Last Kurz-, Lang- oder Dauerimpulse verwendet werden. Der Zündstrom wird dabei über den Vorwiderstand R_V direkt aus dem Netz gewonnen. Trotz der relativ geringen Verlustleistung in diesem Vorwiderstand ist ein großer Steuerbereich des Stromflußwinkels erreichbar. Den Zusammenhang zwischen der Größe des Vorwiderstandes R_V und dem maximalen Strom-

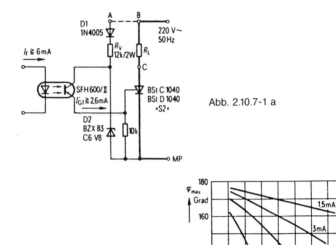

Abb. 2.10.7-1 a

Abb. 2.10.7-1 b

flußwinkel φ bei verschiedenen Zündströmen zeigt *Abb.*
2.10.7-1b. Die Diode D1 halbiert die Verlustleistung; die Z-Diode D2 begrenzt die Sperrspannung am Kollektor des Fototransistors. Wird Punkt A anstelle von Punkt B mit Punkt C verbunden, so kann die Verlustleistung von R_V noch weiter verringert
werden. Nachteilig kann sich eventuell die Vorspannung am Lastwiderstand R_L auswirken, da auch bei gesperrtem Thyristor-
Strom über R_L und R_V fließen kann.

Triac-Anpassungsschaltungen für CMOS und TTL für SV

Nachstehend werden 5 Schaltungsvarianten von häufig in der
Praxis vorkommenden Anpassungsschaltungen mit einem Triac
als Leistungsschalter angegeben. In industriellen Steuerungen

328

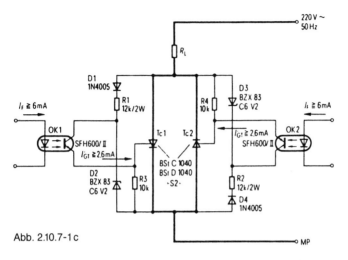

Abb. 2.10.7-1c

wird oft eine Potential-Trennung zwischen Steuer- und Leistungs-
teil gefordert. Dafür eignet sich der Opto-Koppler nach *Abb.*
2.10.7-2a, siehe hier auch 2.10.7-1 a, der aus einer LED LD52
und dem Fotowiderstand FW9802 besteht. In unbeleuchte-
tem Zustand ist der Fotowiderstand hochohmig ($< 800 \text{ k}\Omega$). Der
Triac erhält keinen Gatestrom und bleibt deshalb gesperrt.
Liegt der Ausgang des Gatters auf H-Pegel, fließt über den Transistor BCY58 Emitterstrom zur Lumineszenzdiode LD52.
Durch die Beleuchtung sinkt der Fotowiderstand auf etwa 2,4
$\text{k}\Omega$, der Triac erhält jetzt Gatestrom und arbeitet als geschlos-
sener Schalter.

Die *Abb. 2.10.7-2b* zeigt eine direkte Anpassung ohne Potentialtrennung. In diesem Fall wird der Pluspol der Versorgungsspannung mit dem Nulleiter verbunden, der Triac erhält eine
negative Gatespannung und wird durchgesteuert, wenn am Ausgang des logischen Bausteins H-Pegel auftritt. In diesem Falle
muß darauf geachtet werden, daß der Bezugspegel für die Logik-
schaltung gegenüber dem Nulleiter ein Potential von -12 V
führt. Will man dieses vermeiden, muß eine Doppelstromversor-
gung ± 12 V eingeführt werden. In *Abb. 2.10.7-2c* wird der
Triac bei L-Pegel am Ausgang des Gatters geschaltet.

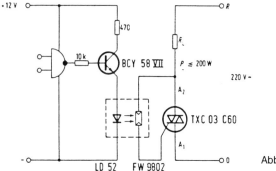

Abb. 2.10.7-2 a

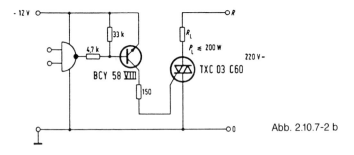

Abb. 2.10.7-2 b

Der Transistor BC308 bekommt über den Spannungsteiler seine Basisansteuerung, führt Kollektorstrom und steuert damit den Transistor BC238 an. Der Kollektor dieses Transistors gibt über den Widerstand 150 Ω dem Gate eine negative Steuerspannung, so daß der Triac durchschalten kann.

Bei der Schaltung nach *Abb. 2.10.7-2d* schaltet der Triac bei H-Pegel am Gatter durch. Der obere Transistor BCY78 ist dann gesperrt, der untere BCY78 bekommt seine Basisansteuerung über die Diode und den Widerstand 4,7 kΩ und steuert über den Emitter das Gate auf eine negative Spannung gegenüber dem Nulleiter.

Die *Abb. 2.10.7-2e* zeigt eine weitere Variante, die den Triac

330

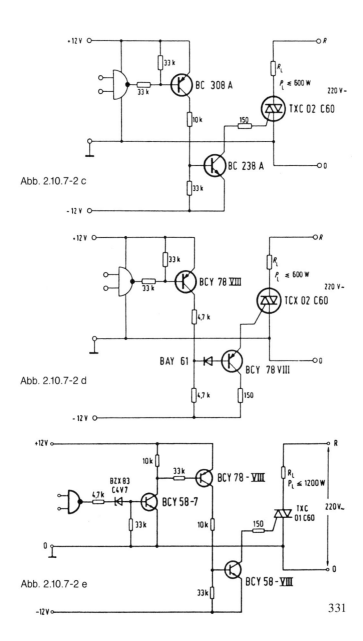

Abb. 2.10.7-2 c

Abb. 2.10.7-2 d

Abb. 2.10.7-2 e

331

bei H-Pegel am Ausgang des Gatters durchschaltet. Sie unterscheidet sich auch durch den Triac-Typ TXC01C60, der einen Strom von 6 A gegenüber den vorhergehenden Schaltungen abgeben kann.

Leistungsregelung durch Phasenanschnitt 100 VA/700 VA

Die kontaktlose Leistungssteuerung im Wechselstromkreis kann durch eine Phasenanschnittsteuerung erreicht werden. Einfache Ansteuerungen bestehen aus einem Triac, einem Diac und einem RC-Phasenschieber. Der Triac schaltet bei jeder Halbwelle den Laststrom in sehr kurzer Zeit von Null auf den vollen Wert beim jeweiligen Anschnittwinkel. Dadurch entstehen HF-Störungen, die sich vorwiegend über die Netzleitungen ausbreiten. Die Dämpfung dieser Störspannung auf zulässige Werte erfordert zusätzlich zur Grundschaltung ein Entstörnetzwerk C1, Dr. Die VDE-Bestimmungen legen für die Störspannung die Funkstörgrade G für Fabrikgelände, N für Wohnungen und K für hohe Ansprüche, z.B. Empfangsfunkstellen, fest. Die angegebenen Triac-Schaltungen sind für den Störgrad N ausgelegt. *Abb. 2.10.7-3a* zeigt die Grundschaltung eines Triac-Leistungsreglers mit Phasenanschnittsteuerung.

Der Triac und die Last R_L sind über die Entstör-Drossel in Serie geschaltet. Bei jeder Netzspannungs-Halbwelle wird der Triac gezündet. Der Zündzeitpunkt (Phasenanschnittwinkel) wird mit dem Regler P1 eingestellt. Wenn die Spannung an C2 die Kippspannung des Diac erreicht, dann zündet dieser mit einem kurzen Stromimpuls den Triac, und die Last wird an die Netzspannung geschaltet. Der Widerstand R1 begrenzt den Zündstrom des Diac, er vermindert gleichzeitig die Hysterese.

Dieser Leistungsregler wird für die Lastgrenzen 100 W, 700 W und 1000 W angegeben. Beim Betrieb von induktiven Lasten ist der Triac mit R2—C3 vor Spannungsspitzen zu schützen. Aus den technischen Daten sind die für jede Leistung erforderlichen Werte für Entstörkondensator und Drossel sowie der Spannungsregelbereich an der Last, die Hysterese und die Umgebungstemperatur- und Kühlbedingungen für den angegebenen Triac zu entnehmen.

332

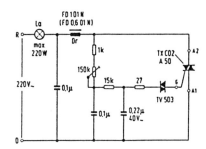

Abb. 2.10.7-3 a

Technische Daten:

Netzspannung		$220\,V \pm 10\,\%$	
Netzfrequenz		$50 \dots 60\,Hz$	
Lastspannungsregelbereich		10 bis 230 V	
Last	100 W	700 W	1000 W
Triac	TX C02	TX C02	TX C01
	A 60	A 60	A 60
Entstörkondensator C1	0,22 µF	0,22 µF	0,27 µF
max. Umgebungstemperatur- bereich	-15 bis $+70\,°C$	-15 bis $+50\,°C$	-15 bis $+70\,°C$
Wärmewiderstand des Kühl- körpers	—	4 K/W	1,5 K/W
Kühlfläche für 1 mm Alu	—	240 cm^2	800 cm^2

Beim Einstellen der Leistung — ausgehend vom Wert Null — läßt sich der kleinste einstellbare Spannungswert an R_L nicht direkt einstellen. Die Spannung springt gleich auf einen bestimmten Wert, z. B. 80 V bei Regler 1, und kann erst anschließend auf den kleinsten Einstellwert verringert werden.

Der Grund dafür ist das Absinken der Spannung am Diac, nachdem dieser gezündet hat. Dadurch ändert sich die Phasenbeziehung, und der Zündzeitpunkt verschiebt sich. Nach dieser zweiten Triac-Zündung besteht wieder eine feste Beziehung zwischen der Kondensatorspannung C2 und der Netzspannung. Die Lastspannung bleibt auf dem durch den neuen Zündzeitpunkt festgelegten Wert und kann erst durch anschließendes Zurückdrehen von P1 kleiner gestellt werden. Man nennt diesen Effekt Hysterese und kann durch ein zusätzliches RC-Glied, wie in folgender *Abb. 2.10.7-3b* eines Drehzahlstellers für eine Handbohrmaschine, verringern.

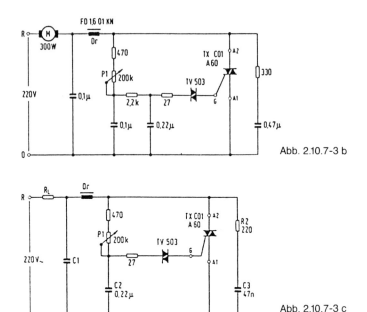

Abb. 2.10.7-3 b

Abb. 2.10.7-3 c

Der Universalmotor M hat eine Leistungsaufnahme von 300 W. Die Drehzahl ist mit P1 von Null bis zur Maximaldrehzahl wählbar. Die Maschine läuft ruckfrei aus dem Stillstand an. Zulässiger Umgebungstemperaturbereich −15 bis +70 °C. Wärmewiderstand des Kühlkörpers < 14 K/W.

Abb. 2.10.7-3c zeigt einen stufenlosen Leistungseinsteller für eine Beleuchtungsanlage bis max. 220 W. Der Einstellbereich liegt zwischen 8 und 218 V. Für eine zulässige Umgebungstemperatur von 80 °C ist für den Triac TX C02 A50 ein Kühlkörper mit einem Wärmewiderstand von < 30 K/W nötig.

Phasenanschnittsteuerung für kleine Stromflußwinkel

Die Umformung der Netzspannung 220 V/50 Hz in niedrige Gleichspannung 2 bis 24 V für ohmsche und induktive Verbrau-

334

cher (z.B. Projektionslampen, Gleichstrom- und Universalmotoren) kann mit Thyristorschaltungen wirtschaftlich gelöst werden.

Mit diesem Lösungsvorschlag werden kleine Betriebsspannungen nicht nur einstellbar und stabilisiert, sondern auch ohne Transformator aus dem Netz nahezu verlustlos gewonnen. Die herkömmlichen Phasenanschnittsteuerungen sind bei kleinem Stromflußwinkel praktisch unbrauchbar, denn sie reagieren zu empfindlich auf Schwankungen der Netzspannung. Die Schaltung nach *Abb. 2.10.7-4a* funktioniert sehr stabil auch bei kleinem Stromflußwinkel. Der Stromflußwinkel ist mittels Potentiometer R1 zwischen 0 und 60° einstellbar. Die Eingangsspannung beträgt 220 V/50 Hz. Am Ausgang kann eine einstellbare pulsierende Gleichspannung von 2 bis 24 V — abgenommen werden.

Die Diode D1 speist durch Einweggleichrichtung eine aus einem Widerstandsteiler (R1, R2) und eine aus einem Widerstands-Zenerdiodenteiler (R3, R4, D3) bestehende Brücke. Der Kondensator C1 glättet die Sinushalbwellen im rechten Brückenzweig und gibt dem Emitter des Transistors T1 ein fixes Potential von etwa 20 V. Die Diode D2 wird leitend, ebenfalls der sich in der Brückendiagonale befindliche Transistor T1, wenn die am Widerstand R1 abgegriffene Sinushalbwelle das Emitterpotential von T1 um etwa 1 V unterschreitet; dabei gibt der Transistor T1 einen Zündimpuls an das Gate des Thyristors Th.

Abb. 2.10.7-4 a

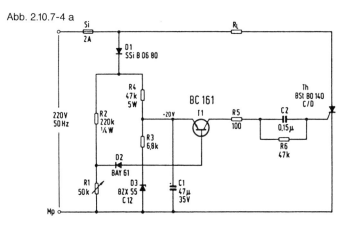

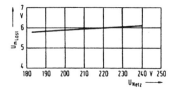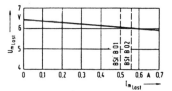

Abb. 2.10.7-4 b

Die Anstiegszeit des Zündimpulses beträgt lediglich etwa 100 μs, seine Breite etwa 200 μs. Ein Fehlimpuls am Anfang der Halbwelle kann nicht auftreten, da der Transistor T1 zwischen zwei Halbwellen ständig leitend und der Kondensator C1 voll geladen ist. Das Emitterpotential des Transistors T1 ist durch eine vom Netz unabhängige Zenerspannung (D3) und durch eine vom Netz abhängige Spannung am Widerstand R3 bestimmt. Das Verhältnis beider Spannungskomponenten über R3 bzw. D3 ist so bestimmt, daß die Verschiebung des Schaltpunktes des Transistors T1 durch sein Emitterpotential bei zunehmender Netzspannung den Stromflußwinkel zu kleineren, bei abnehmender Netzspannung zu größeren Werten so verschiebt, daß die Spannung an der Last nahezu unabhängig bleibt. Das ist in den Diagrammen der *Abb. 2.10.7-4b* zu sehen. Ersetzt man die Zenerdiode durch einen Widerstand, so wird die Spannung an der Last dieselben Schwankungen aufweisen wie die Netzspannung selbst.

Der Stromflußwinkel kann mit dem Potentiometer R1 = 50 kΩ zwischen 19° und 60° und damit der arithmetische Mittelwert der Spannung an der Last zwischen 2 und 24 V — eingestellt werden. Vergrößert man R1 auf 500 kΩ, werden der Stromflußwinkel etwa zwischen 5° und 60° und der arithmetische Mittelwert der Spannung zwischen 0,2 und 24 V einstellbar.

Mit dem Thyristor BSt BO 140 C/D kann eine Leistung am ohmschen Verbraucher bei 60° Stromflußwinkel von etwa 160 W, mit BSt BO 240 180 W und mit Kühlblech bis 400 W gesteuert werden. Die Schaltung ist auch für induktive Belastung, z.B. auf die Drehzahlregelung von Gleichstrommotoren, geeignet. Die vorliegende Schaltung ist mit einer Ringkern-Funkentstördrossel und Entstörkondensator zu betreiben.

Technische Daten:

Netzspannung	220 V
Netzfrequenz	50/60 Hz
Lastspannung	2 bis 24 V
Leistung mit Thyristor BSt BO 140 C/D	max. 160 W
Leistung mit Thyristor BSt BO 240 C/D	max. 180/400 W

Drehzahlregelung für Lüftermotor

Die *Abb. 2.10.7-5* zeigt anhand der elektronischen Drehzahlein-
stellung für einen Lüftermotor ein Beispiel für eine einfache Phasenanschnittsteuerung mit Wechselspannungs-Zündung. Eine
RC-Brückenschaltung, in deren Diagonale die Basis-Emitter-
Strecke eines Transistors liegt, ist maßgebend für den Zündzeitpunkt. Die Spannung im rechten Brückenzweig eilt wegen des
Kondensators der Spannung im linken Brückenzweig nach. Infol-
gedessen ist während der ersten Hälfte jeder Netzhalbwelle die
Basis des Transistors negativ gegenüber dem Emitter, und es
fließt kein Kollektorstrom. Der Thyristor ist ebenfalls gesperrt.
Zu einem Zeitpunkt während der zweiten Hälfte der Halbwelle,
der mit dem Potentiometer einstellbar ist, geht die Diagonalspan-
nung der Brücke durch Null, und wenn danach die Basis des
Transistors um etwa 0,6 V negativ gegenüber dem Emitter geworden ist, fließt ein Kollektorstrom im Transistor, der den Thyristor zündet.

Bei dieser Schaltung gehen die Exemplarstreuungen der Zünd-
daten des Thyristors fast nicht in den Zündzeitpunkt ein, weil das
Steuersignal durch die Eingangskennlinie des Transistors und
durch die Eigenschaften der Brückenschaltung erheblich verstei-

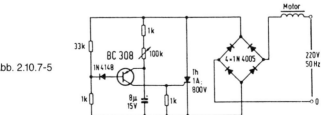

Abb. 2.10.7-5

337

lert wird, so daß man fast die günstigen Eigenschaften der nachstehend beschriebenen Impulszündung erhält. Es sind Stromflußwinkel zwischen etwa 10° und 80° möglich, d.h., der Zündverzug ist zwischen etwa 100° und 170° einstellbar. Der Laststrom darf bis zu 50 mA betragen.

Ansteuerschaltungen mit integrierten Schaltkreisen

Es werden hier unterschiedliche Bausteine verschiedener Hersteller angeboten. Am Beispiel des IC Typ U 208 B soll das Prinzip erläutert werden.

Der U 208 von Telefunken electronic ist zum Einsatz als Leistungs- bzw. Drehzahlsteller für Universalmotoren aller Art gedacht.

Besondere Merkmale des Bausteins U 208 B sind:
- Stromaufnahme $\leq$ 2,5 mA,
- nur eine Betriebsspannung,
- interne Betriebsspannungsüberwachung,
- direkte Versorgung aus dem Netz,
- Verlustleistung im Vorwiderstand $\leq$ 1,5 W bei 220 V,
- Spannungs- und Stromsynchronisierung,
- nur ein zeitbestimmender Kondensator für Rampenspannung, Zündimpulsbreite und Retrigger-Rate, Zündimpuls typ. 215 mA,
- Impulsausgang kurzschlußfest sowie
- Nachzündautomatik.

Die Verknüpfung der internen Funktionsblöcke geht aus *Abb. 2.10.7-6a* hervor.

Eine Versorgungsspannungsbegrenzung mittels Parallelregler ermöglicht die direkte Versorgung über Diode und Vorwiderstand aus dem Netz. Durch die Betriebsspannungsüberwachung sind Fehlfunktionen bei zu kleiner Betriebsspannung ausgeschlossen.

Die Phasenanschnittsteuerung enthält einen Rampengenerator, der über den Spannungsdetektor netzsynchronisiert wird. Phasenverschiebungen zwischen Netzspannung und Laststrom werden vom Stromdetektor erkannt, wobei die mit ihm verknüpfte Nachzündautomatik dafür sorgt, daß bei erfolglosem Zünden des Triacs oder ungewollter Unterbrechung des Laststromes wei-

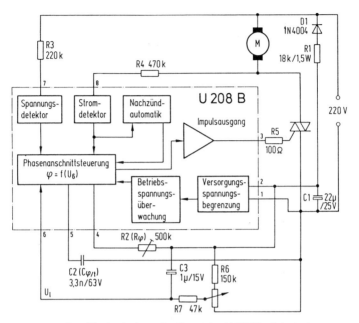

Abb. 2.10.7-6a   Blockschaltung des Bausteins U 208 B mit typischer Beschaltung für einen Drehzahlsteller

tere Zündimpulse erzeugt werden und somit keine „Lücken" im Laststrom entstehen. Die Impulserzeugung benötigt als Peripherie lediglich den Kondensator C2, dessen Wert die Zündimpulsbreite definiert, und den Widerstand R2, der den minimalen Stromflußwinkel bestimmt.

Die Phasenlage des Zündimpulses wird mit Hilfe des Vergleichs der netzsynchronisierten Rampenspannung an Anschluß 5 mit der Spannung am Steueranschluß 6 vorgegeben, dessen aktiver Bereich von $0 \dots -7$ V reicht. Zum Ansteuern des Triacs stehen typisch 125 mA (für R5 = 0 Ω) zur Verfügung.

Spannungsversorgung

Die im U 208 B enthaltene Spannungsbegrenzung ermöglicht eine direkte Versorgung aus dem Netz. Die Versorgungsspannung zwischen Pin 1 (+ Pol/⊥) und Pin 2 baut sich über D_1 und R_1 auf und wird von C_1 geglättet. Für die Dimensionierung des Vorwiderstandes gilt näherungsweise:

$$R_1 = \frac{U_{Netz} - U_S}{2\, I_S}$$

Weitere Dimensionierungshilfen für die Netzversorgungen sind im Anschluß an den Datenblattanhang zu finden.

Der Betrieb mit einer extrem stabilisierten Gleichspannung wird nicht empfohlen.

Ist eine direkte Versorgung aus dem Netz wegen zu großer Verlustleistung an R_1 nicht möglich, so sollte eine Speisung nach *Abb. 2.10.7-6b* vorgesehen werden.

Phasenanschnittsteuerung

Der Funktionsablauf der Phasenanschnittsteuerung ist größtenteils identisch mit dem der bekannten Typen U 111 B und TEA 1007. Die Phasenlage des Zündimpulses wird auch hier durch Vergleich einer, durch den Spannungsdetektor netzsynchronisierten Rampenspannung an C_2 an Pin 5 und dem vorgegebenen Sollwert am Steuereingang Pin 6 bestimmt. Die Steilheit der Rampe wird von C_2 und dessen Ladestrom vorgegeben. Der Ladestrom kann durch R_2 an Pin 4 variiert werden. Außerdem kann durch R_2 der größte Steuerwinkel α_{max} eingestellt werden.

Erreicht das Potential an Pin 5 den Wert vom Potential an Pin 6, so entsteht ein Zündimpuls, dessen Dauer t_p sich aus dem Wert

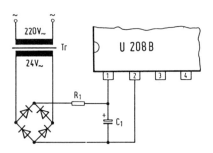

Abb. 2.10.7-6b
Versorgung bei hoher
Gesamtstromaufnahme

340

von C_2 ergibt (zur Dimensionierung von C_2 und damit der Impulsbreite darf man von einem Wert von ca. 8 µs/nF ausgehen).

Der Stromdetektor an Pin 8 bewirkt, daß beim Betrieb induktiver Lasten in der neuen Halbwelle kein Impuls erzeugt wird, solange noch Strom der vorherigen Halbwelle mit einer der momentanen Netzspannung entgegengesetzten Polarität fließt. „Lücken" im Laststrom werden somit sicher vermieden.

Der Steuereingang Pin 6 hat einen aktiven Bereich von 0 V ÷ −7 V (Bezugspunkt Pin 1).

Bei $U_{Pin\,6} = -7$ V hat der Steuerwinkel seinen Maximalwert = α_{max}, d. h., der Stromflußwinkel ist minimal. Der minimale Steuerwinkel α_{min} ergibt sich bei $U_{Pin\,6} = U_{Pin\,1}$.

Spannungsüberwachung

Während des Aufbaus der Betriebsspannung werden unkontrollierte Ausgangsimpulse durch die interne Betriebsspannungsüberwachung verhindert. Außerdem werden alle im Schaltkreis befindlichen Speicher zurückgesetzt. In Verbindung mit einer Schalthysterese von ca. 300 mV garantiert diese Funktionsweise ein definiertes Startverhalten nach jedem Einschalten der Betriebsspannung gleichermaßen wie nach kurzen Netzunterbrechungen.

Impulsausgangsstufe

Die Impulsendstufe ist kurzschlußfest und liefert einen typischen Strom von 125 mA. Zur Dimensionierung kleinerer Zündströme ist dem Datenblattanhang eine Funktion $I_{GT} = f(R_{GT})$ beigefügt. Die Impulsendstufe des U 208 B enthält keinen Gate-Ableitwiderstand.

Nachzündautomatik

Die variable Nachzündautomatik verhindert bei frühzeitigem Verlöschen des Triacs (z. B. durch Bürstenabheber) oder bei erfolgloser Zündung, daß die Halbwelle ohne Stromfluß verläuft. Nach einer Pause von $t_{pp} = 4{,}5\ t_p$ erfolgt ein weiterer Zündversuch, der sich solange wiederholt, bis der Triac zündet oder die Halbwelle endet.

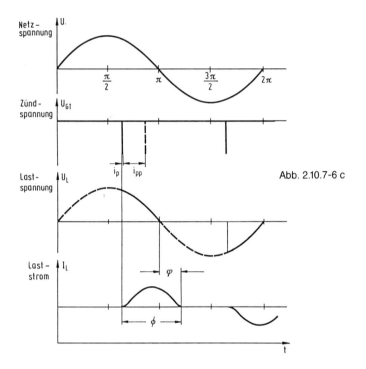

Abb. 2.10.7-6 c

Generelle Hinweise

Um sicheren und störungsfreien Betrieb zu ermöglichen, sollte beim Aufbau von Schaltungen mit dem U 208 B bzw. dem Entwurf von Platinen darauf geachtet werden, daß

- die Anschlußleitungen von C_2 zu Pin 5 und Pin 1 möglichst kurz sind und die Verbindung nach Pin 1 keinen zusätzlichen hohen Strom wie z. B. den Laststrom führt,
- C_2 einen geringen Temperaturkoeffizient aufweist.

Die *Abb. 2.10.7-6c* zeigt die wichtigsten Begriffe für die folgenden Typdaten. Ein Applikationsbeispiel ist in *Abb. 2.10.7-6d* gezeigt.

Absolute Grenzdaten
Bezugspunkt Pin 1, falls nichts anderes angegeben

Stromaufnahme	Pin 2	$-I_S$	30	mA
Spitzenstromaufnahme $t < 10\,\mu s$	Pin 2	$-i_s$	100	mA
Synchronisierströme	Pin 8	$I_{SynIeff}$	5	mA
	Pin 7	$I_{SynUeff}$	5	mA
$t < 10\,\mu s$	Pin 8	$\pm i_I$	35	mA
$t < 10\,\mu s$	Pin 7	$\pm i_U$	35	mA

Phasenanschnittsteuerung

Eingangsspannung	Pin 6	$-U_I$	0...7	V
Eingangsstrom	Pin 6	$\pm I_I$	500	μA
	Pin 5	$C_{\varphi/t\,max}$	22	nF
	Pin 4,2	$R_{\varphi\,min}$	1	kΩ

Verlustleistung

$T_{amb} = 45\,°C$	P_{tot}	530	mW
$T_{amb} = 80\,°C$	P_{tot}	300	mW
Lagertemperaturbereich	T_{stg}	$-40...+125$	°C
Sperrschichttemperatur	T_I	125	°C
Umgebungstemperatur	T_{amb}	$-10...+100$	°C

Wärmewiderstand		Min.	Typ.	Max.	
Sperrschicht-Umgebung	R_{thJA}			150	K/W

Elektrische Kenngrößen
$-U_S = 13,0\,V$, $T_{amb} = 25\,°C$, Bezugspunkt Pin 1, falls nichts anderes angegeben

			Min.	Typ.	Max.	
Versorgungsspannung bei Netzbetrieb	Pin 2	$-U_S$	13,0		U_{Begr}	V
Versorgungsspannungsbegrenzung						
$-I_S = 3\,mA$	Pin 2	$-U_S$	14,6		16,6	V
$-U_S = 30\,mA$	Pin 2	$-U_S$	14,7		16,8	V
Gleichstromaufnahme						
$-U_S = 13\,V$	Pin 2	$-I_S$	1,0	2,2	2,5	mA

Betriebsspannungsüberwachung

			Min.	Typ.	Max.	
Einschaltschwelle	Pin 2	$-U_{SON}$		11,2	13,0	V
Ausschaltschwelle	Pin 2	$-U_{SOFF}$	9,9	10,9		V

Phasenanschnittsteuerung

			Min.	Typ.	Max.	
Stromsynchronisierung	Pin 8	$I_{SynIeff}$	0,35		3,5	mA
Spannungssynchronisierung	Pin 7	$I_{SynUeff}$	0,35		3,5	mA
Spannungsbegrenzung						
$\pm I_I = 5\,mA$	Pin 8	$\pm U_I$	8,0	8,9	9,5	V
	Pin 7	$\pm U_I$	8,0	8,9	9,5	V

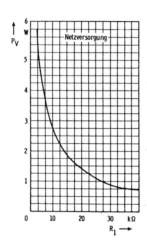

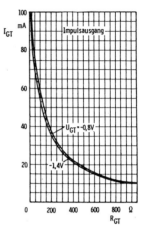

Dimensionierungshilfen zur Netzversorgung

Für die Dimensionierung des Vorwiderstandes R_1 unter worst-case-Bedingungen gilt:

$$R_{1max} = 0.9 \cdot \frac{U_{Nmin} - U_{Smax}}{2\,I} \qquad R_{1min} = \frac{U_{Nmax} - U_{Nmin}}{2\,I_{Smax}}$$

$$R_{1max} = \frac{(U_{Nmax} - U_{Smin})^2}{2\,R_1}$$

hierin ist:

U_N = Netzspannung 220 V +10 % U_{Nmax} = 242 V
                               −15 % U_{Nmin} = 187 V

U_S = Versorgungsspannung an U_{Smax} = 17 V
                                      U_{Smin} = 13,5 V

I = Gesamtgleichstromaufnahme d. Schaltung
     $I = I_{Smax} + I_p + I_x$

I_{Smax} = mA-Stromaufnahme des Schaltkreises

I_p = gemittelter Strombedarf des Zündimpulses

I_x = Strombedarf sonstiger Peripheriebauelemente

R_1 kann mittels der folgenden Diagramme leicht bestimmt werden.

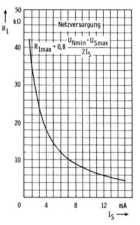

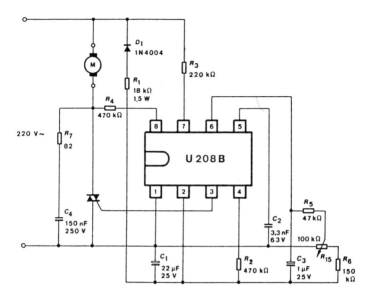

Abb. 2.10.7-6d   Phasenanschnittsteuerung (Leistungssteller) für
Elektrowerkzeuge

3 Formeln, Diagramme, Schaltzeichen

Addition und Subtraktion von Spannungen

Addition von Spannungen
$$U_{ges} = U_1 + U_2$$
$$3V + 6V = 9V$$

Subtraktion von Spannungen
$$U_{ges} = U_2 - U_1$$
$$6V - 3V = 3V$$

Addition von Strömen
$$I_{ges} = I_1 + I_2$$
$$12mA + 4mA = 16mA$$

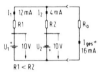

Subtraktion von Strömen
$$I_{ges} = I_1 - I_2$$
$$12mA - 4mA = 8mA$$

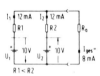

Das Ohmsche Gesetz

Nach dem Bild ist mit
$$U_B = U_R = 4,5 \text{ V}$$

Ohmsches Gesetz:
$$R = \frac{U_R}{I_R} = \frac{4,5 \text{ V}}{9 \text{ mA}} = 500 \ \Omega$$

oder
$$I_R = \frac{U_R}{R}$$

oder
$$U_R = R \cdot I_R$$

Leitwert (Siemens)
$$G = \frac{1}{R}$$

346

Leistung

Nach dem Bild ist die Wärmeleistung im Widerstand

$$P_R = U_R \cdot I_R$$

oder

$$P_R = I_R^2 \cdot R$$

oder

$$P_R = \frac{U_R^2}{R}$$

Parallel- und Serienschaltung von Widerstand und Kondensator

Nach dem Bild entspricht die Serienschaltung beim Widerstand der Parallelschaltung des Kondensators. Es ist dort:

$$R_{ges} = R_1 + R_2 \quad \text{für den Widerstand und}$$

$$C_{ges} = C_1 + C_2 \quad \text{für den Kondensator}$$

Nach dem Bild entspricht die Parallelschaltung beim Widerstand der Serienschaltung des Kondensators. Es ist dort:

$$R_{ges} = \frac{R_1 \cdot R_2}{R_1 + R_2} \quad \text{für den Widerstand und}$$

$$C_{ges} = \frac{C_1 \cdot C_2}{C_1 + C_2} \quad \text{für den Kondensator}$$

daraus folgt

$$R_1 = \frac{R_2 \cdot R_{ges}}{R_2 - R_{ges}} \quad \text{sowie}$$

$$R_2 = \frac{R_1 \cdot R_{ges}}{R_1 - R_{ges}}$$

347

Spannungsteiler

Nach den Bildern und der tabellarischen Übersicht sind die Verhältnisse am Ohmschen Spannungsteiler (a), induktiven Spannungsteiler (b), kapazitiven Spannungsteiler (c) gezeigt.

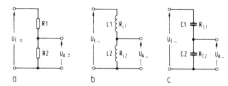

Die Teilspannungen verhalten sich wie die Größe der jeweiligen Blindwiderstände. Bei dem kapazitiven Spannungsteiler verhalten sich die Teilspannungen umgekehrt zur Größe der Kapazitäten.

Gesuchter Wert	Ohmscher Spannungsteiler	Induktiver Spannungsteiler	Kapazitiver Spannungsteiler
$\dfrac{U_E}{U_A} =$	$\dfrac{R_1+R_2}{R_2}$	$\dfrac{L_1+L_2}{L_2}$; $\dfrac{R_{L1}+R_{L2}}{R_{L2}}$	$\dfrac{C_1+C_2}{C_1}$; $\dfrac{R_{C1}+R_{C2}}{R_{C2}}$
$U_E =$	$U_A \cdot \dfrac{R_1+R_2}{R_2}$	$U_A \cdot \dfrac{L_1+L_2}{L_2}$; $U_A \cdot \dfrac{R_{L1}+R_{L2}}{R_{L2}}$	$U_A \cdot \dfrac{C_1+C_2}{C_1}$; $U_A \cdot \dfrac{R_{C1}+R_{C2}}{R_{C2}}$
$U_A =$	$U_E \cdot \dfrac{R_2}{R_1+R_2}$	$U_E \cdot \dfrac{L_2}{L_1+L_2}$; $U_E \cdot \dfrac{R_{L2}}{R_{L1}+R_{L2}}$	$U_E \cdot \dfrac{C_1}{C_1+C_2}$; $U_E \cdot \dfrac{R_{C2}}{R_{C1}+R_{C2}}$
$R_1; R_{L1};$ $R_{C1}; L_1;$ $C_1 =$	$R_2 \cdot \dfrac{U_E-U_A}{U_A}$	$L_2 \cdot \dfrac{U_E-U_A}{U_A}$; $R_{L2} \cdot \dfrac{U_E-U_A}{U_A}$	$C_2 \cdot \dfrac{U_A}{U_E-U_A}$; $R_{C2} \cdot \dfrac{U_E-U_A}{U_A}$
$R_2; R_{L2};$ $R_{C2}; L_1;$ $C_1 =$	$R_1 \cdot \dfrac{U_A}{U_E-U_A}$	$L_1 \cdot \dfrac{U_A}{U_E-U_A}$; $R_{L1} \cdot \dfrac{U_A}{U_E-U_A}$	$C_1 \cdot \dfrac{U_E-U_A}{U_A}$; $R_{C1} \cdot \dfrac{U_A}{U_E-U_A}$

348

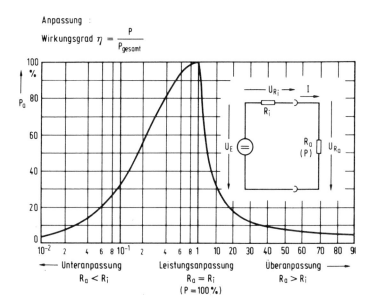

Anpassung :

Wirkungsgrad $\eta = \dfrac{P}{P_{gesamt}}$

Unteranpassung
$R_a < R_i$

Leistungsanpassung
$R_a = R_i$
$(P = 100\%)$

Überanpassung
$R_a > R_i$

Pegelrechnungen

In dem Bild ist mit folgenden Beziehungen für den Faktor
a [dB] zu rechnen

Leistung: $\quad a = 10 \cdot \log \dfrac{P_E}{P_A}$ [dB] $\quad$ oder $\quad \dfrac{P_E}{P_A} = 10^{\frac{a}{10}}$

Spannung: $\quad (R_E = R_A) \quad a = 20 \cdot \log \dfrac{U_E}{U_A}$ [dB] $\quad$ oder

$\dfrac{U_E}{U_A} = 10^{\frac{a}{20}}$

Strom: $\qquad (R_E = R_A)\; a = 20 \cdot \log \dfrac{I_E}{I_A}\;[\text{dB}]$ oder $\qquad \dfrac{I_E}{I_A} = 10^{\frac{a}{20}}$

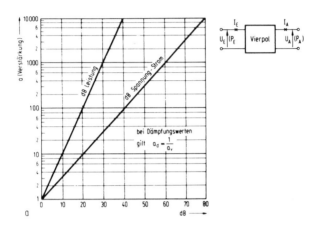

a

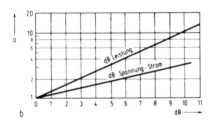

b

Kapazitiver Blindwiderstand, induktiver Blindwiderstand, Schwingkreis

Kapazitiver Blindwiderstand
Nach Bild a wird der Kondensator an eine Wechselspannung angeschlossen. Das Liniendiagramm Bild b zeigt die Phasenverschiebung zwischen Strom und Spannung.
Die Spannung eilt um 90° nach. Der kapazitive Blindwiderstand R_C ist frequenzabhängig und ergibt sich aus:

350

Dezibel-Werte

dB/Spannungsverhältnis			dB/Spannungsverhältnis		
Faktor bei − dB	dB	Faktor bei + dB	Faktor bei − dB	dB	Faktor bei + dB
1,0	0,0	1,0	0,125	18	8,0
0,94	0,5	1,06	0,11	19	8,9
0,89	1	1,12	0,10	20	10,0
0,84	1,5	1,19	0,089	21	11,2
0,8	2	1,25	0,08	22	12,5
0,75	2,5	1,33	0,071	23	14,1
0,71	3	1,41	0,063	24	16,0
0,67	3,5	1,5	0,056	25	17,8
0,63	4	1,6	0,050	26	20,0
0,6	4,5	1,67	0,045	27	22,4
0,56	5	1,78	0,04	28	25,0
0,53	5,5	1,88	0,035	29	28,2
0,50	6	2,0	0,032	30	31,6
0,47	6,5	2,12	0,028	31	35,5
0,45	7	2,24	0,025	32	40
0,42	7,5	2,37	0,022	33	45
0,4	8	2,5	0,020	34	50
0,38	8,5	2,66	0,018	35	56
0,35	9	2,82	0,016	36	63
0,33	9,5	3,00	0,014	37	71
0,32	10	3,16	0,0125	38	80
0,28	11	3,55	0,011	39	89
0,25	12	4,00	0,01	40	100
0,22	13	4,5	0,0056	45	178
0,2	14	5,00	0,0032	50	316
0,18	15	5,62	0,0018	55	562
0,16	16	6,3	0,001	60	1000
0,14	17	7,1	0,0001	80	10000

$$R_C = \frac{1}{\omega \cdot C} = \frac{1}{2 \cdot \pi \cdot f \cdot C} = \frac{0,159}{f \cdot C}$$

Kondensator mit Verlusten

In Bild c ist der Kondensator mit seinem Verlustwiderstand gezeigt. Es ist die Dämpfung:

$$d = R_S \cdot \omega C = \frac{1}{R_P \cdot \omega C}$$

$$Q = \frac{1}{d} = \frac{1}{R_S \cdot \omega C} = R_P \cdot \omega C$$

Damit wird der Serien- und Parallelwiderstand:

$$R_S = \frac{d}{\omega \cdot C} \qquad R_P = \frac{1}{d \cdot \omega C}$$

Angabe für die Güte:

$$R_S \cdot R_P = \frac{1}{(\omega \cdot C)^2} \qquad Q^2 = \frac{R_P}{R_S}$$

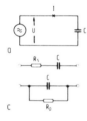
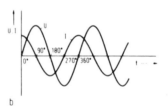

Induktiver Blindwiderstand

Nach Bild a wird eine Induktivität L an eine Wechselspannungsquelle angeschlossen. Das Liniendiagramm in Bild b zeigt den Phasenverlauf zwischen Strom und Spannung. Es ist zu erkennen, daß der Strom um $\alpha = 90°$ nacheilend ist. Der induktive Blindwiderstand ist frequenzabhängig und ergibt sich aus:

$$R_L = \omega L = 2 \cdot \pi \cdot f \cdot L = 6{,}283 \cdot f \cdot L$$

Spule mit Verlusten

In Bild c ist die Spule mit ihrem Verlustwiderstand gezeigt.
Es ist die Dämpfung und Güte:

$$d = \frac{R_S}{\omega \cdot L} = \frac{\omega \cdot L}{R_P}$$

$$Q = \frac{\omega \cdot L}{R_S} = \frac{R_P}{\omega \cdot L}$$

Damit wird:

$$R_S = d \cdot \omega \cdot L \qquad R_P = \frac{\omega \cdot L}{d}$$

$$R_S \cdot R_P = (\omega \cdot L)^2 \qquad Q^2 = \frac{R_P}{R_S}$$

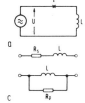

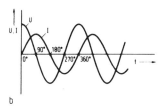

Die Nomogramme ergeben eine schnelle Information über den Zusammenhang der Blindwiderstände und der Frequenz (siehe Abb. 2.2-5).
Sie können auch zur schnellen Ermittlung der Resonanzfrequenz f_o
bei einem Serien- oder Parallelschwingkreis herangezogen werden.
Es ist für die genaue Rechnung:

$$f_o = \frac{1}{2 \cdot \pi \cdot f \sqrt{L \cdot C}}$$

Grenzfrequenz

Für die untere Grenzfrequenz gilt nach Bild a für die
Absenkung auf –3 dB ($\sim$ 0,7) für die

untere Grenzfrequenz $\quad f_u = \dfrac{1}{2 \cdot \pi \cdot R \cdot C_S} \quad$ und für die

obere Grenzfrequenz $\quad f_o = \dfrac{1}{2 \cdot \pi \cdot R \cdot C_P}$

Zeitkonstante bei R-L-C-Gliedern

Wird ein Widerstand nach dem nebenstehenden Bild mit einem
Kondensator oder einer Spule in einem Stromkreis verbunden,
so ergeben sich die folgenden Zeitrechnungen mit der Zeitkonstanten τ:

(R–C) Glied: $\tau = R \cdot C$ (s,Ω,F) ; (R–L) Glied: $\tau = \dfrac{L}{R}$ (s,Ω,H)

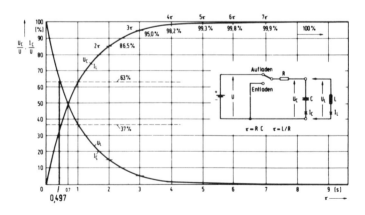

Entladung:

allgemein gilt: $U_C = U \cdot e^{-\frac{t}{\tau}}$ sowie $t = \tau \cdot \ln \frac{U}{U_C}$ und

$$\frac{U_C}{U} = e^{-\frac{t}{\tau}}$$

Aufladung:

allgemein gilt: $U_C = U(1 - e^{-\frac{t}{\tau}})$

sowie $t = \tau \cdot \ln \dfrac{1}{1 - \dfrac{U_C}{U}}$ und $\dfrac{U_C}{U} = (1 - e^{-\frac{t}{\tau}})$.

Transistor-Verstärkung

Elektronischer Eingangswiderstand:

$$r_e \quad \frac{25}{I_C} \ [mA;\ \Omega]$$

Stromverstärkung:

$$B = \frac{I_C}{I_B}$$

Spannungsverstärkung mit R_E:

$$v_U = \frac{U_A}{U_E} \approx \frac{R_C}{R_E}$$

355

Spannungsverstärkung ohne R_E:

$$V_U = \frac{U_A}{U_E} \approx 40 \cdot U_{RC} = 40 \cdot I_C \cdot R_C$$

Eingangswiderstand des Emitterfolgers

$$r_e \approx B \left(\frac{25}{I_C} + R_E\right) \; [mA; \Omega]$$

Spannungsverstärkung des Emitterfolgers:

$$\frac{U_R}{U_E} = V_u \approx \frac{1}{1 + \dfrac{25}{I_C}} \quad (mA, \Omega)$$

in der Praxis ist $V_u \approx 0{,}9$

Brummspannungen bei Netzteilen

Angaben in $V_{ss}[V]$; $I[mA]$; $C_L \; [\mu F]$.

Mit C_L = Ladekondensator
I = Gleichstrom
$U_{Br}(U_{ss})$ = Brummspannung

Einweggleichrichtung: $\quad U_{Br} \approx 10 \cdot \dfrac{I}{C_L}$

Zweiweggleichrichtung; Brückengleichrichtung:

$$U_{Br} \approx 3{,}75 \cdot \frac{I}{C_L}$$

Die wichtigsten Schaltzeichen

Symbol	Erläuterung	Symbol	Erläuterung
	Widerstand allgemein		Hf-Spule-abstimmbar
	(Poti) veränderbar		Trafo
	(Trimmer) einstellbar	A ▷⊢ K	Diode A(Anode) K(Katode)
	Fotowiderstand		Kapazitätsdiode
	PTC/NTC temperaturabhängig		Zenerdiode
	VDR spannungsabhängig		Fotodiode
	Kondensator		Lumineszenzdiode (LED)
	Drehkondensator	B ⊙ C E	NPN-Transistor
	Trimmer-Kondensator		PNP-Transistor
‖ + / ⊣⊢ +	gepolter Elektrolyt-kondensator		Fototransistor
‖	ungepolter Elektrolytkondensator	G ⊙ D S	FET-Sperr-schicht-N-Kanal
	Induktivität	G ⊙ D B S	FET-JG-N-Kanal
	Hf-Spule mit Kern	G1 ⊙ G2	Dual-Gate-N-Kanal-FET

Die wichtigsten Schaltzeichen

Symbol	Erläuterung	Symbol	Erläuterung
⊗	Lampe	A,B → & → Q̄	NAND-Stufe
—∣⊢	Batterie	A,B → ≥1 → Q	OR-Stufe
Foto-Element	Foto-Element	A,B → ≥1 → Q̄	NOR-Stufe
Ein-Aus-Schalter	Ein-Aus-Schalter	A,B → =1 → Q	EX-OR
Umschalter	Umschalter	A,B → =1 → Q̄	EX-NOR
Y	Antenne	⎍	Schmitt-Trigger
Erde	Erde	**Phonotechnik**	
Masse	Masse	Mikrofon	Mikrofon
Operations-verstärker	Operations-verstärker	Lautsprecher	Lautsprecher
Digitaltechnik		Tonabnehmer	Tonabnehmer
A → ▷ → Q	Lampentreiber (Buffer)	Tonkopf ← Aufnahme → Wiedergabe	Tonkopf
A → ▷ → Q̄	Inverter	Kombikopf	Kombikopf
A,B → & → Q	AND-Stufe	⊗[≈	Löschkopf

358

Der Farbcode

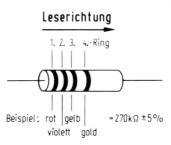

Leserichtung

1. 2. 3. 4.-Ring

Beispiel: rot gelb = 270 kΩ ±5%
violett gold

3.-4. Ring erkennbar durch Abstand
1. Ring Zählanfang erkennbar am Abstand zum Anschluß

Farbe	1. Ring	2. Ring	3. Ring	4. Ring
keine	—	—	—	± 20%
silber	—	—	10^{-2}	± 10%
gold	—	—	10^{-1}	± 5%
schwarz	—	0	10^{0}	—
braun	1	1	10^{1}	± 1%
rot	2	2	10^{2}	± 2%
orange	3	3	10^{3}	—
gelb	4	4	10^{4}	—
grün	5	5	10^{5}	± 0,5%
blau	6	6	10^{6}	—
violett	7	7	10^{7}	—
grau	8	8	10^{8}	—
weiß	9	9	10^{9}	—

E-Reihen bei Bauelementen

E 6 ±20%	E 12 ±10%	E 24 ± 5%	E 48 ± 2%	E 96 ± 1%	E 6 ±20%	E 12 ±10%	E 24 ± 5%	E 48 ± 2%	E 96 ± 1%	E 6 ·20%	E 12 ·10%	E 24 · 5%	E 48 · 2%	E 96 · 1%
1.0	1.0	1.0	1.00	1.00	2.2	2.2	2.2		2.21	4.7	4.7	4.7		4.75
				1.02				2.26	2.26				4.87	4.87
			1.05	1.05					2.32					4.99
				1.07				2.37	2.37			5.1	5.11	5.11
		1.1	1.10	1.10			2.4		2.43					5.23
				1.13				2.49	2.49				5.36	5.36
			1.15	1.15					2.55					5.49
				1.18				2.61	2.61		5.6	5.6	5.62	5.62
	1.2	1.2	1.21	1.21					2.67					5.76
				1.24		2.7	2.7	2.74	2.74				5.90	5.90
			1.27	1.27					2.80					6.04
		1.3	1.30	1.30				2.87	2.87			6.2	6.19	6.19
			1.33	1.33					2.94					6.34
				1.37			3.0	3.01	3.01				6.49	6.49
			1.40	1.40					3.09					6.65
				1.43				3.16	3.16	6.8	6.8	6.8	6.81	6.81
			1.47	1.47					3.24					6.98
1.5	1.5	1.5		1.50	3.3	3.3	3.3	3.32	3.32				7.15	7.15
			1.54	1.54					3.40					7.32
				1.58				3.48	3.48			7.5	7.50	7.50
		1.6	1.62	1.62					3.57					7.68
				1.65			3.6	3.65	3.65				7.87	7.87
			1.69	1.69					3.74					8.06
				1.74				3.83	3.83		8.2	8.2	8.25	8.25
			1.78	1.78		3.9	3.9		3.92					8.45
	1.8	1.8		1.82				4.02	4.02				8.66	8.66
			1.87	1.87					4.12					8.87
				1.91				4.22	4.22			9.1	9.09	9.09
			1.96	1.96			4.3		4.32					9.31
		2.0	2.00	2.00				4.42	4.42				9.53	9.53
			2.05	2.05					4.53					9.76
				2.10				4.64	4.64					
			2.15	2.15										

360

Sachverzeichnis